中国南方电网有限责任公司 编

输电作业现场安全知识问答

中国电力出版社
CHINA ELECTRIC POWER PRESS

内 容 提 要

本系列书包括《电力作业现场安全基础知识问答》《发变电作业现场安全知识问答》《输电作业现场安全知识问答》《配电作业现场安全知识问答》4 本，本书是《输电作业现场安全知识问答》，主要内容包括电力基础知识、安全管理基础知识、输电主要设备、输电现场作业安全管理，始终将安全和技术作为主线，内容全面，采用一问一答的形式，将相关知识点写得通俗易懂，简明扼要，容易被现场人员接受。

本书可作为电力作业现场人员的安全学习材料和安全知识查询的工具书，也可以作为高等院校电力相关专业的教材，还可以作为各类电网企业在职职工的岗位自学和培训教材。

图书在版编目（CIP）数据

输电作业现场安全知识问答/中国南方电网有限责任公司编. —北京：中国电力出版社，2022.8
ISBN 978-7-5198-6747-8

Ⅰ. ①输⋯　Ⅱ. ①中⋯　Ⅲ. ①输配电－电力工程－工程施工－安全技术－问题解答　Ⅳ. ①TM7-44

中国版本图书馆 CIP 数据核字（2022）第 076809 号

出版发行：中国电力出版社
地　　址：北京市东城区北京站西街 19 号（邮政编码 100005）
网　　址：http://www.cepp.sgcc.com.cn
责任编辑：王杏芸（010-63412394）
责任校对：黄　蓓　常燕昆
装帧设计：赵姗姗
责任印制：杨晓东

印　　刷：北京雁林吉兆印刷有限公司
版　　次：2022 年 8 月第一版
印　　次：2022 年 8 月北京第一次印刷
开　　本：787 毫米×1092 毫米　16 开本
印　　张：16.75
字　　数：338 千字
定　　价：78.00 元

编　写　组

主　　编　　龚建平　　王科鹏　　葛馨远

副 主 编　　曾祥辉　　葛兴科　　曾宪武

　　　　　　尹祖春　　凌　铸

编写人员　　曹家军　　许　武　　吴毓锋

　　　　　　陆腾云　　陈奕钪　　马大鹏

　　　　　　欧烈文　　黄国清　　钟汶兵

　　　　　　李海顺　　岑贞锦　　普　凯

　　　　　　陈　旭　　李少鹏

序

　　我多年来从事电力系统继电保护工作，将电力系统继电保护、大电网安全稳定控制、特高压交直流输电和柔性交直流输电及保护控制等多个领域作为研究课题，致力于推进我国电力二次设备科技进步和重大电力装备国产化，构建电力系统的安全保护防线。

　　电力行业的一些领导和专家经常和我探讨如何从源头防控安全风险，从根本消除电网及设备事故隐患，使人、物、环境、管理各要素具有全方位预防和全过程抵御事故的能力。快速可靠的继电保护是电力系统安全的第一道防线，是保护电网安全的最有效的武器，而训练有素的一线员工，是守护电网安全的决定因素，也是作业现场安全的最重要防线。作业现场是风险聚集点和事故频发点，人是其中最活跃、最难控的因素。如何让生产一线员工不断提升安全意识和安全技能，成为想安全、会安全、能安全的人，是需要深入探讨和研究的重要课题。

　　当我看到南方电网公司组织编写的《电力作业现场安全基础知识问答》《发变电作业现场安全知识问答》《输电作业现场安全知识问答》《配电作业现场安全知识问答》系列书时，和我们思考的如何全面提升电网安全的想法非常契合。该系列书以安全、技术和管理为主线，融合了南方电网公司多年来的安全管理实践成果，涵盖了发变电、输电、配电等专业的作业现场知识，对电力作业现场可能遇到的情形进行了深入细致的分析和解答。期待本系列书的出版能够推动电力现场作业安全管理的提升，更好地为生产一线人员做好现场安全工作提供帮助。

中国工程院院士

南京南瑞继保电气有限公司董事长

前　言

安全生产是电力企业永恒的主题，也是一切工作的前提和基础。从电力生产特点来看，作业现场是关键的安全风险点以及事故多发点，基层员工是最核心的要素，安全意识和安全技能提升是最重要一环。

为提高电力行业相关从业者的安全意识、知识储备和技能水平，规范现场作业的安全行为，推动安全生产管理水平的提升，南方电网公司聚焦作业现场、聚焦一线员工、聚焦基本技能，组织各相关专业有经验的安全生产管理人员和技术人员编写了本系列书。

本系列书共 4 本，分别为《电力作业现场安全基础知识问答》《发变电作业现场安全知识问答》《输电作业现场安全知识问答》《配电作业现场安全知识问答》。编写过程中始终将安全和技术作为主线，内容涵盖了电力基础知识、现场安全基础、各类作业现场场景等，采用一问一答的形式，将相关知识点写得通俗易懂、简明扼要，容易被现场人员接受。

本系列书由南方电网公司安全监管部（应急指挥中心）组织，由龚建平、王科鹏、葛馨远负责整体的构思和组织工作，各分公司、子公司相关专家参与，《输电作业现场安全知识问答》作为该系列书的高压输电线路专业分册，由曾祥辉、葛兴科负责全书的构思、撰写和统稿工作。本书共四章，其中，第一、二章由曾祥辉、葛兴科编写；第三章主要由葛兴科、曹家军编写并统稿，普凯、陈旭、陈奕钪等参与编写；第四章主要由尹祖春、曾宪武、凌铸编写并统稿，许武、钟汶兵、吴毓锋、陆腾云、陈奕钪、马大鹏、欧烈文、黄国清、李海顺、岑贞锦、普凯、陈旭、李少鹏等参与编写；附录部分主要由许武、曾祥辉、葛兴科编写并统稿。同时，也感谢苏雁军、高弋淞、赵拯、孟滨、冯学宇、周鹏程等专家在书籍编写过程中协助进行资料查找和整理工作。

本系列书可作为电力作业现场人员的重要安全学习材料和疑问解答知识查询的工具书，也可以作为高等学校的培训教材。期待本系列书的出版能有效帮助各级安全生产人员增强安全意识、增长安全知识和提升安全技能，培育一批安全素质过硬的安全生产队伍，为打造本质安全型企业作出更大的贡献。与此同时，感谢南方电网公司各相关部门和单位对本书编写工作的大力支持和帮助，以及中国电力出版社的大力支持，在此致以最真挚的谢意。

　　本书在编写过程中，参考了国内外数十位专家、学者的著作，在此向这些作者表示由衷的感谢！鉴于编者水平有限，谬误疏漏之处在所难免，请广大读者和同仁不吝批评和指正。

本书编写组

2022 年 8 月

目　录

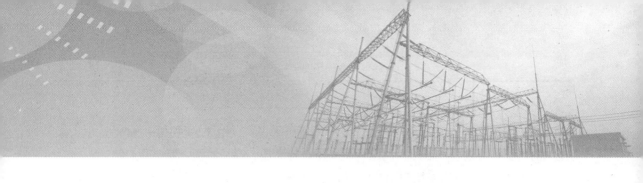

第一章 电力基础知识

第一节 电力系统基本概念

1．什么是电力系统？电力系统有哪些特点？

答： 由发电厂内的发电机、电力网内的变压器和输电线路及用户的各种用电设备，按照一定的规律连接而组成的统一整体，称为电力系统，如图 1-1 所示。

电能的生产、变换、输送、分配及使用与其他工业不同，它具有以下特点：

（1）电能不能大量存储。

（2）过渡过程十分短暂。

（3）电能生产与国民经济各部门和人民生活有着极为密切的关系。

（4）电力系统的地区性特点较强。

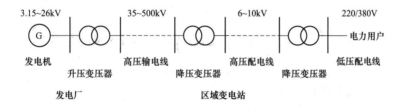

图 1-1　电力系统示意图

2．什么是电力网？按照电压等级和供电范围，电力网可以分为哪几类？

答： 由变电站和不同电压等级输电线路组成的网络，称为电力网。

电力网通常按电压等级的高低、供电范围的大小分为地方电力网、区域电力网和超高压远距离输电网。

地方电力网是指电压 35kV 及以下，供电半径在 20～50km 以内的电力网。一般企业、工矿和农村乡镇配电网络属于地方电力网。

电压等级在 35kV 以上，供电半径超过 50km，联系较多发电厂的电力网，称为区域电力网，电压等级为 110～220kV 的网络，就属于这种类型的电力网。

电压等级为 330kV 及以上的网络，一般是由远距离输电线路连接而成的，通常称为超高压远距离输电网，它的主要任务是把远处发电厂生产的电能输送到负荷中心，同时还联系若干区域电力网形成跨省、跨地区的大型电力系统，如我国的东北、华北、华东、华中、西北、西南和南方等网络，就属于这一类型的电力网。

3．电力系统的电压等级有哪些？

答：根据《电工术语发电、输电及配电通用术语》（GB/T 2900.50—2008），电力系统中的电压等级划分：低压、高压、超高压、特高压、高压直流、特高压直流。

低压（LV）：电力系统中 1000V 及以下电压等级；

高压（HV）：电力系统中高于 1kV、低于 330kV 的交流电压等级；

超高压（EHV）：电力系统中 330kV 及以上，并低于 1000kV 的交流电压等级；

特高压（UHV）：电力系统中交流 1000kV 及以上的电压等级；

高压直流（HVDC）：电力系统中直流±800kV 以下的电压等级；

特高压直流（UHVDC）：电力系统中直流±800kV 及以上的电压等级。

4．电力系统接线方式有几种？各有何优缺点？

答：电力系统的接线方式按供电可靠性分为有备用接线方式和无备用接线方式两种。无备用接线方式是指负荷只能从一条路径获得电能的接线方式。它包括单回路放射式、干线式和链式网络。有备用接线方式是指负荷至少可以从两条路径获得电能的接线方式。它包括双回路的放射式、干线式、链式、环式和两端供电网络。

无备用接线的主要优点在于简单、经济、运行操作方便。主要缺点是供电可靠性差，并且在线路较长时，线路末端电压往往偏低，因此这种接线方式不适用于一级负荷占很大比重的场合。

有备用接线的主要优点在于供电可靠性高，供电电压质量高。双回路的放射式、干线式和链式接线的主要缺点是不够经济；环形网络主要缺点是运行调度复杂，并且故障时的电压质量差；两端供电网络主要缺点是这种接线的先决条件是必须有两个或两个以上独立电源，并且各电源与各负荷点的相对位置又决定了这种接线的合理性。

5．变电站接线主要有几种方式？

答：变电站接线主要有以下几种方式：

（1）单母线：单母线、单母线分段、单母线或单母线分段加旁路，如图 1-2 所示。

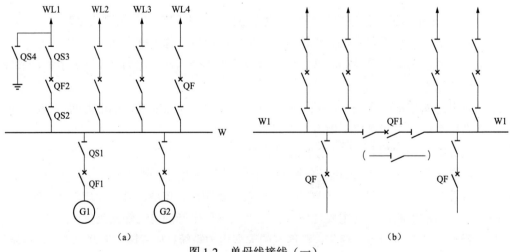

图 1-2　单母线接线（一）

（a）单母线接线；（b）单母线分段接线

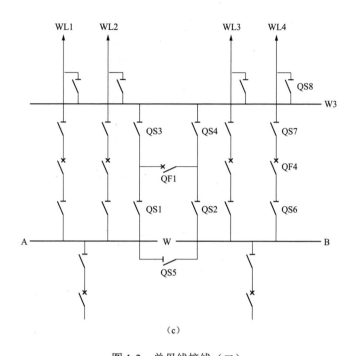

（c）

图 1-2 单母线接线（二）

（c）单母线分段加装旁路母线接线

（2）双母线：双母线、双母线分段、双母线或双母线分段加旁路，如图 1-3 所示。

（3）三母线：三母线、三母线分段、三母线分段加旁路。

（4）3/2 接线、3/2 接线母线分段，如图 1-4 所示。

（5）4/3 接线。

（6）单元接线及扩大单元接线，如图 1-5 所示。

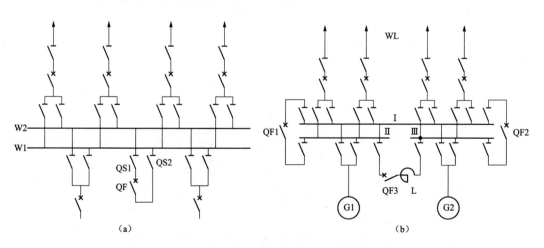

图 1-3 双母线接线（一）

（a）双母线接线；（b）双母线分段接线

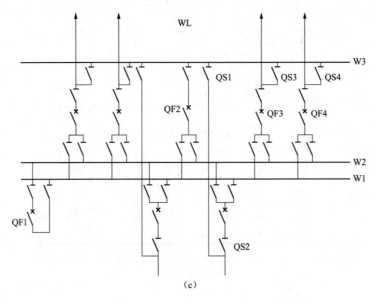

图 1-3　双母线接线（二）

（c）双母线带旁路母线接线

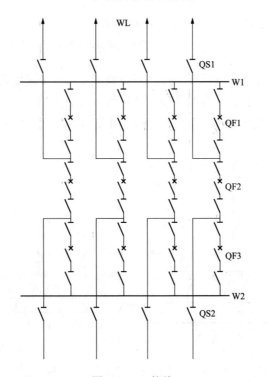

图 1-4　3/2 接线

（7）桥形接线：内桥形接线、外桥形接线、复式桥形接线，如图 1-6 所示。

（8）角形接线（或称环形接线）：三角形接线、四角形接线、多角形接线，如图 1-7 所示。

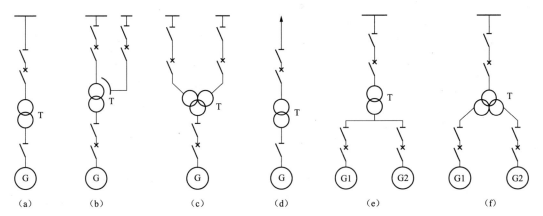

图 1-5 单元接线及扩大单元接线

（a）发电机-双绕组变压器单元；（b）发电机-三绕组自耦变压器单元；（c）发电机-三绕组变压器单元；
（d）发电机-变压器-线路单元；（e）发电机-变压器扩大单元接线；（f）发电机-分裂绕组变压器扩大单元接线

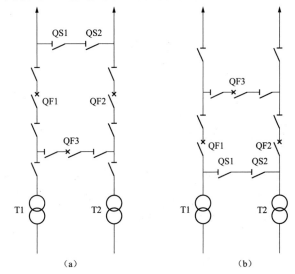

图 1-6 桥形接线

（a）内桥形接线；（b）外桥形接线

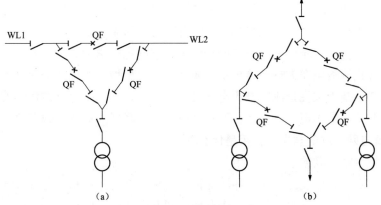

图 1-7 角形接线

（a）三角形接线；（b）四角形接线

6．什么是发电厂？其主要类型有哪些？

答：将各种一次能源转变成电能的工厂，称为发电厂。按一次能源的不同发电厂分为火力发电厂（以煤、石油和天然气为燃料）、水力发电厂（以水的位能作动力）、核能发电厂、风力发电厂、太阳能发电厂、地热发电厂、潮汐发电厂等。

7．变电站有哪几种类型？其作用是什么？

答：根据变电站在电力系统中的地位，可分为枢纽变电站、中间变电站、地区变电站、终端变电站四类。

（1）枢纽变电站是指位于电力系统的枢纽点，高压侧电压为330kV以上，连接电力系统高压和中压的几个部分，汇集多个电源的变电站。全站一旦停电后，将引起整个电力系统解列，甚至使部分系统瘫痪。

（2）中间变电站是指以交换潮流或使长距离输电线路分段为主，同时降低电压给所在区域负荷供电的变电站。一般汇集2～3个电源，电压为220～330kV全站一旦停电后，将引起区域电力系统解列。

（3）地区变电站是一个地区或城市的主要变电站。地区变电站是以向地区或城市用户供电为主，高压侧电压一般为110～220kV的变电站。全站一旦停电后，将使该地区中断供电。

（4）终端变电站是在输电线路的终端，连接负荷点，接向用户供电，高压侧电压为110kV的变电站。全站一旦停电后，将使用户中断供电。

8．什么是柔性直流输电技术？

答：柔性直流输电技术是20世纪90年代开始发展的一种以电压源换流器（VSC）、可关断器件（如绝缘栅双极型晶体管，IGBT）和脉宽调制（PWM）技术为基础的新型直流输电技术。国外学术界将此项输电技术称为VSC-HVDC，国内学术界将此项输电技术称为柔性直流输电。

柔性直流输电的核心依然是直流输电技术。柔性直流输电系统由换流站和直流输电线路构成，柔性直流输电功率可双向连续调节，任意换流站既可以作整流站也可以作逆变站运行，其中处在送电端的工作在整流模式，处在受电端的工作在逆变模式。柔性直流输电系统可以通过电力电子器件的开通或关断来调节换流器出口电压的幅值和与系统电压之间的功角差，从而独立地控制输出的有功功率和无功功率。

特高压主要解决传统煤电、水电的北电南送与西电东送，并将风光与火水进行打捆外送。而柔性直流输电在大规模可再生能源并网、大型城市供电和沿海岛屿联网等领域具有显著优势；基于柔性直流的直流电网可以实现风、光、水等间歇性、波动性可再生能源的广域互补，是实现发电清洁转型和全球能源互联网的重要基础支撑。

9．区域电网互联的意义与作用是什么？

答：区域电网互联的意义与作用是：

（1）可以合理利用能源，加强环境保护，有利于电力工业和社会可持续发展。

（2）可以在更大范围内进行水、火及新能源发电调度，取得更大的经济效益。

（3）可以安装大容量、高效能火电机组、水电机组和核电机组，有利于降低造价，节约能源，加快电力建设速度。

（4）可以利用时差、温差，错开用电高峰，利用各地区用电的非同时性进行负荷调整，减少备用容量和装机容量。

（5）可以在各地区之间互供电力、互为备用，可减少事故备用容量，增强抵御事故能力，提高电网安全水平和供电可靠性。

（6）有利于改善电网频率特性，提高电能质量。

10．火力发电厂的主要生产过程是怎样的？

答：火力发电厂（以燃煤发电厂为例）的主要生产过程是：原煤由火车、汽车或轮船运到发电厂后，由卸煤设备卸下并转送到储煤场（或储煤罐）储存。原煤由输煤设备从储煤场送到锅炉的原煤斗中，再由给煤机送到磨煤机中磨成煤粉。煤粉送至分离器进行分离，合格的煤粉送到煤粉仓储存（仓储式锅炉）。煤粉仓的煤粉由给粉机送到锅炉本体的喷燃器，由喷燃器喷到炉膛内燃烧（直吹式锅炉将煤粉分离后直接送入炉膛）。

燃烧的煤粉放出大量的热能将炉膛四周水冷壁管内的水加热成汽水混合物。混合物由锅炉汽包内的汽水分离器进行分离，分离出的水经下降管送到水冷壁管继续加热，分离出的蒸汽送到过热器加热成符合规定温度和压力的过热蒸汽并经管道送往汽轮机。过热蒸汽在汽轮机内做功，推动汽轮机旋转，汽轮机带动发电机发电，发电机发出的三相交流电通过发电机端部的引线引出送到电网。在汽轮机内作完功的过热蒸汽被凝汽器冷却成凝结水，凝结水经凝结泵送到低压加热器加热并送到除氧器除氧，再经给水泵送到高压加热器加热并送到锅炉继续进行热力循环。再热式机组采用中间再热过程，即把在汽轮机高压缸做功之后的蒸汽送到锅炉的再热器重新加热，使汽温提高到一定（或初蒸汽）温度，再把再热后的蒸汽送到汽轮机中压缸继续做功。

11．水力发电厂的主要设备和主要生产过程是什么？其主要特点有哪些？

答：水力发电厂动力设备主要由水轮机、水轮发电机及其附属的电气、机械设备组成。其主要生产过程为：利用一系列建筑集中天然水能的落差形成水头，并用水库汇集，通过引水建筑物将水流引入水轮机，推动水轮机转动，将水能变成机械能，再带动发电机转动，将机械能转换成电能。水力发电厂的主要特点包括：

（1）水电厂的出力和发电量随天然径流量和水库调节能力而变化。在丰水年份，一般发电量较多；遇到特枯年份，则发电量不足，甚至不满足正常工作条件；对低水头径流式电站，出力随天然流量而变化。在洪水期内，由于水电厂工作水头不足，水轮机不能发足额定出力。

（2）一般水库都具有综合利用任务，水库发电除受到来水条件限制外，还受到防洪、航运、灌溉和供水等条件的限制。

（3）水电是可再生能源，不污染环境，并具有明显的季节性特点，在丰水期应尽可能多发电，以节约化石燃料资源，减轻环境压力。

（4）水电机组开机方便、快速，并可迅速改变出力的大小，以适应负荷的剧烈变化，保证电力系统频率稳定。因此，水电厂适合担任电力系统调峰、调频和事故备用等任务。

（5）与火电厂相比，水电厂的发电成本低，效率较高，厂用电率较低。

12．电力系统运行的基本要求主要有哪些？

答：电力系统运行的基本要求主要有：

（1）保证供电可靠。

（2）保证良好的电能质量。

（3）为用户提供充足的电力。

（4）提高电力系统运行经济性。

13．什么是电力系统的稳定运行？电力系统稳定共分几类？各类稳定的具体含义是什么？

答：当电力系统受到扰动后，能自动地恢复到原来的运行状态，或者凭借控制设备的作用过渡到新的稳定状态运行，称为电力系统的稳定运行。

电力系统的稳定从广义角度来看，可分为：

（1）发电机同步运行的稳定问题（根据电力系统所承受的扰动大小和时间的不同，又可分为静态稳定、暂态稳定、动态稳定三大类）。

（2）电力系统无功不足引起的电压稳定性问题。

（3）电力系统有功功率不足引起的频率稳定性问题。

各类稳定的具体含义是：

（1）发电机同步运行的稳定问题。

1）静态稳定是指电力系统受到小扰动后，不发生非周期性失步，自动恢复到起始运行状态。

2）暂态稳定是指电力系统受到大扰动后，各同步电机保持同步运行并过渡到新的或恢复到原来的稳定运行方式的能力，通常指保持第一、第二摇摆不失步的功角稳定，是电力系统功角稳定的一种形式。

3）动态稳定是指电力系统受到小的或大的扰动后，在自动调节和控制装置的作用下，保持较长过程稳定运行的能力，通常指电力系统受扰后不发生发散性振荡或持续性振荡，是电力系统功角稳定的另一种形式。

（2）电压稳定是指电力系统受到小的或大的扰动后，系统电压能够保持或恢复到允许的范围内，不发生电压失稳的能力。电压失稳可表现为静态失稳、大扰动暂态失稳及大扰动动态失稳或中长期过程失稳。

（3）频率稳定是指电力系统发生有功功率扰动后，系统频率能够保持或恢复到允许的范围内，不发生频率崩溃的能力。

14．电力系统有哪些大扰动？

答：电力系统大扰动主要包括：各种短路故障、各种突然断线故障、开关无故障跳闸、非同期并网（包括发电机非同期并列）、大型发电机失磁、大容量负荷突然启停、大容量高压输电系统闭锁等。

15．电力系统发生大扰动时安全稳定标准是如何划分的？

答：根据电网结构和故障性质不同，电力系统发生大扰动时的安全稳定标准分为三级：

（1）保持稳定运行和电网的正常供电。

（2）保持稳定运行，但允许损失部分负荷。

（3）当系统不能保持稳定运行时，必须防止系统崩溃，并尽量减少负荷损失。

16．什么是电压崩溃？

答：电压崩溃是指电力系统或电力系统内某一局部，由于无功电源不足，电力系统运行电压等于或者低于临界电压时，如扰动使负荷点的电压进一步下降，将使无功功率永远小于无功负荷，从而导致电压不断下降最终到零。这种系统电压不断下降最终到零的现象称为电压崩溃，或者叫作电力系统电压失稳。

17．什么是频率崩溃？

答：频率崩溃是指当负载有功功率不断增加，电能供给不平衡，发电机有功功率明显不足，导致电能不断下降，电力系统运行频率等于或低于临界值时，如扰动使频率进一步下降，有功不平衡加剧，形成恶性循环，导致频率不断下降最终到零。这种频率不断下降最终到零的现象称为频率崩溃，或者叫作电力系统频率失稳。

18．何谓保证电力系统稳定的"三道防线"？

答：电力系统安全稳定的"三道防线"是指在电力系统受到不同扰动时对电网保证安全可靠供电方面提出的要求：

（1）快速可靠的继电保护、有效的预防性控制措施，确保电网在发生常见的概率高的单一故障时，电力系统应当保持稳定运行，同时保持对用户的正常供电。

（2）采用稳定控制装置及切机、切负荷等紧急控制措施，确保电网发生了性质较严重但概率较低的单一故障时，电力系统仍能保持稳定运行，但允许损失部分负荷。

（3）设置失步解列、频率及电压紧急控制装置，当电网发生了罕见的多重故障，依靠这些装置防止事故扩大，防止大面积停电。

19．保证电力系统稳定运行有哪些要求？

答：保证电力系统稳定运行有以下要求：

（1）为保持电力系统正常运行的稳定性和频率、电压的正常水平，系统应有足够的静态稳定储备和有功、无功备用容量，并有必要的调节手段。在正常负荷波动和调节有功、无功潮流时，均不应发生自发振荡。

（2）要有合理的电网结构。

（3）在正常运行方式下，系统任一元件发生单一故障时，不应导致主系统发生非同步运行，不应发生频率崩溃和电压崩溃。

（4）在事故后经调整的运行方式下，电力系统仍有按规定的静态稳定储备，相关元件按规定的事故过负荷运行。

（5）电力系统发生稳定破坏时，必须有预定的处理措施，以缩小事故的范围，减少事故损失。

20．什么是黑启动？

答：所谓黑启动，是指整个系统因故障停运后，系统全部停电，处于全"黑"状态，不依赖别的网络帮助，通过系统中具有自启动能力的发电机组启动，带动无自启动能力的发电机组，逐渐扩大系统恢复范围，最终实现整个系统的恢复。

21．黑启动电源选择及原则是什么？

答：黑启动电源的选择：

（1）水电机组（包括抽水蓄能电厂）作为启动电源最为方便。水轮发电机组没有复杂的辅机系统，厂用电少，启动速度快，是最方便、理想的黑启动电源。水电厂还具备良好的调频和调压能力。但应注意径流式水电机组由于受丰枯水影响，可能在某些时候无法启动。

（2）火电机组也可作为启动电源。如燃油发电机可以在自备柴油发电机启动的情况下实现快速启动。此外，某些火电厂的外部电网失电时可实现自保厂用电。这些电厂均可以作为黑启动电源。

黑启动的原则：

（1）选择黑启动电源应根据预案和当前实际情况灵活选择。

（2）恢复重要的负荷：

1）首先启动黑启动电源附近的大容量机组。

2）重要枢纽变电站，特别是站内自备电源不足，且正常站内用电取自高压侧母线的变电站。

3）重要用户，如电力调度控制中心、政府机关、电信及移动通信等。

22．继电保护的主要任务是什么？

答：继电保护的主要任务是当电力系统发生故障或异常工况时，在可能实现的最短时间和最小区域内，自动将故障设备从系统中切除，使故障元件免于继续遭到破坏并保证非故障元件迅速恢复正常运行，或发出信号由值班人员消除异常工况根源，以减轻或避免设备的损坏。

除此之外，对于用于切除故障的断路器上，根据需要配置的自动重合闸装置应该能够实现自动重合闸功能，以提高系统的供电可靠性和稳定性。

23．继电保护的常用类型有哪些？

答：继电保护的常用类型有：电流保护、电压保护（包括低电压保护、过电压保护）、阻抗保护（也称距离保护）、方向保护、差动保护（包括纵差保护、横差保护）、高频保护、序分量保护（零序电流、电压保护，负序电流、电压保护等）、瓦斯保护、行波保护、平衡保护。

24．什么是主保护？什么是后备保护？什么是辅助保护？

答：主保护是指被保护元件整个保护范围内发生故障，能以最快速度有选择地切除被保护设备和线路故障的保护。

后备保护是在主保护或断路器拒动时，用以切除故障的保护。

辅助保护是为补充主保护和后备保护的性能不足、需要加速切除严重故障或在主、后备保护退出运行时而增设的简单保护。

25．电力系统继电保护的配置原则主要有什么？

答：电力系统继电保护配置原则主要有：

（1）对于电力系统的电力设备和线路，应装设反应各种短路故障和异常运行的保护装置。

（2）反应电力设备和线路短路故障的保护应有主保护和后备保护，必要时可再增设辅助保护。

（3）重要的设备要求配置双重主保护。

（4）各个相邻元件保护区域之间需有重叠区，不允许有无保护的区域。

（5）必要时线路应装设将断路器自动合闸的自动重合闸装置。

26．电力系统短路有什么后果？

答：电力系统短路故障发生后，由于网络总阻抗大为减少，将在系统中产生几倍甚至几十倍于正常工作电流的短路电流。强大的短路电流将造成严重的后果，主要有以下方面：

（1）强大的短路电流通过电气设备使发热急剧增加，短路持续时间较长时，足以使设备因过热而损坏甚至烧毁。

（2）巨大的短路电流将在电气设备的导体间产生很大的电动力，可能使导体变形、扭曲或损坏。

（3）短路将引起系统电压的突然大幅度下降，系统中主要负荷异步电动机将因转矩下降而减速或停转，造成产品报废甚至设备损坏。

（4）短路将引起系统中功率分布的突然变化，可能导致并列运行的发电厂失去同步，破坏系统的稳定性，造成大面积停电，是短路所致的最严重的后果。

（5）巨大的短路电流将在周围空间产生很强的电磁场，尤其是不对称短路时，不平衡电流所产生的不平衡交变磁场，对周围的通信网络、信号系统、晶闸管触发系统及自动控制系统产生干扰。

27．电力系统对继电保护有什么基本要求？

答：继电保护在技术上一定要满足有选择性、速动性、灵敏性和可靠性等要求，这四"性"之间紧密联系，既矛盾又统一。

（1）有选择性。所谓有选择性指电力系统故障时，保护装置仅切除其故障元件，尽可能地缩小停电范围，保证电力系统中的非故障部分继续运行。

（2）动作迅速。继电保护动作迅速对用户、电气设备和电力系统的稳定运行等带来很大的好处。保护快速动作也利于提高自身的可靠性。

（3）灵敏度好。灵敏度是指继电保护对其保护范围内故障或不正常运行状态的反应能力。灵敏度好则指保护在系统任何运行方式下对于自己保护范围内任何地方发生的该反应的所有类型的故障均应可靠反应。

（4）可靠性高。保护的可靠性高是指属于保护范围内的短路故障，保护应动作，对于保护范围外的故障则应不动作。否则，该动作的而不动作称为保护拒动作，不该动作的而动作称为保护误动作。

28．220kV 及以上交流线路应配置哪些保护？

答：对于 220kV 及以上交流线路应装设两套完整、独立的全线速动主保护。接地短路后备保护可装设阶段式或反时限零序电流保护，亦可采用接地保护并辅之以阶段式或反时限零序电流保护。相间短路后备保护可装设阶段式距离保护。此外 220kV 及以上交流线路还要配置三相不一致保护。220kV 及以上交流线路故障大多数是瞬时性的，因此，装设自动重合闸可以大大提高供电可靠性。

29．什么是自动重合闸？为什么要采用自动重合闸？

答：自动重合闸装置是将因故障跳开后的断路器按需要自动投入的一种自动装置。电力系统运行经验表明，架空线路绝大多数的故障都是瞬时性的，永久故障一般不到 10%，在继电保护动作切除短路故障后，电弧将自动熄灭，绝大多数情况下短路处的绝缘可以自动恢复。自动将断路器重合，不仅提高了供电的安全性和可靠性，减少了停电损失，而且还提高了电力系统的暂态稳定水平，增大了高压线路的送电容量，也可纠正由于断路器或继电保护装置造成的误跳闸。因此，架空线路要采用自动重合闸装置。

30．重合闸和继电保护的配合方式有哪些？分别有什么优缺点？

答：在电力系统中，自动重合闸与继电保护配合的方式有两种，即自动重合闸前加速保护动作（简称"前加速"）和自动重合闸后加速保护动作（简称"后加速"）。

采用"前加速"的优点是，能快速切除瞬时性故障，使暂时性故障来不及发展成为永久性故障，而且使用设备少，只需一套 ARD 自动重合闸装置。其缺点是重合于永久性故障时，再次切除故障的时间会延长，装有重合闸的线路断路器的动作次数较多，若此断路器的重合闸拒动，就会扩大停电范围，甚至在最后一级线路上的故障，也可能造成全网络停电。因此，实际上"前加速"方式只用于 35kV 及以下的网络。

采用"后加速"的优点是，第一次跳闸是有选择性的，不会扩大事故，在重要高压网络中，是不允许无选择性跳闸的，应用这种方式特别适合。同时，这种方式使再次断开永久性故障的时间缩短，有利于系统并联运行的稳定性。其主要缺点是第一次切除故障可能带时限，当主保护拒动，而由后备保护来跳闸时，时间可能比较长。

31．什么是电力系统安全稳定自动装置？

答：电网安全稳定自动装置是指用于防止电力系统稳定破坏、防止电力系统事故扩大、防止电网崩溃及大面积停电以及恢复电力系统正常运行的各种自动装置的总称。如温控装置、失步解列装置、低频减负荷装置、低压减负荷装置、过频切机装置、备用电源自投装置、水电厂低频自启动装置等。

32．稳定控制分为哪几类？各有何特点？

答：按稳定类型，稳定控制可分为暂态稳定控制、频率紧急控制、电压紧急控制、失步控制、设备过负荷控制等。按控制范围，稳定控制系统分为局部稳定控制系统、区域电网稳定控制系统、大区互联电网稳定控制系统。

（1）局部稳定控制系统。装置单独安装在各个厂站，相互间没有通信联系，不交换信息，解决的是本厂站母线、主变压器或出线故障时出现的稳定问题。

（2）区域电网稳定控制系统。为解决一个区域电网内的稳定问题，将安装在多个厂站的稳定控制装置经通信设备联系在一起，实现站间交互运行信息、传送控制命令，具备事故切机、切负荷、快速减出力、直流功率紧急提升或回降等功能。区域电网稳定控制系统一般设有一个主站，多个子站和执行站。

（3）大区互联电网稳定控制系统。按分层分区原则，该系统主要负责与联络线有关的紧急控制，可交换相关区域电网内的某些重要信息。

33．什么是电力系统的中性点？电力系统中性点的接地方式有哪些？

答：电力系统的中性点是指星形连接的变压器或发电机的中性点。这些中性点的接地方式涉及系统绝缘水平、通信干扰、接地保护方式、保护整定、电压等级及电力网结构等方面，是一个综合性的复杂问题。

中国电力系统的中性点接地方式主要有 4 种，即不接地（中性点绝缘）、中性点经消弧线圈接地、中性点直接接地和经电阻接地。前两种接地方式称为小电流接地，后两种接地方式称为大电流接地。这种区分法是根据系统中发生单相接地故障时，按其接地故障电流的大小来划分的。确定电力系统中性点接地方式时，应从供电可靠性、内部过电压、对通信线路的干扰、继电保护及确保人身安全诸方面综合考虑。

第二节 设备基础知识

1．输配电线路如何分类？其组成是什么？

答：输配电线路按电力线路的结构分为架空线路和电缆线路。

架空线路组成包括：线路本体［基础、杆塔、拉线、导线、绝缘子、避雷线（又称架空地线）、金具等］、辅助设施（防护设施、通道等）。

电缆线路组成包括：电力电缆本体、电缆终端头、电缆中间头、电缆通道（电缆沟、电缆管道、电缆隧道、电缆槽盒、工井、盖板等）、防护设施。

2．什么是配电网？配电网的分类有哪些？

答：配电网是从输电网或地区发电厂接受电能，并通过配电设施就地或逐级配送电能给各类用户的电力网络。配电网主要由相关电压等级的架空线路、电缆线路、变电站、开关站、配电室、箱式变电站、柱上变压器、环网单元等组成。

配电网按电压等级的不同，可分为高压配电网（35～110kV）、中压配电网（6～10kV）和低压配电网（220～380V）；按供电地域特点不或服务对象不同，可分为城市配电网和农村配电网；按配电线路的不同，可分为架空配电网、电缆配电网以及架空电缆混合配电网。

3．配电设备主要有哪些？

答：配电设备包括主设备及辅助设备。具体如下：

（1）主设备包括配电变压器（台架变、箱变）、开关柜、柱上开关类设备、电缆分接箱等一次设备，以及配电自动化终端（站所自动化终端、馈线自动化终端）、网络通信设备（以太网交换机、无源光网络设备、载波设备）、通信光缆、测控装置、保护装置、备自投装置、直流柜箱等二次设备。

（2）辅助设备包括避雷器、电流互感器、电压互感器、带电指示器、故障指示器、无功补偿装置、测量仪表、五防闭锁、UPS 装置等。

4．换流站有哪些主要设备？其主要作用是什么？

答：换流站是直流输电工程中直流和交流进行能量转换的系统，除有交流场等与交流变电站相同的设备外，直流换流站还有以下特有设备：换流器、交流滤波器及无功补偿设备、直流滤波器和平波电抗器。

换流器一般包括换流变压器及对应阀组，主要功能是进行交直流转换。①换流变压器是直流换流站交直流转换的关键设备，其网侧与交流场相联，阀侧和阀组相联，因此其阀侧绕组需承受交流和直流复合应力。由于换流变压器运行与换流器的换向所造成的非线性密切相关，在漏抗、绝缘、谐波、直流偏磁、有载调压和试验方面与普通电力变压器有着不同的特点。②阀组是由晶闸管以组件形式串联，并与阻尼回路、分压及晶闸管电子设备回路、晶闸管控制单元等共同组成，将直流转换成交流或将交流转换成直流的设备组。从最初的汞弧阀发展到现在的电控和光控晶闸管阀，其单位容量在不断增大。

交直流滤波器为换流器运行时产生的特征谐波提供入地通道。换流器运行中产生大量的谐波，消耗换流容量40%～60%的无功。交流滤波器在滤波的同时还提供无功功率。当交流滤波器提供的无功不够时，还需要配置专门的无功补偿设备。

平波电抗器能防止直流侧雷电波和陡波进入阀厅，从而使换流阀免于遭受这些过电压的应力；能平滑直流电流中的纹波。在直流系统受到扰动时，平波电抗器通过限制由快速电压变化所引起的电流变化率来防止直流电流的间断；另外，在直流短路时，平波电抗器还可通过限制电流快速变化来降低短路电流峰值。

5．雷电过电压分为哪两种？什么是反击？什么是绕击？

答：雷电过电压可以分为两种：①直击雷过电压，是雷电直接击中杆塔、避雷线或导线引起的线路过电压；②感应雷过电压，是雷击线路附近大地，由于电磁感应在导线上产生的过电压。

按照雷击线路部位的不同，直击雷过电压又分为两种情况：一种是雷击线路杆塔或避雷线时，雷电流通过雷击点阻抗使该点对地电位大大升高，当雷击点与导线之间的电位差超过线路绝缘的冲击放电电压时，会对导线发生闪络，使导线出现过电压，因为杆塔或避雷线的电位（绝对值）高于导线，故通常称为反击；另一种是雷电直接击中导线（无避雷线时）或绕过避雷线（屏蔽失效）击于导线，直接在导线上引起过电压，后者通常称为绕击。

6．什么是绝缘？各有哪些特点？

答：所谓绝缘，是指使用不导电的物质将带电体隔离或包裹起来，以对触电起保护作用的一种安全措施。良好的绝缘是保证电气设备与线路的安全运行，防止人身触电事故的发生最基本的和最可靠的手段。

绝缘通常可分为气体绝缘、液体绝缘和固体绝缘三类。

（1）气体绝缘材料是能使有电位差的电极间保持绝缘的气体。气体绝缘遭破坏后有自恢复能力，它有电容率稳定、介质损耗极小、不燃、不爆、化学稳定性好、不老化、价格便宜等优点，是极好的绝缘材料。常用的气体绝缘材料有空气、氮气、氢气、二氧化碳和六氟化硫。

（2）液体绝缘材料是指用以隔绝不同电位导电体的液体，又称绝缘油。它主要取代气体，填充固体材料内部或极间的空隙，以提高其介电性能，并改进设备的散热能力。例如，在油浸纸绝缘电力电缆中，它不仅显著地提高了绝缘性能，还增强散热作用；在电容器中提高其介电性能，增大每单位体积的储能量；在开关中除绝缘作用外，更主要起灭弧作用。液体绝缘材料按材料来源可分为矿物绝缘油、合成绝缘油和植物油3大类。

（3）固体绝缘材料是用以隔绝不同电位导电体的固体，一般还要求固体绝缘材料兼具支撑作用。与气体绝缘材料、液体绝缘材料相比，固体绝缘材料由于密度较大，因而击穿强度也高得多，这对减少绝缘厚度有重要意义。在实际应用中，固体绝缘仍是最为广泛使用，且最为可靠的一种绝缘物质。固体绝缘材料可以分成无机的和有机的两大类。

7. 提高绝缘的主要措施有哪些？

答：提高气体绝缘、液体绝缘和固体绝缘的方法不同，具体如下：

（1）提高气体绝缘的措施主要有：

1）从改善电场方面主要有改进电极形状、利用空间电荷及采用屏障。

2）从限制游离方面主要有采用高气压、采用高真空、采用高电气强度气体。

（2）提高液体绝缘的措施主要有：

1）通过过滤、防潮、脱气、防尘及采用油和固体介质组合如覆盖、绝缘、屏障等，以减小杂质的影响提高并保持绝缘。

2）改进绝缘结构以减小杂质的影响。

（3）提高固体绝缘的措施主要有：

1）改进绝缘设计。

2）改进制造工艺。

3）改善运行条件。

4）对多孔性、纤维性材料经干燥后浸油、浸漆，以防止吸潮，提高局部放电起始电压。

5）加强冷却，提高热击穿电压。

6）调整多层绝缘中各层电介质所承受的电压。

7）改善电场分布，如电极边缘的固体电介质表面涂半导电漆。

8. 电气设备为什么要接地？其主要类型有哪几种？

答：电气设备接地主要是为了保证电力网或电气设备的正常运行和工作人员的人身安全，人为地使电力网及其某个设备的某一特定地点通过导体与大地作良好的连接。这种接地包括工作接地、保护接地、保护接零、防雷接地和防静电接地等。

（1）工作接地。为了保证电气设备在正常或发生故障情况下可靠工作而采取的接地，称为工作接地。工作接地一般都是通过电气设备的中性点来实现的，所以又称为电力系统中性点接地。

（2）保护接地。将一切正常工作时不带电而在绝缘损坏时可能带电的金属部分（如各种电气设备的金属外壳、配电装置的金属构架等）接地，以保证工作人员接触时的安全，这种接地为保护接地。保护接地是防止触电事故的有效措施。

（3）保护接零。在中性点直接接地的低压电力网中，把电气设备的外壳与接地中性线（也称零线）直接连接，以实现对人身安全的保护作用，称为保护接零或简称接零。

（4）防雷接地。为消除大气过电压对电气设备的威胁，而对过电压保护装置采取的接地措施称为防雷接地。把避雷针、避雷线和避雷器通过导体与大地直接连接均属于防雷接地。

（5）防静电接地。对生产过程中有可能积蓄电荷的设备，如油罐、天然气罐等所采取的接地，称为防静电接地。

9. 电气设备有哪些工作状态？其区别是什么？

答：电气设备的工作状态有下面四种：运行状态、热备用状态、冷备用状态、检修状态。

（1）运行状态，指设备或电气系统带有电压，其功能有效。母线、线路、开关、变压器、电抗器、电容器及电压互感器等一次电气设备的运行状态，是指从该设备电源至受电端的电路接通并有相应电压（无论是否带有负荷），且控制电源、继电保护及自动装置正常投入。

（2）热备用状态，指设备已具备运行条件，经一次合闸操作即可转为运行状态的状态。母线、变压器、电抗器、电容器及线路等电气设备的热备用是指连接该设备的各侧均无安全措施，各侧的开关全部在断开位置，且至少一组开关各侧刀闸处于合上位置，设备继电保护投入，开关的控制、合闸及信号电源投入。开关的热备用是指其本身在断开位置、各侧刀闸在合闸位置，设备继电保护及自动装置满足带电要求。

（3）冷备用状态，设备的断路器及隔离开关（接线中有的话）都在断开位置。

（4）检修状态，当设备的所有断路器、隔离开关均断开，并且已验电、装设接地线、悬挂标志牌和装好临时遮栏时，该设备即处在"检修状态"。

第三节 安全生产知识

1. 什么是过电压？过电压分为哪几类？

答：过电压是指超过正常运行电压并可使电力系统绝缘或保护设备损坏的电压升高。过电压可以分为内部过电压和外部（雷电）过电压两大类。内部过电压可按其产生原因分为操作过电压和暂时过电压，外部过电压包括谐振过电压和工频电压升高。

2. 什么是操作过电压？常见的操作过电压有哪些？

答：因操作引起的暂态电压升高，称为操作过电压。常见的操作过电压有：中性点绝缘电网中的电弧接地过电压，切除电感性负载（空载变压器、消弧线圈、并联电抗器、电动机等）过电压，切除电容性负载（空载长线路、电缆、电容器组等）过电压，空载线路合闸（包括重合闸）过电压及系统解列过电压等。

3. 什么是工频电压升高？产生工频电压升高的主要原因有哪些？

答：电力系统中在正常或故障时可能出现幅值超过最大工作相电压、频率为工频或接近工频的电压升高，统称为工频电压升高，或称为工频过电压。产生工频电压升高的主要原因有：空载长线路的电容效应、不对称接地故障的不对称效应、发电机突然甩负荷的甩负荷效应等。

4．电对人体的影响有哪些？

答：电对人体的影响主要有：

（1）人体的不同部位同时接触了有电位差（如相与相之间或相与地之间）的带电体时产生电流危害。

（2）人体在带电体附近但未接触带电体，因空间电场的静电感应而引起人体感觉有类似风吹、针刺等不适感。

5．什么是触电？触电有哪几种情况？

答：所谓触电，是指电流流过人体时对人体产生的生理和病理伤害。触电有以下三种情况：

（1）与带电部分直接接触，包括感应电、静电和漏电（由于绝缘损坏使金属外壳、构件带电）等。

（2）发生接地故障时，人处于接触电压和跨步电压的危险区。

（3）与带电部分间隔在安全距离之内。

触电对人体的损害程度，并不直接取决于电压，而主要取决于流过人体的电流大小和接触时间的长短。

6．电流对人体的危害主要有哪些？其影响因素主要有哪些？

答：电对人体的伤害主要来自电流。电流流过人体时，随着电流的增大，人体会产生不同程度的刺麻、酸疼、打击感，并伴随不自主的肌肉收缩、心慌、惊恐等症状，直至出现心律不齐、昏迷、心跳呼吸停止、死亡的严重后果。50mA 以上的工频交流电，较长时间通过人体会引起呼吸麻痹，形成假死，如不及时抢救就有生命危险。电流对人体的伤害是多方面的，可以分为电击和电伤两种类型。

电流对人体伤害程度的影响因素主要有：电流强度、电流通过人体的持续时间、电流的频率、电流通过人体的路径、人体状况、作用于人体的电压。

7．人体所能耐受的安全电压是多少？

答：人体所能耐受的电压与人体所处的环境有关。在一般环境中流过人体的安全电流可按 30mA 考虑，人体电阻在一般情况下可按 1000～2000Ω 计算。这样一般环境下的安全电压范围是 30～60V。中国规定的安全电压等级是 42、36、24、12、6V，当设备采用超过 24V 安全电压时，应采取防止直接接触带电体的安全措施。对于一般环境的安全电压可取 36V，但在比较危险的地方、工作地点狭窄、周围有大面积接地体、环境湿热场所，如电缆沟、煤斗、油箱等地，则采用的电压不准超过 12V。值得注意的是，在潮湿的环境中也曾发生过 36V 触电死亡的事故。

8．什么是跨步电压？

答：当电力系统一相接地或者电流自接地点流入大地时，地面上将会出现不同的电位分布。当人的双脚站立在不同的电位点上时，双脚之间将承受一定的电位差，这种电位差就称之为跨步电压。距离接地点越近，跨步电压越大；距离接地点越远，跨步电压越小。

（

9．什么是接触电压？

答：当电气设备因绝缘损坏而发生接地故障时，如人体的两个部分（通常是手和脚）同时触及漏电设备的外壳和地面，人体两部分分别处于不同的电位，其间的电位差即为接触电压。接触电压的大小，随人体站立点的位置而异。人体距离接地极越远，受到的接触电压越高。

10．防止触电的基本措施有哪些？

答：防止直接接触触电的措施有：绝缘、屏护、间距、采用安全电压、装漏电保护器。

防止间接接触触电的常用方法有：自动切断电源的保护；降低接触电压，如保护接地、保护接零。

第二章 安全管理基础知识

第一节 现场安全基础知识

1. 什么是作业现场"5S"安全管理法？

答："5S"安全管理法是指对生产现场的各种要素进行合理配置和优化组合的动态过程，即令所使用的人、财、物等资源处于良好的、平衡的状态。"5"即整理、整顿、清扫、清洁、素养，又被称"五常法则"或"五常法"。整理，就是将工作场所收拾成井然有序的状态。整顿，就是明确整理后需要物品的摆放区域和形式，即定置定位。清扫，就是大扫除，清扫一切污垢、垃圾，创造一个明亮、整齐的工作环境。清洁，就是要维持整理、整顿、清扫后的成果，认真维护和保持在最佳状态，并且制度化，管理公开化、透明化。素养，就是提高人的素质，养成严格执行各种规章制度、工作程序和各项作业标准的良好习惯和作风，这是"5S"活动的核心。

"5S"活动中 5 个部分不是孤立的，它们是一个相互联系的有机整体。整理、整顿、清扫是进行日常"5S"活动的具体内容；清洁则是对整理、整顿、清扫工作的规范化和制度化管理，以便使其持续开展；素养是要求员工建立自律精神，养成自觉进行"5S"活动的良好习惯。

2. 什么是 SECP？

答：S（scheme，策划）：要素融入系统的全面性与充分性，管理流程/方式方法的适宜性，系统持续改进机制建立的适宜性。E（execution，执行）：执行（对象）的全面性与充分性，人员能力与资源、政策匹配性。C（consistency，依从）：执行过程的规范性与适宜性，执行结果的有效性。P（performance，绩效）：系统运行有序/协调性，管理绩效/达到要素的管理目的，系统持续改进机制执行的有效性，标准的固化与质量。

3. 什么是作业现场的"PDCA"操作程序？

答："PDCA"循环又叫戴明环，是英语单词 Plan（计划）、Do（执行）、Check（检查）和 Action（处理）的第一个字母，"PDCA"循环就是按照"计划—执行—检查—处理"的顺序不断地进行自我检查和完善从而提升质量安全管理效能的方法，其主要目的是通过持续改进的方式不断地发现系统中存在的不足，并且通过自我完善和修复的方式持续地改进系统中的不足，从而达到不断提升质量安全管理能力的目的。

4. 什么是作业现场目视化管理？

答：目视化管理就是通过安全色、标签、标牌等方式，明确人员的资质和身份、工器具和设备设施的使用状态，以及生产作业区域的危险状态的一种现场安全管理方法，它具有视觉化、透明化和界限化的特点。目视化管理是利用形象直观而又色彩适宜的各种视觉感知信息来组织现场生产活动，达到提高劳动生产率的一种管理手段，也是一种利用视觉来进行管理的科学方法。目视化管理的目的是通过简单、明确、易于辨别的安全管理模式或方法，强化现场安全管理，确保工作安全，并通过外在状态的观察，达到发现人、设备、现场的不安全状态。作业现场目视化管理包括人员目视化管理、工器具目视化管理、设备设施目视化管理和生产作业区域目视化管理。目视化管理是一种以公开化和视觉显示为特征的管理方式，也可称为看得见的管理或一目了然的管理，这种管理方式可以贯穿于各种管理领域当中。

5. "三不一鼓励"管理是什么？

答："三不一鼓励"是指对员工在电力生产过程主动报告的未遂事件和其他事件（非《电力安全事故应急处置和调查处理条例》统计事件），实行"不记名、不处罚、不责备，鼓励主动暴露和管理"，引导和鼓励员工主动报告未遂事件，自主查找未遂事件和的根本原因并及时纠正，消除风险并制定预防措施的管理过程。

6. 现场勘察主要包括哪些内容？

答：现场勘察应查看检修（施工）作业需要停电的范围、保留的带电部位、装设接地线的位置、邻近线路、交叉跨越、多电源、自备电源、地下管线设施和作业现场的条件、环境及其他影响作业的危险点。

7. 现场实际情况与原勘察结果发生变化时应如何处理？

答：开工作业前，工作负责人或工作许可人必须检查现场实际情况与原勘察结果是否一致，为防止不适用的措施、不充分的管控手段带来的风险，工作负责人必须按现场实际进行修正和完善；若施工方案不满足的，需要进行修编履行审批手续；若施工方案满足，但具体某项工作的安全不满足现场工作要求的，已经开具工作票的，应重新办理工作票。

8. 作业前现场安全交代主要包括哪些内容？

答：安全交代内容应包括工作任务、每名作业人员的任务分工、作业地点及范围、设备停电及安全措施、工作地点保留的带电部位及邻近带电设备、作业环境及风险、其他注意事项。对于可能发生的电力人身事故事件、电力设备事故事件、电力安全事故事件风险和风险控制措施等。

9. 工作票涉及人员应该具备哪些基本要求？

答：工作票涉及人员应该具备以下基本要求：

（1）工作票签发人、工作票会签人应由熟悉人员安全技能与技术水平，具有相关工作经历、经验丰富的生产管理人员、技术人员、技能人员担任。

（2）工作负责人（监护人）应由熟悉工作班人员安全意识与安全技能及技术水平，具有充分与必要的现场作业实践经验，及相应管理工作能力的人员担任。

（3）工作许可人应具有相应且足够的工作经验，熟悉工作范围及相关设备的情况。

（4）专责监护人应具有相应且足够的工作经验，熟悉并掌握本规程，能及时发现作业人员身体和精神状况的异常。

（5）工作班人员应具有较强的安全意识、相应的安全技能及必要的作业技能；清楚并掌握工作任务和内容、工作地点、危险点、存在的安全风险及应采取的控制措施。

10．工作票签发人主要包括哪些职责？

答：工作票签发人主要包括以下职责：

（1）确认工作必要性和安全性。

（2）确认工作票所列安全措施是否正确完备。

（3）确认所派工作负责人和工作班人员是否适当、充足。

11．工作票会签人主要包括哪些职责？

答：工作票会签人主要包括以下职责：

（1）审核工作必要性和安全性。

（2）审核工作票所列安全措施是否正确完备。

（3）审核外单位工作人员资格是否具备。

12．工作负责人（监护人）主要包括哪些职责？

答：工作负责人（监护人）主要包括以下职责：

（1）亲自并正确完整地填写工作票。

（2）确认工作票所列安全措施正确、完备，符合现场实际条件，必要时予以补充。

（3）核实已做完的所有安全措施是否符合作业安全要求。

（4）正确、安全地组织工作，工作前应向工作班全体人员进行安全交代。关注工作人员身体和精神状况是否正常以及工作班人员变动是否合适。

（5）监护工作班人员执行现场安全措施和技术措施、正确使用劳动防护用品和工器具，在作业中不发生违章作业、违反劳动纪律的行为。

13．值班负责人主要包括哪些职责？

答：值班负责人主要包括以下职责：

（1）审查工作的必要性。

（2）审查检修工期是否与批准期限相符。

（3）对工作票所列内容有疑问时，应向工作票签发人（或工作票会签人）询问清楚，必要时应作补充。

（4）确认工作票所列安全措施是否正确、完备，必要时应补充安全措施。

（5）负责值班期间的电气工作票、检修申请单或规范性书面记录过程管理。

14．工作许可人主要包括哪些职责？

答：工作许可人主要包括以下职责：

（1）接受调度命令，确认工作票所列安全措施是否正确、完备，是否符合现场条件。

（2）确认已布置的安全措施符合工作票要求，防范突然来电时安全措施完整可靠，按本规程规定应以手触试的停电设备应实施以手触试。

（3）在许可签名之前，应对工作负责人进行安全交代。

（4）所有工作结束时，确认工作票中本厂站所负责布置的安全措施具备恢复条件。

15．线路工作许可人主要指哪些人员，包括哪些职责？

答：线路工作许可人指值班调度员、厂站值班员、值班员或线路运行单位指定的许可人。主要职责包括两方面：

（1）确认调度负责的安全措施已布置完成或已具备恢复条件。

（2）对许可命令或报告内容的正确性负责。

16．专责监护人有哪些注意事项？

答：专责监护人需要注意以下事项：

（1）专责监护人由工作负责人指派，从事监护工作，不得直接参与工作，以免工作失去监护。

（2）工作负责人在开工前必须向专责监护人明确监护的人员、安全措施的布置情况、工作中的注意事项、存在危险点与带电部位及工作内容。

（3）作业前，专责监护人对被监护人员交代监护内容涉及的作业风险、安全措施及注意事项；作业中，不得从事与监护无关的事情，确保被监护人员遵章守纪；监护内容完成后，监督将作业地点的安全措施恢复至作业前状态，并向工作负责人汇报。

17．工作班（作业）人员主要包括哪些职责？

答：工作班（作业）人员主要包括以下职责：

（1）熟悉工作内容、流程，掌握安全措施，明确工作中的危险点，并履行签名确认手续。

（2）遵守各项安全规章制度、技术规程和劳动纪律。

（3）服从工作负责人的指挥和专责监护人的监督，执行现场安全工作要求和安全注意事项。

（4）发现现场安全措施不适应工作时，应及时提出异议。

（5）相互关心作业安全，不伤害自己，不伤害他人，不被他人伤害和保护他人不受伤害。

（6）正确使用工器具和劳动防护用品。

18．工作票涉及人员兼任有哪些要求？

答：工作票涉及人员兼任需满足以下要求：

（1）保证工作票安全的组织措施，必须保证三种人（工作负责人、工作票签发人、工作许可人）各司其职，工作的安全措施完备和正确。

（2）工作票签发人、工作负责人禁止相互兼任，工作许可人不得兼任工作票签发人（会签人）、工作班成员。

19．哪些工作需选用带电作业工作票？

答：以下工作需选用带电作业工作票：

（1）高压设备带电作业。

（2）与带电设备距离小于规定的作业安全距离，但需采用带电作业措施开展的邻近带电体的不停电工作。

20．哪些作业无需办理工作票，但应以书面形式布置和做好记录？

答：无需办理工作票，但应以书面形式布置和做好记录的作业有以下几种：

（1）测量线路接地电阻工作。

（2）树木倒落范围与导线距离大于表2-1规定的距离且存在人身风险的砍剪树木工作。

（3）涂写杆塔号、装拆标示牌、补装塔材、非接触性仪器测量工作等。

（4）高压线路作业位置在最下层导线以下，且与带电导线距离大于规定的塔上工作。

（5）作业位置距离工作基面大于2m的坑底、临空面附近的工作。

（6）客观确实不具备办理紧急抢修工作票条件，经地市级单位负责人批准，在开工前应做好安全措施，并指定专人负责监护的紧急抢修工作。

表 2-1　　　　　　　　　邻近或交叉其他电力线路工作的安全距离

电压等级 （kV）	10 及 以下	20、35	66、110	220	500	±50	±500	±660	±800
安全距离 （m）	1	2.5	3	4	6	3	7.8	10	11.1

注　1．表中未列电压等级按高一档电压等级安全距离。

　　2．表中数据是按海拔1000m校正的。

21．工作许可有哪些命令方式？

答：工作许可一般有以下命令方式：

（1）当面下达。

（2）电话下达。

（3）派人送达。

（4）信息系统下达。

22．工作许可有哪些基本要求？

答：工作许可基本要求如下：工作票按设备调度、运维权限办理许可手续。涉及线路的许可工作，应按照"谁调度，谁许可；谁运行，谁许可"的原则。

23．工作延期有哪些注意事项？

答：工作需要延期时，应经工作许可人同意并办理工作延期手续。第一种工作票应在工作批准期限前2h（特殊情况除外），由工作负责人向工作许可人申请办理延期手续。除紧急抢修工作票之外的只能延期一次。

24．保证安全的技术措施有哪些？

答：保证安全的技术措施主要有停电、验电、接地、悬挂标示牌和装设遮栏（围栏）。

25．检修设备停电时应做好哪些措施？

答：检修设备停电时应做好以下措施：

（1）各方面的电源完全断开。任何运行中的星形接线设备的中性点，应视为带电设备。不应在只经断路器断开电源或只经换流器闭锁隔离电源的设备上工作。

（2）拉开隔离开关，手车开关应拉至"试验"或"检修"位置，使停电设备的各端有明显的断开点。无明显断开点的，应有能反映设备运行状态的电气和机械等指示，无明显断开点且无电气、机械等指示时，应断开上一级电源。

（3）与停电设备有关的变压器和电压互感器，应将其各侧断开。

26．线路停电工作前，应采取哪些停电措施？

答：线路停电工作前应采取以下停电措施：

（1）断开厂站和用户设备等的线路断路器和隔离开关。

（2）断开工作线路上需要操作的各端（含分支）断路器、隔离开关和熔断器。

（3）断开危及线路停电作业且不能采取措施的交叉跨越、平行和同杆塔架设线路（包括用户线路）的断路器、隔离开关和熔断器。

（4）断开可能反送电的低压电源断路器、隔离开关和熔断器。

（5）高压配电线路上对无法通过设备操作使得检修线路、设备与电源之间有明显断开点的，可采取带电作业方式拆除其与电源之间的电气连接。禁止在只经断路器断开电源且未接地的高压配电线路或设备上工作。

（6）两台及以上配电变压器低压侧共用一个接地引下线时，其中任一台配电变压器停电检修，其他配电变压器也应停电。

27．电气设备验电有哪些基本要求？

答：电气设备验电应满足以下基本要求：

（1）在停电的电气设备上接地（装设接地线或合接地开关）前，应先验电，验明电气设备确无电压。高压验电时应戴绝缘手套并有专人监护。

（2）验电的方式包括直接验电和间接验电。在有直接验电条件下，优先采取直接验电方式。

（3）验电操作必须设专人监护，验电者在高压验电时必须穿戴绝缘手套。

28．成套接地线由哪些部分组成，需满足哪些要求？

答：成套接地线由有透明护套的多股软铜线和专用线夹组成。接地线截面不应小于 25mm^2，并应满足装设地点短路电流的要求。

29．装设和拆除接地线、个人保安线时应按照什么顺序开展？

答：装设接地线、个人保安线时，应先装接地端，后装导体（线）端，拆除接地线的顺序与此相反。

30．电力行业涉及的特种作业有哪些？特种作业人员的安全技术培训、考核、发证、复审的工作原则是什么？

答：特种作业的范围包括以下作业：

（1）电工作业；

（2）焊接与热切割作业；

（3）高处作业；

（4）应急管理部认定的其他作业。

特种作业人员的安全技术培训、考核、发证、复审工作实行的原则是：统一监管、分级实施、教考分离。

第二节 安全监督基础知识

1. 我国安全生产监督管理体制是什么?

答: 我国安全生产监督管理体制是:综合监管与行业监管相结合,国家监察与地方监管相结合,政府监督与其他监督相结合的格局。

2. 安全生产监督管理的基本原则是什么?

答: 安全生产监督管理的基本原则有以下内容:

(1)坚持"有法可依、有法必依、违法必究"的原则;

(2)坚持以事实为依据,以法律为准绳的原则;

(3)坚持预防为主的原则;

(4)坚持行为监察与技术监察相结合的原则;

(5)坚持监察与服务相结合的原则;

(6)坚持教育与惩罚相结合的原则。

3. 安全生产监督管理的方式有哪几种?

答: 安全生产监督管理的方式有以下几种:

(1)事前监督管理有关安全生产许可事项的审批,包括安全生产许可证、危险化学品使用许可证、危险化学品经营许可证、矿长安全资格证、生产经营单位主要负责人安全资格证、安全管理人员安全资格证、特种作业人员操作资格证的审查或考核和颁发,以及对建设项目安全设施和职业病防护设施"三同时"审查。

(2)事中监督管理主要是日常的监督检查、安全大检查、重点行业和领域的安全生产专项整治、许可证的监督检查等。事中监督管理的重点在作业场所的监督检查,监督检查方式主要包括行为监察和技术监察两种。

(3)事后监督管理包括生产安全事故发生后的应急救援,以及事故调查处理,查明事故原因,严肃处理有关责任人员,提出防范措施。

4. 安全监察的主要内容有哪些?

答: 除了综合监督管理与行业监督管理之外,针对某些危险性较高的特殊领域,国家为了加强安全生产监督管理工作,专门建立了国家监察机制。

5. 生产经营单位的安全生产主体责任有哪些?

答: 生产经营单位的安全生产主体责任是指国家有关安全生产的法律法规要求生产经营单位在安全生产保障方面,应当执行的有关规定、履行的工作职责、具备的安全生产条件、执行的行业标准,以及应当承担的法律责任。主要包括以下内容:

(1)设备设施(或物质)保障责任。包括具备安全生产条件,依法履行建设项目安全设施"三同时"的规定;依法为从业人员提供劳动防护用品,并监督、教育其正确佩戴和使用。

(2)资金投入责任。包括按规定提取和使用安全生产费用,确保资金投入满足安全生产条件需要；按规定建立健全安全生产责任制保险制度，依法为从业人员缴纳工伤保险费；保证安全生产教育培训的资金。

（3）机构设置和人员配备责任。包括依法设置安全生产管理机构，配备安全生产管理人员，按规定委托和聘用注册安全工程师或者注册安全助理工程师为其提供安全管理服务。

（4）规章制度制定责任。包括建立、健全安全生产责任制和各项规章制度、操作规程、应急救援预案并监督落实。

（5）安全教育培训责任。包括开展安全生产宣传教育，依法组织从业人员参加安全生产教育培训，取得相关上岗资质证书。

（6）安全生产管理责任。包括主动获取国家有关安全生产法律法规并贯彻落实；依法取得安全生产许可；定期组织开展安全检查；依法对安全生产设施、设备或项目进行安全评价；依法对重大危险源实施管控，确保其处于可控状态；及时消除事故隐患；统一协调管理承包商、承租单位的安全生产工作。

（7）事故报告和应急救援责任。包括按规定报告生产安全事故，及时开展事故抢修救援，妥善处置事故善后工作。

（8）法律法规、规章规定的其他安全生产责任。

6. 什么是安全检查的"四不两直"？

答：安全检查的"四不两直"指不发通知、不打招呼、不听汇报、不用陪同接待、直奔基层、直插现场。

第三节 电力安全事故事件

1. 什么是电力安全事故？

答：《电力安全事故应急处置和调查处理条例》所说的电力安全事故，是指电力生产或者电网运行过程中发生的影响电力系统安全稳定运行或者影响电力正常供应的事故（包括热电厂发生的影响热力正常供应的事故）。

2. 安全生产事故有哪些类型？如何界定？

答：根据《生产安全事故报告和调查处理条例》规定，安全生产事故包括特别重大事故、重大事故、较大事故、一般事故：

（1）特别重大事故，是指造成30人以上死亡，或者100人以上重伤（包括急性工业中毒，下同），或者1亿元以上直接经济损失的事故。

（2）重大事故，是指造成10人以上30人以下死亡，或者50人以上100人以下重伤，或者5000万元以上1亿元以下直接经济损失的事故。

（3）较大事故，是指造成3人以上10人以下死亡，或者10人以上50人以下重伤，或者1000万元以上5000万元以下直接经济损失的事故。

（4）一般事故，是指造成3人以下死亡，或者10人以下重伤，或者1000万元以下直接经济损失的事故。

3．安全生产事故隐患的定义是什么？

答：根据《安全生产事故隐患排查治理暂行规定》（国家安全生产监督管理总局令第16 号），安全生产事故隐患是指生产经营单位违反安全生产法律、法规、规章、标准、规程和安全生产管理制度的规定，或者因其他因素在生产经营活动中存在可能导致事故发生的物的危险状态、人的不安全行为和管理上的缺陷。

4．安全生产隐患是如何分类的？有什么区别？

答：事故隐患分为一般事故隐患与重大事故隐患。一般事故隐患是指危害和整改难度较小，发现后能够立即整改排除的隐患；重大事故隐患是指危害和整改难度较大，应当全部或者局部停产停业，并经过一定时间整改治理方能排除的隐患，或者因外部因素影响致使生产经营单位自身难以排除的隐患。

5．发现重大事故隐患应向上级报告的内容有哪些？

答：当发现重大事故隐患的时候，应当报告的内容有：

（1）隐患的现状及其产生的原因；

（2）隐患的危害程度和整改的难易程度分析；

（3）隐患的治理方案。

6．重大事故隐患治理方案包含哪些内容？

答：当发现重大事故隐患的时候，应当由单位主要负责人组织制定并实施事故隐患治理方案。主要包括：

（1）负责重大事故隐患治理的机构和人员；

（2）采取的方法和措施；

（3）治理的目标和任务；

（4）治理的时限和要求；

（5）安全措施和应急预案；

（6）重大事故隐患治理需要的经费和物资的落实。

7．什么是双重预防机制？

答：双重预防机制是指"安全生产风险分级管控和隐患排查治理双重预防体系"，建立实施双重预防体系，核心是树立安全风险意识，关键是全员参与、全过程控制，目的是通过精准、有效管控风险，切断隐患产生和转化成事故的源头，实现关口前移、预防为主。

第四节 电力安全相关的法律法规

1．我国的安全生产方针是什么？

答：我国的安全生产方针是：安全第一，预防为主，综合治理。

"安全第一"是安全生产方针的基础，当安全和生产发生矛盾时，必须首先解决安全问题，确保劳动者生产劳动时必备的安全生产条件。

"预防为主"是安全生产方针的核心和具体体现，是保障安全生产的根本途径，除自然灾害等人力不可抗拒原因造成的事故以外，任何事故都可以预防，必须把可能导致事故发生的所有的机理或因素，消除在事故发生之前。

事故源于隐患，只有实施"综合治理"，主动排查、综合治理各类隐患，把事故消灭在萌芽状态，才能有效防范事故，把"安全第一"落到实处。

2.《中央企业安全生产禁令》的内容是什么？

答：《中央企业安全生产禁令》的内容如下：

（1）严禁在安全生产条件不具备、隐患未排除、安全措施不到位的情况下组织生产。

（2）严禁使用不具备国家规定资质和安全生产保障能力的承包商和分包商。

（3）严禁超能力、超强度、超定员组织生产。

（4）严禁违章指挥、违章作业、违反劳动纪律。

（5）严禁违反程序擅自压缩工期、改变技术方案和工艺流程。

（6）严禁使用未经检验合格、无安全保障的特种设备。

（7）严禁不具备相应资格的人员从事特种作业。

（8）严禁未经安全培训教育并考试合格的人员上岗作业。

（9）严禁迟报、漏报、谎报、瞒报生产安全事故。

3.《中华人民共和国刑法修正案（十一）》修改了哪些安全生产有关的内容？

答：《中华人民共和国刑法修正案（十一）》修改的安全生产内容主要如下：

（1）修改了强令违章冒险作业罪，增加了"明知存在重大事故隐患而不排除，仍冒险组织作业"的行为。

（2）增加了关闭破坏生产安全设备设施和篡改、隐瞒、销毁数据信息的犯罪。

（3）增加了拒不整改重大事故隐患的犯罪。

（4）增加了擅自从事高危生产作业活动的犯罪。

（5）修改了提供虚假证明文件罪，增加了"保荐、安全评价、环境影响评价、环境监测等职责的中介组织的人员"为犯罪主体。

4. 国家对保护电力设施有哪些要求？

答：根据《中华人民共和国电力法》（2018 修正）规定，应当从以下几方面做好电力设施保护：

（1）电力管理部门应当按照国务院有关电力设施保护的规定，对电力设施保护区设立标示；

（2）任何单位和个人不得在依法划定的电力设施保护区内修建可能危及电力设施安全的建筑物、构筑物，不得种植可能危及电力设施安全的植物，不得堆放可能危及电力设施安全的物品；

（3）在依法划定电力设施保护区前已经种植的植物妨碍电力设施安全的，应当修剪或者砍伐。

5. 哪些危及电力设施安全的作业行为将被处罚？

答：根据《中华人民共和国电力法》规定，未经批准或者未采取安全措施在电力设施周围或者在依法划定的电力设施保护区内进行作业，会危及电力设施安全，将会被电力管理部门责令停止作业、恢复原状并赔偿损失。

6.　哪些影响电力生产运行的行为将会被追究责任？

答：根据《中华人民共和国电力法》规定，有下列行为之一，应当给予治安管理处罚，由公安机关依照治安管理处罚法的有关规定予以处罚；构成犯罪的，依法追究刑事责任：

（1）阻碍电力建设或者电力设施抢修，致使电力建设或者电力设施抢修不能正常进行的；

（2）扰乱电力生产企业、变电所、电力调度机构和供电企业的秩序，致使生产、工作和营业不能正常进行的；

（3）殴打、公然侮辱履行职务的查电人员或者抄表收费人员的；

（4）拒绝、阻碍电力监督检查人员依法执行职务的。

7.　地方各级电力管理部门在保护电力设施方面的职责是什么？

答：根据我国《电力设施保护条例》，县级以上地方各级电力管理部门在保护电力设施方面主要有以下职责：

（1）监督、检查本条例及根据本条例制定的规章的贯彻执行；

（2）开展保护电力设施的宣传教育工作；

（3）会同有关部门及沿电力线路各单位，建立群众护线组织并健全责任制；

（4）会同当地公安部门，负责所辖地区电力设施的安全保卫工作。

8.　电力线路设施涉及的保护范围主要有哪些？

答：根据我国《电力设施保护条例》规定，电力线路设施涉及的保护范围主要有：

（1）架空电力线路，包括杆塔、基础、拉线、接地装置、导线、避雷线、金具、绝缘子、登杆塔的爬梯和脚钉，导线跨越航道的保护设施，巡（保）线站，巡视检修专用道路、船舶和桥梁，标志牌及其有关辅助设施。

（2）电力电缆线路，包括架空、地下、水底电力电缆和电缆联结装置，电缆管道、电缆隧道、电缆沟、电缆桥，电缆井、盖板、人孔、标石、水线标志牌及其有关辅助设施。

（3）电力线路上的变压器、电容器、电抗器、断路器、隔离开关、避雷器、互感器、熔断器、计量仪表装置、配电室、箱式变电站及其有关辅助设施。

（4）电力调度设施，包括电力调度场所、电力调度通信设施、电网调度自动化设施、电网运行控制设施。

9.　在架空电力线路保护区内不能进行哪些危害电力设施的行为？

答：根据我国《电力设施保护条例》规定，任何单位或个人在架空电力线路保护区内不得进行以下危害电力设施的行为：

（1）不得堆放谷物、草料、垃圾、矿渣、易燃物、易爆物及其他影响安全供电的物品；

（2）不得烧窑、烧荒；

（3）不得兴建筑物、构筑物；

（4）不得种植可能危及电力设施安全的植物。

10．在电力电缆线路保护区内需遵守什么规定？

答：根据我国《电力设施保护条例》规定，在电力电缆线路保护区内需遵守以下规定：

（1）不得在地下电缆保护区内堆放垃圾、矿渣、易燃物、易爆物，倾倒酸、碱、盐及其他有害化学物品，兴建建筑物、构筑物或种植树木、竹子；

（2）不得在海底电缆保护区内抛锚、拖锚；

（3）不得在江河电缆保护区内抛锚、拖锚、炸鱼、挖沙。

11．新建架空线需遵守哪些要求？

答：根据我国《电力设施保护条例》规定：

（1）新建架空电力线路不得跨越储存易燃、易爆物品仓库的区域；

（2）一般不得跨越房屋，特殊情况需要跨越房屋时，电力建设企业应采取安全措施，并与有关单位达成协议。

12．对阻碍电力设施建设的农作物、植物该如何处理？

答：根据我国《电力设施保护条例》规定，对阻碍电力设施建设的农作物、植物做以下处理：

（1）新建、改建或扩建电力设施，需要损害农作物，砍伐树木、竹子，或拆迁建筑物及其他设施的，电力建设企业应按照国家有关规定给予一次性补偿；

（2）在依法划定的电力设施保护区内种植的或自然生长的可能危及电力设施安全的树木、竹子，电力企业应依法予以修剪或砍伐。

第五节　安全工器具和生产用具

1．常用的安全工器具有哪些？其作用是什么？

答：常用的安全工器具及其作用见表2-2。

表2-2　　　　　　　　　　　常用的安全工器具及作用

序号	类型	图示	名称	作用
1	绝缘安全工具	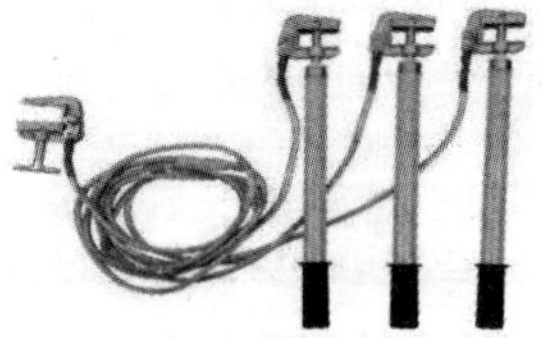	接地线	用于将已停电设备或线路临时短路接地，以防已停电的设备或线路上意外出现电压，对工作人员造成伤害，保证工作人员的安全
2		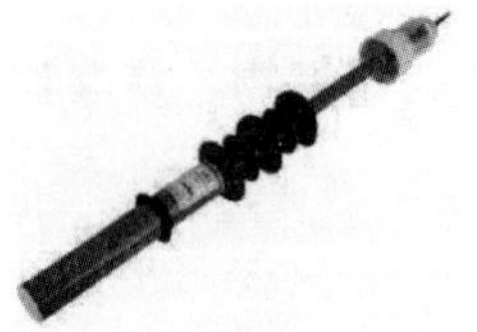	验电器	检测电气设备或线路上是否存在工作电压

续表

序号	类型	图示	名称	作用
3	绝缘安全工具		绝缘操作杆（棒）	用于短时间对带电设备进行操作，如接通或断开高压隔离开关、跌落保险或安装和拆除临时接地线及带电测量和试验等
4			个人保安线	用于保护工作人员防止感应电伤害
5		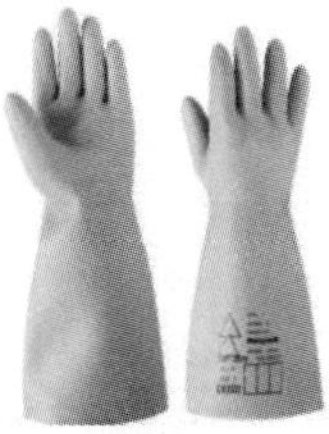	绝缘手套	在高压电气设备上进行操作时使用的辅助安全用具，如用于操作高压隔离开关、高压跌落开关、装拆接地线、在高压回路上验电等工作
6			绝缘鞋（靴）	由特种橡胶制成用于人体与地面绝缘的靴子。作为防护跨步电压、接触电压的安全用具，也是高压设备上进行操作时使用的辅助安全用具
7			绝缘绳	由天然纤维材料或合成纤维材料制成的在干燥状态下具有良好电气绝缘性能的绳索，用于电力作业时，上下传递物品或固定物件
8			绝缘垫	是由特种橡胶制成的，用于加强工作人员对地绝缘的橡胶板，属于辅助绝缘安全工器具

序号	类型	图示	名称	作用
9	绝缘安全工具		绝缘罩	由绝缘材料制成，起遮蔽或隔离的保护作用，防止作业人员与带电体距离过近或发生直接接触
10			绝缘挡板	用于 10kV、35kV 设备上因安全距离不够而隔离带电部件、限制工作人员活动范围
11	登高安全工器具		安全带	用于防止高处作业人员发生坠落或发生坠落后将作业人员安全悬挂
12			绝缘梯	由竹料、木料、绝缘材料等制成，用于电力行业高处作业的辅助攀登工具
13		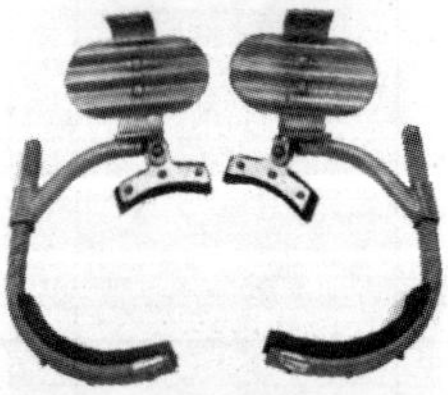	脚扣	套在鞋外，脚扣以半圆环和根部装有橡胶套或橡胶垫来实现防滑，能扣住围杆，支持登高，并能辅助安全带防止坠落
14		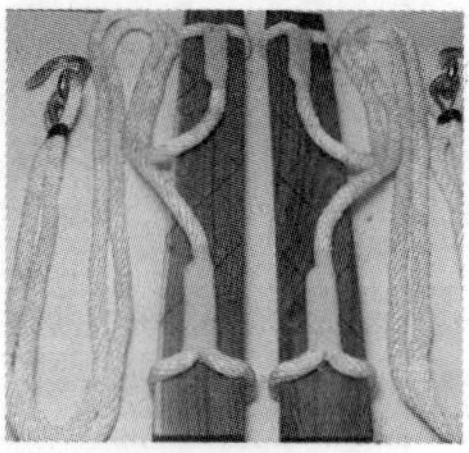	踏板（登高板、升降板）	用于攀登电杆的坚硬木板，是攀登水泥电杆的主要工具之一，且不论电杆直径大小均适用
15	个人安全防护用具		安全帽	用于保护使用者头部，使头部免受或减轻外力冲击伤害

序号	类型	图示	名称	作用
16	个人安全防护用具		护目镜或防护面罩	在维护电气设备和进行检修工作时，保护工作人员不受电弧灼伤以及防止异物落入眼内
17			防电弧服	用于保护可能暴露于电弧和相关高温危害中人员躯干、手臂部和腿部的防护服，应与电弧防护头罩、电弧防护手套和电弧防护鞋罩（或高筒绝缘靴）同时使用
18			屏蔽服	保护作业人员在强电场环境中身体免受感应电伤害，具有消除感应电的分流作用
19	安全围栏（网）、临时遮栏		安全围栏（网）、临时遮栏	用于防护作业人员过分接近带电体或防止人员误入带电区域的一种安全防护用具，也可作为工作位置与带电设备之间安全距离不够时的安全隔离装置
20	安全技术施标示牌		安全技术措施标示牌	在生产场所内设置标示牌主要起到警示和提醒作用，在需要采取防护的相关地方设置标示牌，目的是保证人身安全、减少安全隐患

续表

序号	类型	图示	名称	作用
21	安全工器柜		安全工器具柜	用于存储工器具,防止工器具受潮,保持工器具的性能,延长安全工器具的寿命

2. 安全工器具存放及运输需要注意哪些事项?

答: 安全工器具存放及运输的常见注意事项见表 2-3。

表 2-3 安全工器具存放及运输注意事项

使用情况	基本要求及注意事项
保管存放基本要求	(1)安全工器具存放环境应干燥通风,绝缘安全工器具应存放于温度−15~40℃、相对湿度不大于80%的环境中; (2)安全工器具室内应配置适用的柜、架,不准存放不合格的安全工器具及其他物品
储存运输基本要求	绝缘工具在储存、运输时不准与酸、碱、油类和化学药品接触,并要防止阳光直射或雨淋。橡胶绝缘用具应放在避光的柜内或支架上,上面不得堆压任何物件,并撒上滑石粉
使用前检查注意事项	安全工器具每月及使用前应进行外观检查,外观检查主要检查内容包括: (1)是否在产品有效期内和试验有效期内。 (2)螺丝、卡扣等固定连接部件是否牢固。 (3)绳索、铜线等是否断股。 (4)绝缘部分是否干净、干燥、完好,有无裂纹、老化;绝缘层脱。 (5)落、严重伤痕等情况。 (6)金属部件是否有锈蚀、断裂等现象

3. 绝缘安全工器具主要有哪些?使用上要注意什么?

答: 绝缘安全工器具主要有接地线、验电器、绝缘操作杆(棒)、个人保安线、绝缘手套、绝缘鞋(靴)、绝缘绳、绝缘垫、绝缘罩、绝缘挡板等。其主要使用注意事项见表 2-4。

表 2-4 绝缘安全工器具及注意事项

绝缘安全工器具名称	使用注意事项	试验周期
接地线	(1)使用接地线前,经验电确认已停电设备上确无电压。 (2)装设接地线时,先接接地端,再接导线端;拆除时顺序相反。 (3)装设接地线时,考虑接地线摆动的最大幅度外沿与设备带电部位的最小距离应不小于相关工作规程所规定的安全距离。 (4)严禁不用线夹而用缠绕方法进行接地线短路	≤5 年
验电器	(1)按被测设备的电压等级,选择同等电压等级的验电器。 (2)验电器绝缘杆外观应完好,自检声光指示正常;验电时必须戴绝缘手套,使用拉杆式验电器前,需将绝缘杆抽出足够的长度。 (3)在已停电设备上验电前,应先在同一电压等级的有电设备上试验,确保验电器指示正常。 (4)操作时手握验电器护环以下的部位,逐渐靠近被测设备,操作过程中操作人与带电体的安全距离不小于相关工作规程所规定。 (5)禁止使用超过试验周期的验电器。 (6)使用完毕后应收缩验电器杆身,及时取下显示器,将表面擦净后放入包装袋(盒),存放在干燥处	1 年

续表

绝缘安全工器具名称	使用注意事项	试验周期
绝缘操作杆（棒）	（1）必须适用于操作设备的电压等级，且核对无误后才能使用；使用前用清洁、干燥的毛巾擦拭绝缘工具的表面。 （2）操作人应戴绝缘手套，穿绝缘靴；下雨天用绝缘杆（棒）在高压回路上工作，还应使用带防雨罩的绝缘杆。 （3）操作人应选择合适站立位置，与带电体保持足够的安全距离，注意防止绝缘杆被人体或设备短接，以保持有效的绝缘长度。 （4）使用过程中防止绝缘棒与其他物体碰撞而损坏表面绝缘漆。 （5）使用绝缘棒装拆地线等较重的物体时，应注意绝缘杆受力角度，以免绝缘杆损坏或被装拆物体失控落下，造成人员和设备损伤	1年
个人保安线	（1）工作地段有邻近、平行、交叉跨越及同杆塔线路，需要接触或接近停电线路的导线工作时，应装设接地线或使用个人保安线。 （2）装设个人保安线应先装接地端，后接导体端，拆接顺序与此相反。 （3）装拆均应使用绝缘棒或专用绝缘绳进行操作，并戴绝缘手套，装、拆时人体不得触碰接地线或未接地的导线，以防止感应电触电。 （4）在同塔架设多回线路杆塔的停电线路上装设的个人保安线，应采取措施防止摆动，并满足在带电线路杆塔上工作与带电导线最小安全距离。 （5）个人保安线应在接触或接近导线前装设，作业结束，人员脱离导线后拆除。 （6）个人保安线应使用有透明护套的多股软铜线，截面积不应小于 $16mm^2$，并有绝缘手柄或绝缘部件。 （7）不应以个人保安线代替接地线。 （8）工作现场使用的个人保安线应放入专用工具包内，现场使用前应检查各连接部位的连接螺栓坚固良好	≤5年
绝缘手套	（1）绝缘手套佩戴在工作人员双手上，且手指和手套指控吻合牢固；不能戴绝缘手套抓拿表面尖利、带电刺的物品，以免损伤绝缘手套。 （2）绝缘手套表面出现小的凹陷、隆起，如凹陷直径小于 1.6mm，凹陷边缘及表面没有破裂；凹陷不超过 3 处，且任意两处间距大于 15mm；小的隆起仅为小块凸起橡胶，不影响橡胶的弹性；手套的手掌和手指分叉处没有小的凹陷、隆起，绝缘手套仍可使用。 （3）沾污的绝缘手套可用肥皂和不超过 65℃ 的清水洗涤；有类似焦油、油漆等物质残留在手套上，在未清洗前不宜使用，清洗时应使用专用的绝缘橡胶制品去污剂，不得采用香蕉水和汽油进行去污，否则会损坏绝缘性；受潮或潮湿的绝缘手套应充分晾干并涂抹滑石粉后予以保存	6个月
绝缘鞋（靴）	（1）绝缘靴不得作雨鞋或作其他用，一般胶靴也不能代替绝缘靴使用。 （2）使用绝缘靴应选择与使用者相符合的鞋码，将裤管套入靴筒内，并要避免绝缘靴触及尖锐的物体，避免接触高温或腐蚀性物质。 （3）绝缘靴应存放在干燥、阴凉的专用封闭柜内，不得接触酸、碱、油品、化学药品或在太阳下暴晒，其上面不得放压任何物品。 （4）合格与不合格的绝缘靴不准混放，超试验期的绝缘靴禁止使用	6个月
绝缘绳	（1）作业前应整齐摆放在绝缘帆布上，避免弄脏绝缘绳。 （2）高空作业时严禁乱扔、抛掷绝缘绳。 （3）使用前用清洁、干燥的毛巾擦拭表面，使用后必须清理干净并将绝缘绳捋好，避免打结错乱。 （4）校验不合格的或已过有效期限的绝缘绳必须立即更换，及时报废并销毁	6个月
绝缘垫	（1）绝缘胶垫应保持干燥、清洁、完好，应避免阳光直射或锐利金属划刺；出现割裂、划痕、破损、厚度减薄，不足以保证绝缘性能等情况时，应及时更换。 （2）绝缘胶垫使用时应避免与热源距离太近，以防急剧老化变质使绝缘性能下降；不得与酸、碱、油品、化学药品等物质接触	1年

续表

绝缘安全 工器具名称	使用注意事项	试验周期
绝缘罩	（1）必须适用于被遮蔽对象的电压等级，且核对无误后才能使用。 （2）绝缘罩上应有操作定位装置，以便可以用绝缘杆装设与拆卸；应有防脱落装置，以保证绝缘罩不会由于风吹等原因从它遮蔽的部位而脱落；绝缘罩上应安装一个或几个锁定装置，闭锁部件应便于闭锁或开启，闭锁部件的闭锁和开启应能使用绝缘杆来操作。 （3）如表面有轻度擦伤，应涂绝缘漆处理。 （4）绝缘罩只允许在 35kV 及以下电压的电气设备上使用，并应有足够的绝缘和机械强度。 （5）现场带电安放绝缘罩时，应戴绝缘手套、使用绝缘操作杆，必要时可用绝缘绳索将其固定	1 年
绝缘挡板	（1）只允许在 35kV 及以下电压的电气设备上使用，并应有足够的绝缘和机械强度，用于 10kV 电压等级时，绝缘挡板的厚度不应小于 3mm，用于 35kV 电压等级时不应小于 4mm。 （2）现场带电安放绝缘挡板时，应使用绝缘操作杆并戴绝缘手套。 （3）绝缘挡板在放置和使用中要防止脱落，必要时可用绝缘绳索将其固定。 （4）绝缘挡板应放置在干燥通风的地方或垂直放在专用的支架上。 （5）装拆绝缘隔板时应按安全规程要求与带电部分保持足够距离，或使用绝缘工具进行装拆	1 年

4. 登高安全工器具主要有哪些？使用上要注意什么？

答：登高安全工器具主要有：安全带、绝缘梯、脚扣踏板（登高板、升降板）等。其使用注意事项见表 2-5。

表 2-5   登高安全工器具及注意事项

登高安全 工器具名称	使用注意事项	试验周期
安全带	（1）安全带应高挂低用，注意防止摆动碰撞；使用 3m 以上长绳应加缓冲器（自锁钩所用的吊绳例外）；缓冲器、速差式装置和自锁钩可以串联使用。 （2）不准将绳打结使用，也不准将钩直接挂在安全绳上使用，应挂在连接环上用。 （3）安全带上的各种部件不得任意拆除，更换新绳时要注意加绳套；使用频繁的绳，要经常做外观检查，发现异常时应立即更换新绳。 （4）不可将安全腰绳用于起吊工器具或绑扎物体等；安全腰绳使用时应受力冲击一次，并应系在牢固的构件上，不得系在棱角锋利处。 （5）安全带搭在吊篮上进行电位转移时必须增加后备保护措施，主承力绳及保护绳应有足够的安全系数；作业移位、上下杆塔时不得失去安全带的保护。 （6）使用时应放在专用工具袋或工具箱内，运输时应防止受潮和受到机械、化学损坏；使用时安全带不得接触高温、明火和酸类、腐蚀性溶液物质	1 年
绝缘梯	（1）为了避免梯子向背后翻倒，其梯身与地面之间的夹角不大于 80°，为了避免梯子后滑，梯身与地面之间的夹角不得小于 60°。 （2）使用梯子作业时一人在上工作，一人在下面扶稳梯子，不许两人上梯。 （3）严禁人在梯子上时移动梯子，严禁上下抛递工具、材料。 （4）硬质梯子的横档应嵌在支柱上，梯阶的距离不应大于 40cm，并在距梯顶 1m 处设置限高标示。 （5）靠在管子上、导线上使用梯子时，其上端需用挂钩挂住或用绳索绑牢；伸缩梯调整长度后，要检查防下滑铁卡是否到位起作用，并系好防滑绳，梯角没有防滑装置或防滑装置破损、折梯没有限制开度的撑杆或拉链的严禁使用。 （6）在梯子上作业时，梯顶一般不应低于作业人员的腰部，或作业人员在距梯顶不小于 1m 的踏板上作业，以防朝后仰面摔倒。	1 年

续表

登高安全 工器具名称	使用注意事项	试验周期
绝缘梯	（7）人字梯使用前防自动滑开的绳子要系好，人在上面作业时不准调整防滑绳长度。人字梯应具有坚固的铰链和限制开度的拉链。 （8）在户外变电站和高压室内搬运梯子、管子等长物，应两人放倒搬运，并与带电部分保持足够的安全距离，以免人身触电气设备发生事故。 （9）作业人员在梯子上正确的站立姿势是：一只脚踏在踏板上，另一条腿跨入踏板上部第三格的空挡中，脚钩着下一格踏板；人员在上、下梯子过程中，人体必须要与梯子保持三点接触	1年
脚扣	（1）登杆前，使用人应对脚扣做人体冲击检验，方法是将脚扣系于电杆离地 0.5m 左右处，借人体重量猛力向下蹬踩。 （2）按电杆直径选择脚扣大小，并且不准用绳子或电线代替脚扣绑扎鞋子。 （3）登杆时必须与安全带配合使用以防登杆过程发生坠落事故。 （4）脚扣不准随意从杆上往下摔扔，作业前后应轻拿轻放，并妥善存放在工具柜内。 （5）对于调节式脚扣登杆过程中应根据杆径粗细随时调整脚扣尺寸；特殊天气使用脚扣时，应采取防滑措施	1年
踏板（登高板、升降板）	（1）踏板使用前，要检查踏板有无裂纹或腐朽，绳索有无断股、松散。 （2）踏板挂钩时必须正钩，钩口向外、向上，切勿反钩，以免造成脱钩事故。 （3）登杆前，应先将踏板勾挂好使踏板离地面 15～20cm，用人体作冲击载荷试验，检查踏板有无下滑、绳索无断裂、脚踏板无折裂，方可使用；上杆时，左手扶住钩子下方绳子，然后用右脚脚尖顶住水泥杆塔上另一只脚，防止踏板晃动，左脚踏到左边绳子前端。 （4）为保证在杆上作业使身体平稳，不使踏板摇晃，站立时两腿前掌内侧应夹紧电杆。 （5）登高板不能随意从杆上往下摔扔，用后应妥善存放在工具柜内。 （6）定期检查并有记录，不能超期使用；特殊天气使用登高板时，应采取防滑措施	半年

5. 个人安全防护用具主要有哪些？使用上要注意什么？

答： 个人安全防护用具主要有：安全帽、护目镜或防护面罩、防电弧服、屏蔽服等，其使用注意事项见表 2-6。

表 2-6　　　　　　　　　　　个人安全防护用具及注意事项

个人安全防护用 具名称	使用注意事项	试验周期
安全帽	（1）进入生产现场（包括线路巡线人员）应佩戴安全帽。 （2）安全帽外观（含帽壳、帽衬、下颏带和其他附件）应完好无破损；破损、有裂纹的安全帽应及时更换。 （3）安全帽遭受重大冲击后，无论是否完好，都不得再使用，应作报废处理。 （4）穿戴应系紧下颏带，以防止工作过程中或受到打击时脱落。 （5）长头发应盘入帽内；戴好后应将后扣扣到合适位置，下颏带和后扣松紧合适，以仰头不松动、低头不下滑为准	使用期限：从制造之日起，塑料帽≤2.5年，玻璃钢帽≤3.5 年
护目镜	（1）不同的工作场所和工作性质选用相应性能的护目镜，如防灰尘、烟雾、有毒气体的防护镜必须密封、遮边无通风孔且与面部接触严密；吊车司机和高空作业车操作人员应使用防风阳光的透明镜或变色镜。 （2）护目镜应存放在专用的镜盒内，并放入工具柜内	/
防电弧服	（1）需根据预计可能的危害级别，选择合适防护等级的个人电弧防护用品。 （2）作业前，必须确认整套防护用品穿戴齐全，无皮肤外表外露。	/

续表

个人安全防护用具名称	使用注意事项	试验周期
防电弧服	（3）使用后的防护用品应及时去除污物，避免油污残留在防护用品表面影响其防护性能。 （4）损坏的个人电弧防护用品可以修补后使用，修补后的防护用品应符合DL/T 320—2019《个人电弧防护用品通用技术》的要求方可再次使用。 （5）损坏并无法修补的个人电弧防护用品应立即报废。 （6）个人电弧防护用品一旦暴露在电弧能量之后应报废	/
屏蔽服	（1）应在屏蔽服内穿一套阻燃内衣。 （2）上衣、裤子、帽子、鞋子、袜子与手套之间的连接头要连接可靠。 （3）帽子应收紧系绳，尽可能缩小脸部外露面积，但以不遮挡视线、脸部舒适为宜。 （4）不能将屏蔽服作为短路线使用。 （5）全套屏蔽服穿好后，将连接头藏入衣裤内，减少屏蔽服尖端。 （6）使用万用表的直流电阻档测量鞋尖至帽顶之间的直流电阻，应不大于20Ω	/

6. 作业现场安全标识主要有哪些？使用上要注意什么？

答：作业现场安全标识主要有：禁止标识、警告标识、指令标识、提示标识，图形标识及注意事项见表 2-7。

表 2-7　　　　　　　　　　　作业现场安全标识及注意事项

禁止标识的配置原则			
序号	图形标识	名称	配置原则
1		禁止合闸 有人工作	（1）设置在一经合闸即可送电到已停电检修（施工）设备的断路器、负荷开关和隔离开关的操作把手上； （2）设置在已停电检修（施工）设备的电源开关或合闸按钮上； （3）当位置不足以设置图形标示牌时可采用小尺寸的文字形式标示牌，规格 120mm×80mm，采用白底红色，黑体字
2		禁止合闸 线路有人工作	（1）设置在已停电检修（施工）的电力线路的断路器、负荷开关和隔离开关的操作把手上； （2）当位置不足以设置图形标示牌时可采用小尺寸的文字形式标示牌，规格 120mm×80mm，采用白底红色，黑体字

续表

禁止标识的配置原则			
序号	图形标识	名称	配置原则
3		不同电源禁止合闸	（1）设置在作不同电源联络用（常开）的断路器、负荷开关和隔离开关的操作把手上或设备标示牌旁； （2）当位置不足以设置图形标示牌时可采用小尺寸的文字形式标示牌，规格 120mm×80mm，采用白底红色，黑体字
4		未经供电部门许可禁止操作	（1）设置在用户电房里必须经供电部门许可才能操作的开关设备上； （2）当位置不足以设置带图形标示牌时可采用小尺寸的文字形式标示牌，规格 120mm×80mm，采用白底红色，黑体字
5		禁止烟火	（1）设置在电房、材料库房内显著位置（入门易见）的墙上； （2）设置在电缆隧道出入口处，以及电缆井及检修井内适当位置； （3）设置在线路、油漆场所； （4）设置在需要禁止烟火的工作现场临时围栏上； （5）标示牌底边距地面约 1.5m 高
6		禁止攀登高压危险	（1）设置在铁塔，或附爬梯（钉）、电缆的水泥杆上 （2）设置在配电变压器台架上，可挂于主、副杆上及槽钢底的行人易见位置，也可使用支架安装 （3）设置在户外电缆保护管或电缆支架上（如受周围限制可适当减少尺寸）； （4）标示牌底边距地面 2.5～3.5m

序号	图形标识	名称	配置原则
7	施工现场 禁止通行	施工现场禁止通行	（1）设置在检修现场围栏旁； （2）设置在禁止通行的检修现场出入口处的适当位置
8	禁止跨越	禁止跨越	（1）设置在电力土建工程施工作业现场围栏旁； （2）设置在深坑、管道等危险场所面向行人
9	未经许可 不得入内	未经许可不得入内	（1）设置在电房出入口处的适当位置； （2）设置在电缆隧道出入口处的适当位置
10	门口一带严禁停放车辆，堆放杂物等	门口一带严禁停放车辆，堆放杂物等	（1）设置在电房的门上； （2）设置在变压器台架、变压器台的围栏或围墙的门上

续表

禁止标识的配置原则			
序号	图形标识	名称	配置原则
11		禁止在电力变压器周围2米以内停放机动车辆或堆放杂物	（1）设置在城镇等人口密集地方的变压器台架上； （2）可挂于主、副杆上及槽钢底的行人易见位置，可使用支架安装
警告标识的配置原则			
1		止步高压危险	（1）设置在电房的正门及箱式电房、电缆分支箱的外壳四周； （2）设置在落地式变压器台、变压器台架的围墙、围栏及门上； （3）设置在户内变压器的围栏或变压器室门上
2		当心触电	（1）设置在临时电源配电箱、检修电源箱的门上； （2）设置在生产现场可能发生触电危险的电气设备上，如户外计量箱等
3		当心坠落	设置在易发生坠落事故的作业地点,如高空作业场地、山体边缘作业区等

续表

警告标识的配置原则			
序号	图形标识	名称	配置原则
4		当心火灾	设置在仓库、材料室等易发生火灾的危险场所
指令标识的配置原则			
1		必须戴安全帽	设置在生产场所、施工现场等的主要通道入口处
2		必须戴防护眼镜	(1)设置在对眼睛有伤害的各种作业场所和施工场所； (2)悬挂在焊接和金属切割设备、车床、钻床、砂轮机旁； (3)悬挂在化学处理、使用腐蚀剂或其他有害物质场所
3		必须戴防毒面具	设置在具有对人体有害的气体、气溶胶、烟尘等作业场所，如：喷漆作业场地、有毒物散发的地点或处理由毒物造成的事故现场

续表

指令标识的配置原则			
序号	图形标识	名称	配置原则
4		必须戴防护手套	设置在易伤害手部的作业场所，如具有腐蚀、污染、灼烫、冰冻及触电危险等的作业地点
5		必须穿防护鞋	设置在易伤害脚部的作业场所，如：具有腐蚀、灼烫、触电、砸（刺）伤等危险的作业地点
6		必须系安全带	（1）设置在高度 1.5～2m 周围没有设置防护围栏的作业地点； （2）设置在高空作业场所
7		注意通风	（1）设置在户内 SF_6 设备室的合适位置； （2）设置在密封工作场所的合适位置； （3）设置在电缆井及检修井入口处适当位置

提示标识的配置原则			
序号	图形标识	名称	配置原则
1		紧急出口	设置在便于安全疏散的紧急出口,与方向箭头结合设在通向紧急出口的通道、楼梯口等处
2		急救点	设置在现场急救仪器设备及药品的地点
3	从此上下	从此上下	设置在现场工作人员可以上下的棚架、爬梯上
4	在此工作	在此工作	设置在工作地点或检修设备上

7．现场作业机具主要有哪些？使用注意事项有哪些？

答：（1）现场作业机具包括 SF_6 回收装置、滤油机、真空机组、高空作业车、吊车、移动应急灯、冲击钻、手电钻、袖珍磨机、电动扳手、电动液压油泵、液压冲孔机、电动液压钳、电焊机、电动螺丝刀、吸尘器、游标卡尺、管子钳、卷扬机、抱杆、滑车、钢丝绳（套）、卡线器等。现场使用的机具应经检验合格，严禁使用未经试验合格、已报废或存在安全隐患的机具。

（2）机具因按说明书或使用手册使用，遵循操作规程。

（3）机具的各种监测仪表以及制动器、限位器、安全阀和闭锁机构等安全装置应完好。

主要的使用注意事项见表 2-8。

表 2-8　　　　　　　　　　　现场作业机具使用注意事项

现场作业机具名称	使用注意事项	试验周期
卷扬机	（1）作业前应进行检查和试车，确认卷扬机设置稳固，防护设施完备。 （2）作业中发现异响、制动不灵等异常情况时，应立即停机检查，排除故障后方可使用。 （3）卷扬机未完全停稳时不得换挡或改变转动方向。 （4）设置导向滑车应对正卷筒中心。导向滑轮不得使用开口拉板式滑轮。滑车与卷筒的距离不应小于卷筒（光面）长度的 20 倍，与有槽卷筒不应小于卷筒长度的 15 倍，且应不小于 15m。 （5）卷扬机不得在转动的卷筒上调整牵引绳位置。 （6）卷扬机必须有可靠的接地装置	每月检查
抱杆	抱杆出现以下情况需要禁止使用： （1）圆木抱杆：木质腐朽、损伤严重或弯曲过大。 （2）金属抱杆：整体弯曲超过杆长的 1/600。 （3）局部弯曲严重、磕瘪变形、表面严重腐蚀、缺少构件或螺栓、裂纹或脱焊。 （4）抱杆脱帽环表面有裂纹、螺纹变形或螺栓缺少	/
卡线器	（1）卡线器的规格、材质应与所夹持的线（绳）规格、材质相匹配。 （2）卡线器有裂纹、弯曲、转轴不灵活或钳口斜纹磨平等缺陷时不应使用	1 年
双钩紧线器	（1）换向爪失灵、螺杆无保险螺丝、表面裂纹或变形等严禁使用。 （2）紧线器受力后应至少保留 1/5 有效丝杆长度	1 年
手电钻、电砂轮	使用手电钻、电砂轮等手用电动工具时，需注意以下安全事项： （1）安设漏电保护器，同时工具的金属外壳应防护接地或接零。 （2）若使用单相手用电动工具时，其导线、插销、插座应符合单相三眼的要求。使用三相的手动电动工具，其导线、插销、插座应符合三相四眼的要求。 （3）操作时应戴好绝缘手套和站在绝缘板上。 （4）不得将工件等中午压在导线上，以防止轧断导线发生触电	1 年
钢丝绳	钢丝绳（套）应定期浸油，有以下情况时需要报废或截除： （1）钢丝绳在一个节距内的断丝根数超 GB/T 20118—2017《钢丝绳通用技术条件》的数值时。 （2）绳芯损坏或绳股挤出、断裂。 （3）笼状畸形、严重扭结或金钩弯折。 （4）压扁严重，断面缩小，实测相对公称直径缩小 10%（防扭钢丝绳的 3%）时，未发现断丝也应予以报废。 （5）受过火烧或电灼，化学介质的腐蚀外表出现颜色变化时。 （6）钢丝绳的弹性显著降低，不易弯曲，单丝易折断时。 （7）钢丝绳断丝数量不多，但断丝增加很快者	1 年

续表

现场作业机具名称	使用注意事项	试验周期
卸扣	卸扣使用需遵循以下要求： （1）当卸扣有裂纹、塑性变形、螺纹滑牙、销轴和扣体断面磨损达原尺寸3%～5%时不得使用。卸扣的缺陷不允许补焊。 （2）卸扣不应横向受力。 （3）销轴不应扣在活动的绳套或索具内。 （4）卸扣不应处于吊件的转角处。 （5）不应使用普通材料的螺栓取代卸扣销轴	1年
合成纤维吊装带	合成纤维吊装带使用需遵循以下要求： （1）使用前应对吊装进行检查，表面不得有横向、纵向擦破或割口、软环及末端件损坏等。损坏严重者应做报废处理。 （2）缝合处不允许有缝合线断头，织带散开。 （3）吊装带不应拖拉、打结使用，有载荷时不应转动货物使吊扭拧。 （4）吊装带不应与尖锐、棱角的货物接触，如无法避免应装设必要的护套。 （5）不得长时间悬吊货物。吊装带用于不同承重方式时，应严格按照标签给予定值使用	1年
纤维绳	纤维绳使用需遵循以下要求： （1）使用中应避免刮磨与热源接触等。 （2）绑扎固定不得用直接系结的方式。 （3）使用时与带电体有可能接触时，应按GB/T 13035—2008《带电作业用绝缘绳索》的规定进行试验、干燥、隔潮等	1年

第三章　输电主要设备

第一节　输电线路综述

1. 输电线路有什么作用？其特点是什么？

答：发电厂与电力负荷中心通常都位于不同地区。在水力、煤炭等一次能源资源条件适宜的地点建立发电厂，输电线路就是可以将电能输送到远离发电厂的负荷中心，使电能的开发和利用超越地域的限制，或者互联电网之间的大量电能进行互送的设备。

与其他能源输送方式相比较，输电具有损耗小、效益高、灵活方便、易于调节控制、减少环境污染等优点。

2. 输电线路分类有哪些？

答：（1）按电压级别分类：一般来说分为高压（10～220kV）、超高压 330～750kV、特高压 1000kV 交流、±800kV 直流以上；

（2）按架设方式分为架空输电线路、电力电缆线路；

（3）按电流类型分为直流输电线路、交流输电线路。

3. 什么是架空输电线路？

答：通常意义上，架空输电线路是用绝缘子和杆塔将导线架设在地面上的电力线路。

4. 输电线路电压等级有哪些？

答：（1）国际上交流输电线路标称电压主要有：35、66、110、220（230）、330（345、380）、500、750（735、765）、1000kV；我国主要使用电压等级为 35、110、220、330、500、750、1000kV。

（2）国际上直流输电线路标称电压主要有：±400、±500、±600、±660、±800、±1100kV；我国主要使用电压等级为±500、±800、±1100kV。

5. 架空输电线路输送容量有什么特点？输送容量和额定功率有什么对应关系？

答：不同电压等级输电线路对应不同的输电距离和输送容量，电压等级高低是根据实际负荷需求和技术条件确定的，电压等级越高，传输容量越大，输送距离越远，经济性越高；直流输电线路在电流相同的条件下，输电功率与电压成正比，提升电压也可以有效提高输送功率，不同电压等级交流输电线路的自然输送容量与直流输电线路的额定功率见表 3-1。

6. 组成架空输电线路的部件有哪些？

答：一般来说架空输电线路由导线（包括地线）、杆塔、绝缘子、金具、基础及接地装置、辅助设施（防护设施、通道等），如图 3-1 所示。

表 3-1 输电线路自然（额定）功率表

交流输电线路 输送功率	电压等级（kV）	220	330	500	750	1000
	输送功率（MW）	100～500	200～800	1000～1500	2000～2500	5000~8000
直流输电线路 额定功率	电压等级（kV）	±400	±500	±660	±800	±1100
	输送功率（MW）	600~1200	1800~3000	4000（3000）	5000~8000	24000

图 3-1 输电线路部件

7. 对架空线应力有直接影响的设计气象条件的三要素是什么？

答：对应力有直接影响的设计气象条件三要素为风速、覆冰厚度和气温。

8. 设计中应考虑的气象条件有哪些？

答：设计过程中，通常需要考虑的气象条件有：最高气温、最低气温、年平均气温、最大风速、最大覆冰、外过电压、内过电压、事故断线、施工安装。

9. 输电线路特殊区段通常有哪些？

答：输电线路特殊区段通常有大跨越区、多雷区、重污区、重冰区、微地形微气象区、采动影响区、外力破坏区、速生林区等划分方式。

10. 什么是微地形区？

答：微地形区是指某一大区域的局部地段，微地形分类主要垭口型微地形、高山分水岭型微地形，水汽增大型微地形，地势抬高式微地形、峡谷风道型微地形。

11. 什么是微气象区？

答：由于地形、位置、坡向及温度、湿度等出现特殊变化，造成局部区域形成有别于大区域的特殊且对线路运行产生影响的气象区域称为微气象区。

12．什么是大跨越区？

答：大跨越区是指线路跨越通航江河、湖泊或海峡等，因档距较大（使用档距在1000m 以上）或杆塔较高（全高在 100m 以上），导线选型或杆塔设计需特殊考虑，且发生故障时严重影响航运或修复特别困难的耐张段。

13．什么是重要交叉跨越区？

答：输电线路故障后可能导致不良社会影响和电网运行风险的交叉跨越（邻近）属重要交叉跨越（邻近），主要包含以下三种情况：

（1）架空输电线路与铁路、一级及以上公路、城市主干道、加油（气）站、炸药库、地面上的油气管道、一级及以上通航河流等重要设施的交叉跨越（邻近）。

（2）跨越线路与被跨越线路（含直流接地极线路）同时故障会导致一级及以上重要用户、煤矿作业区供电中断以及同时故障会导致一般及以上电力安全事故、二级及以上电力安全事件的交叉跨越。

（3）500kV 及以上线路相互交叉跨越。

14．覆冰对线路的危害有哪些？

答：线路覆冰会引起线路超荷载、不平衡张力、覆冰闪络及导线舞动等危害。根据导线覆冰引发事故情况的不同，可将事故分为机械故障和电气故障两大类。机械故障包括杆塔受损或倒塌、导线或地线拉伸、抽芯、断股等；电气故障包括不均匀脱冰跳跃、覆冰闪络、过载冰弧垂过大，容易造成设备故障或受损。

15．什么是雨凇？

答：超冷却的降水碰到温度等于或低于零摄氏度的物体表面时所形成玻璃状的透明或无光泽的表面粗糙的冰覆盖层，叫作雨凇，如图 3-2 所示。

16．什么是雾凇？

答：雾凇是由于雾中无数零摄氏度以下而尚未凝华的水蒸气随风在树枝等物体上不断积聚冻粘的结果，表现为白色不透明的粒状结构沉积物，如图 3-3 所示。

17．什么是混合凇？

答：当不同粒径的过冷却水滴，随气流浮动，在碰撞物体瞬间，部分呈干增长，部分呈湿增长。冰体呈半透明状，比重中等，常在物体的迎风面冻结，有一定的黏附力。如图 3-4 所示。

 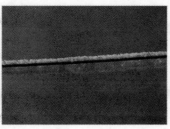 

图 3-2　雨凇　　　　　　图 3-3　雾凇　　　　　　图 3-4　混合凇

18．架空输电线路为什么要换位？

答：在高压输电线路上，当三相导线的排列不对称时，各相导线的电抗就不相等。即使三相导线中通过对称负荷，各相中的电压降也不相同；另一方面由于三相导线不对称，相间电容和各相对地电容也不相等，从而会有零序电压出现。因此规定：在中性点直接接地的电力网中，当线路总长度超过 100km 时，均应进行换位，以平衡不对称电流；在中性点非直接接地的电力网中，为降低中性点长期运行中的电位、平衡不对称电容电流也应进行换位。换位的方法是：可在每条线路上进行循环换位，即让每一相导线在线路的总长中所处位置的距离相等；也可采用变换各回路相序排列的方法进行换位。换位设计如图 3-5 所示。

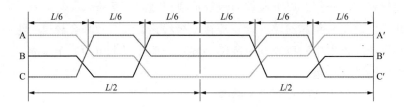

图 3-5　三相导线换位系统

第二节　导线、架空地线

1．什么是导线？导线的作用是什么？

答：一种用于传输电流的材料，由多根非绝缘单线绞合在一起制成。导线承担传导电流的功能，必须具有足够的截面以保持合理的通流密度。为了减小电晕放电引起的电能损耗和电磁干扰，导线还应具有较大的曲率半径。超高压输电线路，由于输送容量大，工作电压高，多采用分裂导线（即用多根导线组成一相导线。2 分裂、4 分裂导线使用最多。特高压输电线路则采用 6、8 分裂导线）。

2．什么是架空地线？为什么要使用架空地线？

答：架空地线又称避雷线，是指在高压和超高压线路上直接与大地连通的导体。由于架空地线对导线的屏蔽，以及导线、架空地线间的耦合作用，可以减少雷电直接击于导线的机会。当雷击杆塔时，雷电流可以通过架空地线分流一部分，从而降低塔顶电位，提高耐雷水平。

3．架空地线（避雷线）的作用是什么？

答：架空地线有以下几方面作用：

（1）减少雷电直接击中导线的机会。

（2）避雷线一般直接接地，它依靠低的接地电阻泄导雷电流，以降低塔头雷击过电压。

（3）避雷线对导线的屏蔽及导线、避雷线间的耦合作用，降低雷击过电压。

（4）在导线断线情况下，避雷线对杆塔起一定的支持作用。

（5）绝缘避雷线有些还用于通信，有时也用于融冰。

4．导线、架空地线的类型有哪些？

答：（1）按材质分类：一般分为铝及铝合金线、镀锌钢线、铜绞线、铝包钢线、碳纤维中任意单丝组合而成的普通绞线或组合绞线。

（2）按结构分类：一般分为圆线同心绞线、型线同心绞架空导线、扩径导线。

（3）按使用条件：一般分为耐热导线、中、高强度导线、高导电率导线、自阻尼导线、防腐导线。

（4）按具备光缆通信功能：主要有 OPPC、OPGW 两类。

5．架空电力线路的导线通常应具备哪些特性？

答：（1）导电率高，以减小线路的电能损耗和电压降；

（2）耐热性能高，以得到高输送容量；

（3）具有良好耐振性能；

（4）机械强度高，弹性系数大、有一定柔软性，容易弯曲，以便加工制造；

（5）耐腐蚀性强，能够适应自然环境条件和一定的污秽环境，使用寿命长；

（6）质量轻、性能稳定、耐磨、价格低廉。

6．中、高强度导线有什么优点？

答：中高强度铝合金绞线具有载流量大、拉力单重比大、损耗小、安装及维修简单等优于普通钢芯绞线（ACSR）的诸多优点，在长距离、大跨越、冰雪暴风地区等特殊地理环境的超高压输电线路中独占优势。由于质量轻，适宜老线路的增容改造，可利用原有铁塔进行增容，实物如图 3-6 所示。

7．什么是自阻尼导线？

答：自阻尼导线是一种新型架空线，由增加强度的内芯线和导电的外层线所组成，内芯线与外层线之间保持有一定间隙，由于它们的固有频率不同，在微风引起振动时，内芯线和外层线相互碰撞而使导线受到阻尼。自阻尼导线使线路导线的振动降低到线路所允许的安全水平，即使适当提高架设导线的应力，可加大档距，或降低杆塔高度，减少了线路的造价，线路仍安全运行。实物如图 3-7 所示。

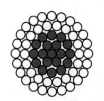 

图 3-6　中、高强度导线　　　　　　　图 3-7　自阻尼导线

8．什么是殷钢芯架空导线？

答：殷钢芯架空导线：一种载流量大的殷钢芯增容导线，包括镀锌殷钢芯，铝合金线，镀锌殷钢芯由若干根镀锌殷钢丝绞合而成，在镀锌殷钢芯外侧绞合形成若干层铝合金线；铝合金线的截面为圆形或梯形。由于殷钢芯的线膨胀系数比普通钢芯小很多，与

钢芯耐热铝合金线相比，殷钢芯增容导线在较高的温度状态下工作时，弧垂的增加量很小，允许工作温度更高，载流量更大；在线路增容改造时不需要更换原有的杆塔，只需更换导线。

9. 耐热导线特点是什么？

答： 耐热导线即适当提高导线允许温度，提高线路正常输送能力。在铝材中适当添加稀有元素能提高铝材的耐热性能，该导线具有耐高温、输送容量大等技术特点。但也存在高温运行时线路的损耗加大、弧垂增加，导线造价高等不足，从而影响了它在远距离输电线路上的应用。

10. 圆线同心绞线结构特点是什么？

答： 圆线同心绞线，铝及铝合金线、镀锌钢线、铝包钢线中单丝均为圆线，相邻层的绞向相反，一般最外层绞向应为"右向"。每层单线均匀紧密地绞合在下层中心线芯或内绞层上。导线、地线的绞合节径比一般为10～26股，且内层绞合节径比大于外层，截面及实物如图3-8所示。

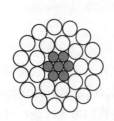

图3-8　圆线同心绞导线示意图及照片

11. 型线同心绞线结构特点是什么？

答： 型线同心绞架空导线，铝及铝合金线、镀锌钢线、铝包钢线中单丝具有不变横截面且非圆形的金属线。相邻层的绞向相反，一般最外层绞向应为"右向"。每层单线均匀紧密地绞合在下层中心线芯或内绞层上，型线同心绞线截面如图3-9所示。

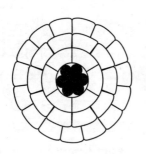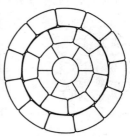

图3-9　型线同心绞导线示意图及照片

12. 扩径导线有什么优点？

答： 扩径导线优点有：在保证电晕所要求的导线外径前提下，减少导线的铝截面，扩大导线外径，从而减少导线的总质量，减少铁塔荷载和结构质量，降低线路造价。

13. 碳纤维复合芯导线有什么特点？

答：碳纤维复合芯导线（ACCC）是一种新型架空输电线路用导线，具有质量轻、耐拉伸、热稳定性好、弛度小、单位面积通流能力强和抗腐蚀是其突出特点。适合于滨海、矿山地区腐蚀强度大、污秽强度高、导线易舞动的使用环境。

14. 为什么常用导线材质多选用铝或铝合金绞线？

答：导线导电材料通常有铜和铝两种。铜材的导电率高，50℃时的电阻系数，铜为 $0.0206\Omega \cdot mm^2/m$，铝为 $0.035\Omega \cdot mm^2/m$；载流量相同时，铝线芯截面约为铜的 1.5 倍。采用铜线芯损耗比较低，铜材的机械性能优于铝材，延展性好，便于加工和安装。抗疲劳强度约为铝材的 1.7 倍。但铝材比重小，在电阻值相同时，铝线芯的质量仅为铜的一半，因此，目前架空输电线路用圆心同心绞架空导线由铝及铝合金线、镀锌钢线、铝包钢线中任意单丝组合而成。

15. 常用的导地线型号有哪些？

答：常用的导线有钢芯铝绞线、铝包钢芯铝绞线、铝包钢绞线、镀锌钢绞线等；常用的架空地线有镀锌钢绞线、铝包钢绞线及光纤复合架空地线（OPGW）等。

16. 我国圆线同心绞导线执行标准有哪几个版本？

答：20 世纪 70 年代，我国采用的导线标准是 GB 1179—1974《铝绞线及钢芯铝绞线》，80 年代我国采用的导线标准是 GB 1179—1983《铝绞线及钢芯铝绞线》。这两标准导线很单一，主要是铝绞线和钢芯铝绞线。1999 年、2008 年、2017 年我国三次修订导线标准，形成目前使用的新版本 GB 1179—2017《圆线同心绞架空导线》。

17. 导（地）线执行的主要标准有哪些？

答：导线、架空地线执行的主要标准有：GB/T 1179—2017《圆线同心绞架空导线》、GB/T 32502—2016《复合材料芯架空导线》、GB/T 20141—2018《型线同心绞架空导线》、NB/T 42060—2015《钢芯耐热铝合金架空导线》、NB/T 42106—2016《铝管支撑型耐热铝合金扩径导线》、YB/T 5004—2012《镀锌钢绞线》、YB/T 124—2017《铝包钢绞线》。

18. 导地线型号的含义是什么？

答：导地线型号各字母含义如下：L—铝；G—钢；J—绞；F—防腐 H 合金；X 型线；N 耐热；R 软铝；Y 殷钢；LJ—铝绞线；JLHA1/G1A-钢芯铝合金绞线，导电率 1 型，钢芯强度 1 型；JL/LB20A-铝包钢芯铝绞线，导电率为同截面积铜的 20%；JLB40A-铝包钢绞线，导电率为同截面积铜的 40%；JL3/LB20A-铝包钢芯高导电率铝绞线，JL1X1/LHA1 铝合金芯高导电率铝型线绞线，JLRX1/JF1B-绞合型复合材料芯软铝型线绞线；JNRLH1X/LBY-铝包殷钢芯耐热铝合金型线绞线。

导线型号的第 1 个字母均使用 J 表示；第二个字母表示导线材质，L 表示铝质，G 表示为钢；组合导线采用 J 后面为外层线（或外包线）和内层线（或线芯代号），中间加"/"分开。L、L1、L2、L3 在 20℃时的直流电阻率的最大值（%IACS）分别为 61，61.5，62，62.5，LH1、LH2、LH3、LH4 表示为铝镁硅合金，分别有不同的机械与电气性能；LH3、LH4 为中强度铝合金线。LB14、LB20A、LB27、LB35、LB40 表示为铝包钢绞线，在 20℃时的直流电阻率的最大值（%IACS）分别为 14，20.3、27、35、40%IACS。

例如，JL3/LB20A-720/50 表示为：内层线为铝包钢绞线，20℃时的直流电阻率的最大值为 20.3%IACS，标称截面积为 50mm²，外层线为铝绞线，20℃时的直流电阻率的最大值为 62%IACS，标称截面积为 720mm²。

19．请说明导地线的主要参数及含义。

答：导地线的主要参数及释义如下：

（1）名称、型号。

（2）导地线绞向，一层单线扭绞方向为，离开观察者的运行方向，右向为顺时针方向，左向为逆时针方向，另有一种定义：右向即当绞线垂直放置时，单线符合英文字母 Z 中间部分的方向，左向当绞线垂直放置时，单线符合英文字母 S 中间部分的方向。

（3）线密度，即为单位长度质量，一般单位为 kg/km 或者 kg/m。

（4）综合弹性模量，对导线施加拉力，导线会发生形状的改变，长度增加，"弹性模量"的一般定义是：单向应力状态下应力除以该方向的应变。材料在弹性变形阶段，其应力和应变成正比例关系（即符合胡克定律），其比例系数称为弹性模量。

（5）线膨胀系数，也称为线弹性系数，表示导线随温度膨胀或收缩的程度。单位长度的材料每升高一度的伸长量。

（6）额定载流量，在电力工程中，导线载流量是按照导线材料和导线截面积（单位平方毫米，简称平方）、导线敷设条件三个因素决定的。一般来说，单根导线比多根并行导线可取较高的载流量；明线敷设导线比穿管敷设的导线可取较高的载流量；铜质导线可以比铝制导线取较高的载流量。

（7）节距，绞线中的一根单线形成一个完整螺旋的轴向长度。

（8）节径比，绞线中的节距与该层的外径之比。

（9）标称值，一个可测量性能的名义值或标志值，用以标示导线或其组成单线并给定公差，标称值为其目标值。

（10）钢比，以百分比表示的钢横截面积与铝横截面积之比。

20．什么是导线弧垂，弧垂与哪些因素有关？

答：架空线上任一点的弧垂是指该点与两端导线悬挂点连线的垂直距离，通常所指的弧垂是指架空线的最大弧垂。弧垂是线路设计及运行维护中的重要参数之一，决定了架空线路的松紧程度和线路杆塔的高度，弧垂的大小直接影响到线路的安全稳定运行。影响弧垂的因素有很多，其中主要有导线应力、传输容量、大气温度、风、导线覆冰等。

其中导线应力是决定弧垂的主要因素，气温及导线温度的变化，会引起导线热胀冷缩，气温越高，导线伸长量越大，弧垂就越大；另外，导线的质量也是影响弧垂的一个主要因素，导线的质量越大，由于重力的因素，同等条件下弧垂就会越大。

21．什么是电晕及电晕损耗？

答：电晕是指导线表面电场强度超过周围空气击穿强度，造成导线对空气局部放电现象。

当导线表面梯度超过击穿强度时，靠近导线表面的空气被击穿，使电能转化成热能、光能、可听噪声和无线电干扰等形式能量，这种能量损耗就是送电线路导线电晕损耗。

电晕损耗与电晕放电密切相关，而影响电晕放电的因素很多，电晕损耗的数值变化范围很大，气象条件对电晕损耗的影响特别突出。晴好天气时，每公里输电线路的电晕损耗小于 1kW，雨、雾、雪等恶劣天气则可达每公里十几千瓦甚至几十千瓦。电晕损耗还受导线表面状况的影响，导线表面粗糙或有毛刺等，会增大损耗。

22．什么是导线安全系数？

答： 导线安全系数是指导线的破断力与导线最大许用应力的比值。导线最低点的安全系数不小于 2.5，挂点安全系数不小于 2.25，地线安全系数应大于导线安全系数，一般取值大于 4。

在稀有覆冰或稀有风速气象条件下，弧垂最低点的最大张力不应超过拉断力的 70%，悬挂点的最大张力不应超过拉断力的 77%。

23．什么是导线的经济电流密度？

答： 经济电流密度就是使输电导线在运行中，电能损耗、维护费用和建设投资等各方面都是最经济的。根据不同的年最大负荷利用小时数，选用不同的材质和每平方毫米通过的安全电流值。各类常见材质导线经济电流密度见表 3-2。

表 3-2　　　　　　　　　常见材质导线经济电流密度统计表

导线材质	年最大负荷利用小时数 T_{max}		
	3000h 以下	3000～5000h	5000h 以上
铝线、钢芯铝绞线（A）	1.65	1.15	0.9
铜线（A）	3.00	2.25	1.75
铝线电缆（A）	1.92	1.73	1.54
铜芯电缆（A）	2.50	2.25	2.00

24．导线超允许电流运行有何危害？

答： 导线超过允许电流运行，容易产生以下危害：

（1）导线通过电流产生损耗，使导线温度升高，导线向环境热辐射，损耗增加。

（2）大电流导线更易发生交流串联电弧效应，特别是 35kV 及以下使用的单层铝股的钢芯铝绞线，钢芯与铝股之间燃起电弧，易烧断钢芯与铝股。

（3）导线温度升高会使导线弧垂增大，造成交叉跨越距离不够而放电。

25．多股绞线导线比单股线导线有哪些优点？

答： 多股导线相对于单股导线，有以下优点：

（1）当导线的表面很大时，由于制造工艺和外力引起的强度降低，单股导线比多股绞线的强度弱。

（2）多股导线在同一位置同时出现许多股缺陷的机会很少，因此在运行过程中，多股导线比单股导线的安全可靠性高。

（3）导线截面较大时，采用多股导线，其柔性好，容易弯曲，便于施工安装，同时也便于加工制造和运输。

（4）多股绞线耐振性能好，微风振动时，多股导线不容易发生折断，运行可靠性高。

26．导线机械物理特性对导线运行各有什么作用及影响？

答：（1）导线拉断力，其大小决定了导线本身的强度，导线拉断力大的导线适用在大跨越、重冰区的架空线路。

（2）导线的弹性系数，导线在张力作用下将产生弹性伸长，导线的弹性伸长引起线长增加、弧垂增大，导线对地的安全距离变小，弹性系数越大的导线在相同受力时其相对弹性伸长量越小。

（3）导线的温度膨胀系数，随着线路运行温度变化，其线长随之变化，从而影响线路运行应力及弧垂。

（4）导线的质量，导线单位长度质量的变化使导线的垂直荷载发生变化，从而直接影响导线的应力及弧垂。

27．什么叫分裂导线？

答：分裂导线就是将一相导线用 2～8 根导线组合，称为"子导线"，其作用为降低电晕损耗，增大输送容量，如图 3-10 所示。

图 3-10　2 分裂、4 分裂、6 分裂、8 分裂导线实物照片

28．什么是导地线微风振动，有哪些危害？

答：层流风吹过架空线后在其背风侧产生漩涡，称为卡门漩涡，如图 3-11 所示，规则的漩涡脱落会引起架空线在与风向垂直的方向上周期性地振动，引起这种振动的风速通常在 0.5～10m/s 的范围内，称为微风振动。微风振动特点是：频率高（3～120Hz）、振幅小（一般振动振幅不超过导线直径）、持续时间长，主要危害有：振动所产生的累积效应会导致架空线疲劳断股，金具磨损、杆塔构件损坏；分裂导线还存在引流线夹或耐张线夹铝管疲劳折断，电流流过连接金具及支撑件，存在掉串、断线风险。

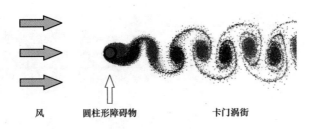

风　　　　圆柱形障碍物　　　　卡门涡街

图 3-11　卡门漩涡示意

29．什么是导线舞动，舞动与哪些因素有关？

答：当水平方向的风吹到因覆冰而变为非圆断面的输电线路时，将产生一定空气动力，在一定的条件下，会诱发导线产生一种低频（约 0.1～3Hz），大振幅（约为导线直径的 5～300 倍）的自激振动。其形态上下翻飞，这种振动被称为舞动。

舞动主要影响因素有三个：覆冰、风激励和线路的结构参数。

30．什么叫导线的初伸长？

答：架空电力线路的导线第一次受到运行拉力以后，发生的塑性变形叫初伸长。初伸长使得导线的实际长度增加，弛度增大，应力相应减小。

第三节　输 电 线 路 杆 塔

1．什么是输电线路杆塔，其结构特点是什么？

答：输电线路杆塔是用来支撑和架空导线、避雷线和其他附件的塔架或杆结构，使得导线与导线、导线与杆塔、导线与避雷线之间、导线对地面或交叉跨越物保持规定的安全距离的构筑物。

结构特点是各种塔型均属空间桁架结构，杆件主要由单根钢角、圆钢、预应力水泥杆，材料一般使用 Q235（A3F）和 Q345（16Mn），新型铁塔也使用 Q420、Q460 高强度构件，杆件间连接采用粗制螺栓，靠螺栓受剪力连接，个别部件如塔脚等由几块钢板焊接成一个组合件，热镀锌防腐、运输和施工架设极为方便。

2．杆塔的类型有哪些？

答：（1）按其形状分类。单回杆塔一般分为酒杯型、猫头型、上字型、干字型、羊角塔、鱼骨塔、F 型、门型杆塔、拉 V 型；双回杆塔一般分为：伞形、鼓形、倒伞形，交流输电常见塔型见图 3-12 所示。

（2）按用途分类，有耐张塔、直线塔（直线转角塔）、转角塔、换位塔（更换导线相位位置塔）、终端塔和跨越塔等，如图 3-13 所示。

（3）按照杆塔的结构材料分类，有钢筋混凝土电杆和铁塔、钢管杆、钢管塔、木杆，如图 3-14 所示。

（4）从维持结构整体稳定性上划分为自立式杆塔和拉线式杆塔。

（5）按其架设输电线路回路数量，可以分为单回路、双回路、多回路杆塔。

图 3-12　交流输电线路常用塔型照片

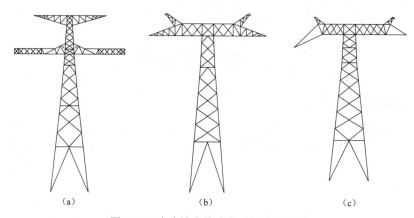

（a）　　　　　　　　　　　（b）　　　　　　　　　　　（c）

图 3-13　直流输电线路常用杆塔示意图

（a）转角塔；（b）直线塔；（c）直线转角塔

图 3-14　铁塔、水泥杆、钢管杆

杆塔的型式及外形的选择应通过验算在满足电气要求的同时符合输电线路的电压等级、回路数、地形情况、地质条件等，通过经济技术比较，选择技术先进、经济合理的杆塔型式。

3．输电线路档距有哪些？

答：线路设计中常用的几种档距有：使用档距、水平档距、垂直档距、代表档距。

（1）使用档距，即两相邻杆塔导线悬挂点间的水平距离，如图 3-15 所示。

图 3-15　使用档距示意图

（2）水平档距。当计算杆塔结构所承受的电线横向（风）荷载时，其荷载通常近似认为是电线单位长度上的风压与杆塔两侧档距平均值之积，其档距平均值称为"水平档距"，如图 3-16 所示。

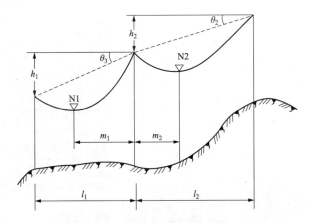

图 3-16　水平档距及垂直档距示意图

杆塔的水平档距计算公式如下：

$$l_{水平档距} = \frac{l_1 + l_2}{2}$$

式中　l_1——杆塔前侧使用档距；

l_2——杆塔后侧使用档距。

（3）垂直档距。当计算杆塔结构所承受的电线垂直荷载时，其荷载通常近似地认为是电线单位长度上的垂直荷载与杆塔两侧电线最低点的水平距离之积，此距离因系供计算垂直荷载之用故称为"垂直档距"，如图 3-16 所示。

杆塔的垂直档距计算公式如下：

$$l_{垂直档距} = m_1 + m_2$$

式中　　m_1——杆塔前侧导线最低点至计算杆塔导线挂点之间的水平距离；

　　　　m_2——杆塔后侧导线最低点至计算杆塔导线挂点之间的水平距离。

杆塔的垂直档距是一个变化值，不同的温度、导线的最低点会出现不同地点，即不同的温度对应不同的垂直档距。

（4）代表档距。耐张段内，当直线杆塔上出现不平均张力差，悬垂绝缘子串发生偏斜，而趋于平衡时，导线的应力（称代表应力）在状态方程式中所对应的档距，即为代表档距。一个耐张段中各档几何均距称为代表档距。为档内各档距三次方之和除以累距再开根号。

$$l_{代表档距} = \sqrt{\frac{\Sigma l_n^3}{\Sigma l_n}}$$

式中　　l_n——计算档内各档的档距。

4. 杆塔的主要参数有哪些？分别有什么含义？

答： 输电线路杆塔的主要参数有：呼称高度、杆塔全高、ABCD 腿、根开等。

（1）呼称高度即铁塔导线横担（最下层导线横担）下平面至杆塔中心桩施工基面（最长腿的底脚板或基础顶面）的垂直距离。单位一般为米，如图 3-17 所示。

图 3-17　杆塔钢印、呼称高度

（2）经济塔高。随着设计档距的增加，导线弧垂增大，但每千米的杆塔数量可以减少。因此，必然存在一个经济的杆塔高度，在一定的档距下，杆塔高度与数量的合理组合使每千米线路造价和材料消耗最低，这种杆塔高度就称为经济塔高。一般按经济呼称高先选定杆塔呼称高，实际的排杆定位中，如遇到跨越，杆塔高度不够，可加高杆塔（一般按照 3m 增加）。

（3）杆塔全高，即铁塔顶高最高点至杆塔中心桩施工基面（最长腿的底脚板或基础顶面）的垂直距离。

（4）ABCD腿，面向输电线路前进方向，左后方塔腿为A腿，左前方塔腿为B腿，沿顺时针方向依次为ABCD腿，如图3-18所示。

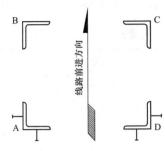

图3-18 塔腿编号示意图

（5）基础根开，指相邻或对角（对角根开）两基础中心间的距离；如果是地脚螺栓式，则表示地脚螺栓几何中心之间的距离。铁塔根开：指相邻或对角（对角根开）主角钢基准线的距离。一般情况，基础根开＝铁塔根开＋基准线距×2，即通常情况下基础根开大于铁塔根开，如图3-19所示。

5. 什么是地线保护角？

答：地线和边导线作连线，该连线与向下的垂线之间的夹角称为地线保护角，如图3-20所示。

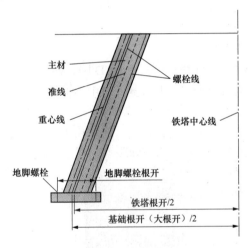

图3-19 根开示意图

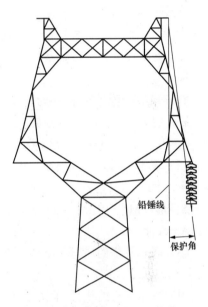

图3-20 杆塔保护角示意图

6. 常见铁塔塔材为何要镀锌？

答：因为电力铁塔塔材一般使用Q235（A3F）和Q345（16Mn）钢材，杆塔多位于旷野和深山等地区，塔材在潮湿、富氧环境中，铁元素化合形成氧化膜，氧化铁膜与铁不牢固、疏松，氧化膜会不断剥落，最终将造成塔材破坏性事件。对铁塔进行镀锌处理，可减少铁塔受到腐蚀或生锈的概率，对铁塔起到一定的保护作用，延长铁塔的使用寿命，所以一定要进行镀锌处理。

7. 南方电网典型设计内各系列编号字母含义是什么？

答：典型设计铁塔系列编号按照电压等级分别编排，由五部分组成，即电压等级、导线代号、回路数、海拔高度代号、系列号。

电压等级，一般为1位数字，5—500kV；2—220kV；1—110kV；对混压多回路，则为多位数字，并用"/"分隔开，如500kV与220kV同塔四回路，则为：5/2。

61

导线代号，1 位大写字母，用字母按子导线标称截面大小顺序编号，见表 3-3。

表 3-3   导 线 代 号

导线代号	A	B	C	D	E	F	G
子导线标称截面（mm²）	185	240	300	400	500	630	720

回路数，1 位数字，1—单回路；2—双回路；4—四回路。

海拔高度代号，1 位大写字母，W—0～1000m、X—1000～2000m、Y—2000～2500m、Z—2500～3000m、R—3000～3500m、S—3500～4000m。

系列号，即子模块序号，1-2 位数码。

国家电网公司编制了《国家电网公司输变电工程通用设计》，把相同电压等级、回路数和导线型号划分为一个模块，把相同风速、覆冰厚度、地形和海拔划分为一个子模块。国家电网公司通用设计杆塔命名包括：模块编号、子模块编号、塔型名称。模块编号有 2 位数，电压等级、回路数系列号；子模块编号主要区分风速、覆冰、地形、海拔高度的不同。

8. 常规铁塔型号中的字母代表什么含义？

答：（1）表示杆塔用途分类的代号：Z—直线杆塔；ZJ—直线转角杆塔；N—耐张杆塔；J—转角杆塔；D—终端杆塔；F—分支杆塔；K—跨越杆塔；H—换位杆塔。

（2）表示杆塔外形或导线、避雷线布置形式的代号：S—上字形；C—叉骨形；M—猫头形；Yu—鱼叉形；V—V 字形；J—三角形；G—干字形；Y—羊角形；Q—桥形；B—酒杯形；Me—门形；Gu—鼓形；Sz—正伞形；SD—倒伞形；T—田字形；W—王子形；A—A 字形。

（3）表示杆塔的塔材和结构（即种类）的代号：G—钢筋混凝土杆；T—自立式铁塔；X—拉线式铁塔。

（4）表示分级的代号：同一种塔形要按荷重进行分级，其分级代号用脚注数字 1、2、3…表示。

（5）表示高度的代号：杆塔高度是指下横担对地的距离（m），即呼程高，用数字表示。

（6）工程中杆塔型号的表示方法：线路电压代号（kV），呼程高用途代号分级形式代号种类代号。

例如：5D1Y1-J4-36，表示应用于 500kV 线路、导线截面积为 400mm²，线路单回架设，海拔高度可以使用在 2000～2500m，系列数为 1，4 型转角塔，呼称高度为 36m。

9. 什么是杆塔 kv 值？其作用是什么？

答：杆塔 kv 值是杆塔垂直档距与水平档距的比值。直线塔摇摆角（风偏角）与 kv 之间存在反比例的关系，应当根据摇摆角限定杆塔的 kv 值，这样来保证工程建设的安全性。

10．杆塔所受的荷载有哪些？

答：杆塔在各种力（导线及外力）的作用下承受的荷载又称为张力，根据荷载作用在杆塔的方向可分为：

（1）垂直荷载。包括导线、避雷线、金具、绝缘子串自重以及冰重、杆塔自重以及安装检修人员、工具、附件、起吊导线等的质量。

（2）水平荷载。包括导线、避雷线、杆塔所承受的风压以及转角杆塔所受的角荷载。

（3）顺线路方向荷载。导地线断线所受的张力，正常运行所受不平衡张力，斜向风力的作用下在导线和杆塔上形成顺线路方向的风压。

11．直线杆（塔）的作用是什么？

答：直线杆塔用在线路直线段中，一般占线路总杆塔数 70%左右。正常运行时，它承受导线、地线、金具、绝缘子等垂直荷载以及横向水平风荷载，不承受顺线路方向的不平衡张力。

直线塔在设计时校验标准为，在−5℃，有冰、无风的情况，单回路铁塔为断任意一相导线（分裂导线任意一相有不平衡张力），地线未断；或者断一根地线，导线未断开。双回路铁塔为断任意两相导线（分裂导线任意两相有不平衡张力），地线未断；或者断一根地线，导线未断开。由于直线塔承受线路方向不平衡张力的强度较差，在发生事故断线时直线塔可能逐基被拉倒。

12．耐张杆（塔）的作用是什么？

答：耐张杆塔（N）用在每个直线段的两端，它在安装或断线事故情况下均承受顺线路方向的张力，两个耐张杆塔之间一般都是直线杆塔，该段线路称为一个耐张段。它的作用是当线路发生倒杆、断线时，在线路两侧拉力不平衡情况下，把事故限制在一个耐张段中，以防倒杆事故继续扩大。

耐张塔在设计时校验标准为，在−5℃，有冰、无风的情况，单回或者双回路铁塔为断任意两相导线（分裂导线任意两相有不平衡张力），地线未断；或者断一根地线、一根导线有不平衡张力。多回路铁塔为断任意三相导线（分裂导线任意三相有不平衡张力），地线未断；或者断一根地线、两相导线有不平衡张力。

13．转角杆（塔）的用途是什么？

答：转角杆塔（J）用于线路的转角处，转角杆塔两侧导线的张力不在一条直线上。其一般可分为 30°、60°、90°三种杆塔型式。

14．终端杆（塔）的作用是什么？

答：终端杆塔是指用于线路一端承受导线张力的杆塔。终端杆塔一般位于线路首端或末端，即发电厂和变电站出线第一基杆。它接于发电厂和变电站母线上的龙门架上。由于龙门架结构强度很小，且出线又多，受单侧张力，所以终端档距不宜过大，一般为60～100m，且导地线在放线时常使用松弛应力，终端杆在线路侧张力要大大超过变电站那一侧的张力。所以终端杆是一种承受单侧张力的耐张杆塔。

15．换位杆（塔）的作用是什么？

答：换位塔，用于进行导线换位。一般来说，在中性点直接接地的电力网中，长度超过 100km 的线路均应进行换位，换位循环长度不宜大于 200km。线路换位的目的是要使每相导线感应阻抗和每相的电容相等，以减少三相线路参数的不平衡。一个变电站某级电压每回出线小于 100km，但其总长度超过 200km，可采用换位或变换各回路输电线路的相序排列平衡不对称电流。

16．杆塔的编号一般有何规定？

答：（1）线路杆塔的编号一般以送电端出线杆塔为 1 号，从送电端依次编至受电端杆塔。

（2）完整的杆塔编号应包括表明电压等级、线路名称、杆塔号码。耐张转角换位杆塔应涂相色漆。

（3）用油漆在杆塔上的编号或挂牌，以离地面 2.5～3.0m 为宜，字体不宜过小，面向线路附近巡线通道或大路。

（4）双回路的双杆塔应在每一基杆塔上分别刷印杆上相应线路的名称和杆号。若双回路为单杆或铁塔，则应将线路名称和杆号分别印在同一杆塔的两边外侧或铁塔的两侧塔腿上。

17．确定杆塔外形尺寸的基本要求有哪些？

答：（1）杆塔高度的确定应满足导线对地或对被交叉跨越物之间的安全距离要求。

（2）架空线之间的水平和垂直距离应满足档距中央接近距离的要求。

（3）导线与杆塔的空气间隙应满足内过电压、外过电压和运行电压情况下电气绝缘的要求。

（4）导线与杆塔的空气间隙应满足带电作业安全距离的要求。

（5）避雷线对导线的保护角应满足防雷保护的要求。

18．什么是复合横担？

答：采用复合材料制造的架空输电线路杆塔横担，复合横担由线路柱式复合绝缘子、悬式复合绝缘子、横担连接金具等组成，也可单独由线路柱式复合绝缘子组成，如图 3-21 所示。

图 3-21　复合横担杆塔

第四节 绝 缘 子

1. 什么是绝缘子？

答：安装在不同电位的导体或导体与接地构件之间的能够耐受电压和机械应力作用的器件。绝缘子种类繁多，形状各异。不同类型绝缘子的结构和外形虽有较大差别，但都是由绝缘件和连接金具两大部分组成的。

架空线路的绝缘子是用来支持导线，它是金具组合将导线固定在杆塔上，并使导线同杆塔可靠绝缘，绝缘子在运行时不仅要承受电压的作用，同时要承受操作过电压和雷电过电压的作用，加之导线自重、风力、冰雪以及环境温度变化的机械荷载的作用，所以绝缘子不仅要有良好的电气绝缘性能，同时要具有足够的机械强度。

2. 绝缘子的类型有哪些？

答：按照使用的绝缘材料的不同，可分为瓷绝缘子、玻璃绝缘子和复合绝缘子（也称合成绝缘子），如图 3-22 所示。

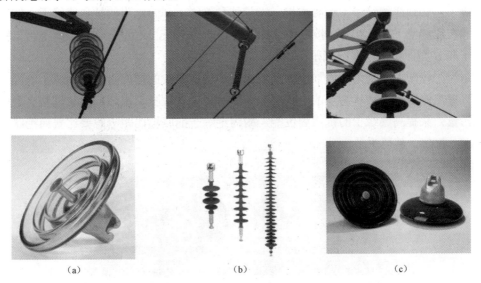

（a） （b） （c）

图 3-22 不同绝缘材料

（a）玻璃绝缘子；（b）复合绝缘子；（c）瓷绝缘子

瓷绝缘子绝缘件由电工陶瓷制成的绝缘子。电工陶瓷由石英、长石和黏土做原料烘焙而成。瓷绝缘子的瓷件表面通常以瓷釉覆盖，以提高其机械强度，防水浸润，增加表面光滑度。早期输电线路瓷绝缘子使用最为普遍。

玻璃绝缘子绝缘件由经过钢化处理的玻璃制成的绝缘子。其表面处于压缩预应力状态，如发生裂纹和电击穿，玻璃绝缘子将自行破裂成小碎块，俗称"自爆"。这一特性使得玻璃绝缘子在运行中无须进行"零值"检测。

复合绝缘子也称合成绝缘子。其绝缘件由玻璃纤维树脂芯棒（或芯管）和有机材料的护套及伞裙组成的绝缘子。其特点是尺寸小、质量轻、抗拉强度高、抗污秽闪络性能优良，但抗老化能力不如瓷和玻璃绝缘子。复合绝缘子包括：棒形悬式绝缘子、绝缘横担、支柱绝缘子和空心绝缘子（即复合套管）。

按其连接方式可以分为球窝连接和槽型连接，如图 3-23 所示。

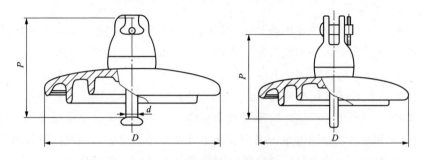

图 3-23　球窝连接和槽型连接

按照使用的环境条件的不同，派生出污秽地区使用的耐污绝缘子，其与常规绝缘子对比图如图 3-24 所示；按照使用电流种类不同，派生出直流绝缘子；还有各种特殊用途的绝缘子，如地线绝缘子、绝缘横担、半导体釉绝缘子和配电用的拉紧绝缘子、线轴绝缘子和布线绝缘子等。此外，按照绝缘件击穿可能性不同，又可分为 A 型即不可击穿型绝缘子和 B 型即可击穿型绝缘子两类。

耐污绝缘子主要是采取增加或加大绝缘子伞裙或伞棱的措施以增加绝缘子的爬电距离，以提高绝缘子污秽状态下的电气强度。同时还采取改变伞裙结构形状以减少表面自然积污量，来提高绝缘子的抗污闪性能。耐污绝缘子的爬电比距一般要比普通绝缘子提高 20%～30%，甚至更多。

图 3-24　常规绝缘子与防污绝缘子对比

直流绝缘子主要指用在直流输电中的盘形绝缘子。直流绝缘子一般具有比交流耐污型绝缘子更长的爬电距离，其绝缘件具有更高的体电阻率，其连接金具应加装防电解腐蚀的牺牲电极（如锌套、锌环）。

3. 高压悬式绝缘子的结构特点是什么？主要部件有哪些？

答：高压悬式绝缘子主体材质一般由陶瓷或钢化玻璃构成，瓷质绝缘子和玻璃绝缘子的大体结构相同，包括绝缘件、铁帽、钢脚、锁紧销、水泥胶合剂构成，绝缘件与金属件之间连采用水泥胶合剂连接，其部件如图 3-25 所示，其剖面图如图 3-26 所示。

地线绝缘子除上述结构外还有放电间隙。

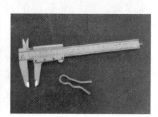

图 3-25 常见悬式绝缘子示意图及部件

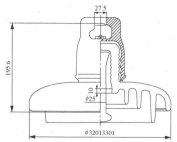

图 3-26 一种玻璃绝缘子及其剖面图

4．复合绝缘子的特点是什么？

答：复合绝缘子结构包括芯棒、伞套、金属附件及锁紧销，芯棒与金属附件连接一般采用液压连接。伞套由硅橡胶为基体的高分子聚合物制成，具有良好的憎水性，抗污能力强，用来提供必要的爬电距离，并保护芯棒不受气候影响。芯棒通常由玻璃纤维浸渍树脂后制成，具有很高的抗拉强度和良好的减振性、抗蠕变性及抗疲劳断裂性。

5．什么是线路柱式复合绝缘子？其主要作用有哪些？

答：由承受负荷的绝缘芯体（绝缘管或绝缘芯棒）、外套和固定在绝缘芯体上的端头附件构成的绝缘子称为线路柱式复合绝缘子，用于承受输电线路导体的弯曲、拉伸、压缩和扭转负荷。

6．常用的绝缘子材质及型号有哪些？

答：架空电力线路常用的绝缘子有瓷质绝缘子、玻璃绝缘子、复合绝缘子。

瓷质绝缘子老系列悬式绝缘子型号有：X-3、X-4.5、X-7、X-3C、X-4.5C 等。型号中的拼音字母含义是：X 表示悬式瓷绝缘子；破折号后面的数字表示机电破坏负荷值（t）；C 表示槽形连接（球形连接不表示）。

瓷质绝缘子新系列悬式绝缘子型号有：XP-6、XP-4C、XP-7、XP-7C、XP-10、XP-16、

等。型号中的拼音字母含义是：XP 表示悬式瓷绝缘子；折号后面的数字表示机电破坏负荷值（t）；C 表示槽形连接（球形连接不表示）。

防污悬式绝缘子型号有：XW-4.5、XW-4.5C、XWI-4.5C、XHl-10、XW3-4.5、XWP-6、XWP-6C 型。型号中的拼音字母含义是：XW 表示双层伞形防污悬式绝缘子（老系列产品）；XWP 表示双层伞形防污悬式绝缘子（新系列产品）；XH 表示钟罩形防污悬式绝缘子（老系列产品）；XHP 表示钟罩形防污悬式绝缘子（新系列产品）字母后面的数字表示设计序号；破折号后面的数字表示 th 机电破坏负荷值（t）；C 表示槽形连接（球形连接不表示）。

棒形悬式合成绝缘子（复合绝缘子）型号有：FXBW4-35/70、FXBW4-35/100、FXBW4-110/100-F、FXBW4-110/100-G 等，型号字母含义是：F 表示复合绝缘子，X 表示悬式，B 表示棒形，W 表示伞形结构、等径不表示、大小伞表示；数字为设计序号；破折号后分数分子为额定电压，单位为 kV，分母为额定机械拉伸负荷（kN）。

盘式玻璃绝缘子型号有：U70BL、U70BLP-1、U100BL、U100BLP-1、U100BLP-2、U160BM、U160BMP-2、U210B-1、U210BP/170D、U240B-2、U300B、U420B、U550B、70kN 地线型、100kN 空气动力型，型号字母含义是：U 表示绝缘子；数字表示为额定机械拉伸负荷（kN）；B 表示球窝连接方式；C 表示槽型连接结构、L/S 表示长短结构高度，M 表示中长；EL 表示超长；P 表示防污型。地线专用绝缘子和空气动力型绝缘子暂无符号，直接用汉字表示。

7. 绝缘子型号代码中，各字母及数字含义是什么？

答：根据与 GB/T 7253—1987 和 JB 9681—1999 绝缘子型号编制方法如图 3-27 所示。

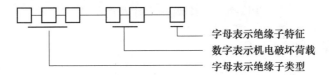

图 3-27　绝缘子型号示意图

第二部分数字表示机电破坏荷载，单位为 kN。我国生产的标准型绝缘子主要有 70、100、160、210、300、420、550kN 等几种。

第三部分字母表示绝缘子连接方式，如：C 表示槽形连接；D 表示大爬电距离。瓷质、球窝型连接等不再用字母表示，见表 3-4。

表 3-4　　　　　　　　　　　绝 缘 子 字 母 含 义

字母	含义	字母	含义
X	悬式	A	空气动力型
W	防污型	B	球窝连接方式
U	悬式钢化玻璃	C	槽型连接结构
XH	钟罩型	D	大爬电距离
P	防污型		

8．绝缘子的主要参数有哪些？分别有哪些含义？

答：（1）绝缘子结构高度。结构高度指从铁帽顶端凹槽处到钢脚底端的距离。

（2）爬电距离。爬电距离是指沿绝缘表面测得的两个导电器件或导电器件与设备界面之间的最短距离，主要用来确定绝缘子使用数量。例如，U70BL 型绝缘子爬电距离为320mm，U70BLP-1 型绝缘子爬电距离为 400mm。

（3）额定机械破坏负荷（kN）。悬式绝缘子主要由绝缘部分和附件部分。机电破坏试验即对绝缘子施加 75%额定机械破坏负荷，同时施加 50%的工频击穿电压，此条件下绝缘子不丧失其机械及电气性能，称为机电破坏负荷值。

9．钢化玻璃绝缘子有什么特点？

答：钢化玻璃绝缘子特点有：

（1）机械强度高，玻璃绝缘子比瓷绝缘子的机械强度高 1～2 倍。

（2）性能稳定，不易老化，电气性能高于瓷绝缘子。

（3）生产工序少，生产周期短，便于机械化、自动化生产，生产效率高。

（4）由于钢化玻璃具有透明性，所以对伞裙进行外部检查时，容易发现细小的裂缝以及各种内部缺陷或损伤。

（5）绝缘子的玻璃本体如有各种缺陷时，玻璃本体会自动破碎，称为"自爆"。绝缘子自爆后，仍然保持一定的机械强度悬挂在线路上，线路仍然可以继续运行。由于玻璃绝缘子具有这种"自爆"的特点，所以在线路运行过程中，不必对绝缘子进行预防性试验，在巡视线路时容易发现损坏的绝缘子，从而给运行带来很大方便。

（6）与瓷绝缘子相比，玻璃绝缘子的质量较轻。

（7）绝缘子残余强度大，断串多发生于瓷绝缘子上，玻璃绝缘子极少发生断串。

10．绝缘子钢化玻璃的质量及外观检查方面有什么要求？

答：用作绝缘子的钢化玻璃件应密实，不应有结石、裂纹、折痕、缺料、杂质及明显碰撞痕迹等缺陷，在其表面应有均匀的钢化层，所有外露的玻璃表面应平整、光滑。

11．绝缘子锁紧销安装有什么要求？

答：（1）球头和球窝连接的绝缘子应装备有可靠的开口型锁紧装置。160kN 及以上绝缘子应采用 R 形销。R 型销应有两个分开的末端使其在锁紧及连接的状态下，防止它完全从球窝内脱出；120kN 及以下可使用 W 形销，W 形销的形状应使其在联接和锁紧操作时将保持两个不同的位置。W 形销的开关还应使其从锁紧位置转到连接位置时，能防止从窝内完全脱出。

（2）锁紧销应采用不锈钢材料制作，材料不应有防腐蚀表面层，并与绝缘子成套供应。为防止脱漏，销腿末端弯曲部分尺寸严格满足标准规定。把锁紧销的末端分开到180°，然后扳回到原来的位置时用肉眼检查应无裂纹。

12．绝缘子镀锌层质量方面有什么要求？

答：绝缘子端部附件的镀锌层推荐采用热镀锌工艺。国标要求值为锌层单点最小厚度要求应满足不小于 65μm，平均值不小于 80μm。南方电网要求考虑南方沿海高湿、工业污染等大气环境影响，特别是沿海（离海岸线 20km 范围内）、工业区（工业污源点 1～

2km 范围内）等重腐蚀的地区，锌层单点最小厚度要求应满足不小于 85μm，平均值不小于 100μm。

13. 运行过程中，对玻璃绝缘子的劣化（自爆）率有什么要求？

答：钢化玻璃绝缘子在正常运行条件下应有很低的劣化（自爆）率。运行过程中应保证年自爆率<0.01%，当绝缘子年自爆率>0.01%但<0.02%，绝缘子供应商应配合运行开展绝缘子自爆超标的原因分析；绝缘子年自爆率>0.02%，绝缘子供应商应延长质保期时间，并更换自爆绝缘子。

14. 复合绝缘子有什么特点？

答：合成绝缘子与传统瓷质绝缘子、玻璃绝缘子相比，具有体积小、质量轻、方便运输与安装、价格低、机械强度高以及耐污秽性能好等优点，不需清扫，减少了日常维护工作量。

15. 何为低值或零值绝缘子？对正常运行中绝缘子的绝缘电阻有何要求？

答：（1）低值或零值绝缘子是指在运行中绝缘子两端的电位分布接近零或等于零的绝缘子。

（2）运行中绝缘子的绝缘电阻用 5000V 的绝缘电阻表测试时不得小于 500MΩ。

16. 绝缘子的试验项目有哪些？

答：绝缘子的试验项目一般包括测量电压分布（即零值绝缘子检测）、测量绝缘电阻、交流耐压试验。其中交流耐压试验一般来说需要通过记录和比对耐压前绝缘电阻、交流耐压试验电压及持续时间、耐压后绝缘电阻，对是否合格进行判断。

17. 玻璃绝缘子抽检试验项目有哪些？

答：玻璃绝缘子抽检试验项目有以下几种：

（1）外观、尺寸检查。检查时应采用游标卡尺、直尺等标准量具或特制量具进行测量。检查爬电距离时，应采用不会伸长的胶布带（或金属丝），在试品两电极间，沿绝缘件表面量得的最短距离。由多个绝缘件组成的产品，则为其各绝缘件最短距离的总和。

（2）偏差检查、轴向、径向和伞缘变形度检查。

（3）锁紧销检查。

（4）锌层厚度试验。

（5）机械破坏负荷试验，绝缘子按近似正常使用情况安装在试验机上，沿试品轴线方向施加拉伸负荷，使试品在试验时受纯粹的拉伸负荷至试品破坏。

（6）击穿耐受试验，在清洁干燥的绝缘子完全浸入装有绝缘介质的容器内，以防止绝缘子表面放电。在低于规定的击穿电压不应发生击穿。

（7）残余机械强度试验。

第五节 金 具

1. 什么是输电线路金具？

答：在 GB/T 5075—2016《电力金具名词术语》中电力金具的定义如下：连接和组

合电力系统的各类装置，起到传递机械负荷、电气负荷及起到某种防护作用的附件。

2．电力金具按功能分类有哪些？各有什么特点？

答：电力金具按功能分类及其各自特点如下：

（1）悬垂线夹：主要是将导地线悬挂至悬垂绝缘子串或金具串上的金具。

（2）耐张线夹：主要是将导（地）线连接至耐张绝缘子串或耐张金具串上的金具。

（3）连接金具：将绝缘子、悬垂线夹、耐张线夹及防护金具连接组合成悬垂串或耐张串的金具。

（4）接续金具：用于导（地）线的接续或补修，并能满足导（地）线的一定的机械及电气性能要求的金具。

（5）接触金具：用于导线与电气设备端子之间的连接及导线的 T 接，以传递电气负荷为主要目的的金具。

（6）防护金具：对导（地）线、金具、绝缘子等各类装置起到电气性能或机械性能防护的金具。

（7）母线金具：用于发电厂、变电站中的软、硬母线的固定、悬挂、支撑、防护及母线与端子连接的金具。

3．电力金具按其制造材质及其工艺分类有哪些？

答：电力金具的按其制造材质及其工艺分类有：可锻铸铁类金具、铝铜类金具、锻压类金具、铸铁类金具。

4．电力金具按场合分类有哪些类型？

答：电力金具按场合分类有：架空输电线路金具、变电站（开关站金具）、配电线路金具、电气化铁路接触网金具、架空通信线路金具、地线管廊电缆金具。

5．电力金具的结构及尺寸有什么要求？

答：（1）电力金具的结构尺寸必须符合相关标准和经批准的设计样图要求，目前我国金具厂家主要执行的是 1997 年电力金具样本。

（2）设计样图中标明的结构、尺寸及公差必须符合 GB/T 2314—2008《电力金具通用技术条件》标准的相关要求。

（3）连接金具的尺寸必须符合 GB/T 2315—2017《电力金具的标称破坏载荷及连接型式尺寸》标准规定。

圆钢连接金具标称号与直径要求满足表 3-5 要求。

表 3-5　　　　　　　　　　　金具标称破坏载荷与螺栓直径对照表

标记	4	7	10	16	16	21	25	32	42	55	64	84	100
标称破坏载荷（kN）	40	70	100	120	160	210	250	320	450	550	640	840	1000
螺栓直径（mm）	16	16	18	22	24	24	27	30	36	36	42	48	52
螺栓抗拉强度（MPa）	≥400				≥600								

（4）球窝的连接尺寸必须符合 GB/T 4056—2019《绝缘子串元件的球窝联接尺寸》标准规定。

（5）球窝锁紧用的 W 销、R 销，如图 3-28 所示，尺寸必须符合 GB/T 25318—2019《绝缘子串元件的球窝联接用锁紧销　尺寸和试验》标准规定。

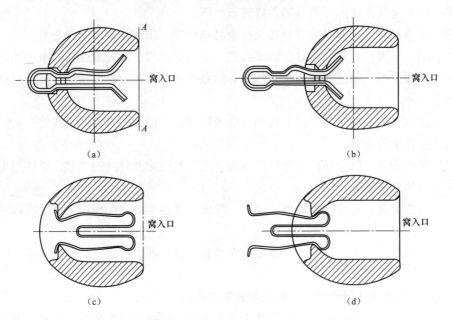

（a） （b）

（c） （d）

图 3-28　R 销与 M 销示意图

（a）、（b）R 销安装、取出示意图为；（c）、（d）M 销安装、取出示意图为

（6）对于未注明尺寸偏差的部位，其极限偏差值应符合下列要求：金具基本尺寸小于 50mm 时，允许极限偏差为 ±1.0mm，金具基本尺寸大于 50mm 时，允许极限偏差为 ±2%。

（7）板件弯曲处的宽度极限偏差应符合 GB/T 1804—2000《一般公差　未注公差的线性和角度尺寸的公差》的规定。

6. 金具产品的试验类别有哪些？

答：金具产品的试验可分为：型式试验、抽样试验、例行试验。型式试验的目的是确认产品的设计性能，通常在新品试制，定型时进行一次，当产品的设计、材料、工艺改变后需要重新进一次；抽样试验的目的是证实材料、工艺、产品性能，每批生产的产品在入库之前应进行抽样试验或用户要求对某批次产品进行抽样试验时；例行试验的目的是淘汰有缺陷的产品，例行试验应对每件产品进行试验。

7. 压缩型耐张线夹有哪几个部分组成？

答：压缩型耐张线夹由铝管及钢锚组成，钢锚用于接续和锚固钢芯，然后套上铝管本体，用压力金属产生塑性变形，从耐使线夹与导线结合成一个整体。

8. 耐张线夹的分类及用途是什么？

答：（1）压缩型耐张线夹，一种是将导线固定在耐张绝缘子串上适用于大截面导线，另一种是将地线固定在耐张杆上，如图 3-29、图 3-30（a）所示。

（2）预绞丝式预张线夹，将不能开断且对弯曲半径要求较高的导线固定在杆塔上，如图 3-30（b）所示。

（3）螺栓型耐张线夹，用于将导线固定在耐张转角杆塔绝缘子串上，适用于固定中小截面导线，如图 3-30（c）所示。

（4）楔型耐张线夹是将地线固定在耐张杆上，如图 3-30（d）所示。

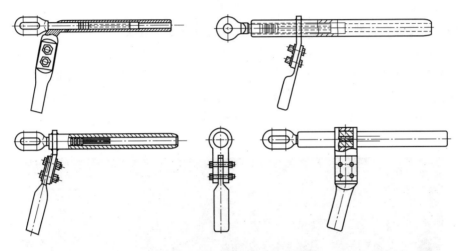

图 3-29　压缩型耐张线夹示意图

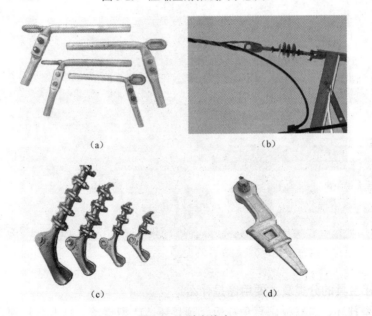

（a）　　　　　　　　　　　（b）

（c）　　　　　　　　　　　（d）

图 3-30　耐张线夹

（a）液压式；（b）预绞丝式；（c）螺栓式；（d）楔型

9. 耐张线夹的型号如何表示？其型号中各字母是何含义？

答：（1）以 NLD—1、2、3…表示。型号含义为：N 表示耐张线夹，L 表示螺栓型，D 表示倒装式。如 NLD—1，表示 1 型螺栓倒装式耐张线夹。

（2）以字母 NY—1、2、3…表示，N 表示耐张线夹，Y 表示压接型，"—"后面数字为标称截面。

（3）以字母 NB—1、2、3…表示，N 表示耐张线夹，B 表示爆压型，"—"后面数字为标称截面。

（4）以字母 NL—1、2、3…表示，N 表示耐张线夹，L 表示预绞丝式，"—"后面数字为标称截面。

10．连接金具的型号如何表示？其型号中各字母是何含义？

答：连接金具一般分为专用和通用两大类，大多数以金具名称的第一字的拼音字母表示，常见金具样式如图 3-31 所示。Q—球头挂环；W—单联碗头挂板；WS—双联碗头挂板；U—U 型挂环；PH—延长环（平行挂环）；ZH—直角挂环；DB—蝶形板；Z—直角挂板；L—联板。如：Q—100 中的 Q 表示球头挂环，数字 100 表示标称破坏荷重（kN）。

图 3-31　常见连接金具

11．连接金具的分类及主要用途是什么？

答：U 型挂环、二联板、直角挂板、延长环、U 型螺丝，以上金具称为通用金具，用于绝缘子串同金具之间，线夹与绝缘子串之间，避雷线与杆塔之间的连接.球头挂环、碗头挂板，是连接球窝型绝缘子的专用金具。

12．接续金具主要有哪些？其主要作用是什么？

答：接续金具一般有接续管、补修管、并沟线夹等，如图 3-32 所示。

（1）接续管，用于大截面导线的接续及地线的接续。

（2）补修管，用于导线及地线的修补。

（3）并沟线夹，主要用于导线及地线跳线连接，也有用于接地装置射线连接。

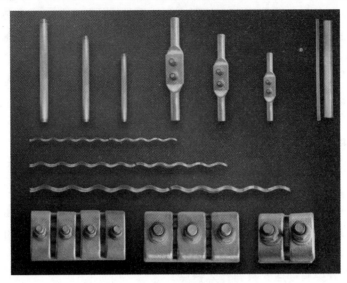

图 3-32　接续金具

13．保护金具主要有哪些？其主要作用是什么？

答： 保护金具主要有防震锤、均压环、间隔棒、重锤片、预绞丝护线条、招弧角等，其主要作用如下：

（1）防振锤，抑制导线、地线振动，起防振作用，如图 3-33 所示。

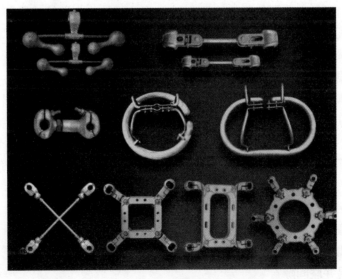

图 3-33　防振金具

（2）均压环，改善绝缘子串电压分布的环状金具。均压环的作用是防侧击雷，适用于电压形式为交流的，可将高压均匀分布在物体周围，保证在环形各部位之间没有电位差，从而达到均压的效果。

（3）间隔棒，间隔棒是指安装在分裂导线上，固定各分裂导线间的间距，以防止导线互相鞭击、抑制微风振动和次档距振荡的金具。间隔棒一般安装在档距中间，相隔 50～60m 安装 1 个。二分裂、四分裂、六分裂、八分裂导线的间隔棒，分裂导线安装间隔棒后与无间隔棒的振动振幅比较，二分裂导线减小 50%，四分裂导线减小 87%，六分裂、八分裂导线减小 90%。

（4）重锤片，抑制悬垂线夹绝缘子串摇摆角过大及直线杆上导线、避雷线上拔。

（5）预绞丝护线条，起到保护导线的作用。

（6）招弧角（并联间隙），防止沿绝缘子表面放电，损伤绝缘子。

14．均压环的作用是什么？

答：均压环的主要作用是均压，适用于电压形式为交流的，可将高压均匀分布在物体周围，保证在环形各部位之间没有电位差，从而达到均压的效果。均匀环的主要目的是改善绝缘子串中绝缘子的电压分布，降低第一片绝缘子的劣化率，一般电压等级较低是不需要安装的，目前 110kV 及以上均有采用均压环，一般 110kV 用一个，220kV 及以上用两个。

15．防振锤分类有哪些？具有什么特点？

答：防振锤分类及特点如下：

（1）斯托克布里奇防振锤，我国使用的编号有 FD 型、FG 型防振锤，两端为圆桶型重锤，圆桶下方有漏水孔，孔径大于 6mm。

（2）4R 和 4D 型防振锤，我国使用的编号有 FR 型，两端重锤质量不一致，线夹位于两端锤头的间距也不相等，防振锤有 4 个自振频率。

（3）扭矩防振锤，我国使用的编号有 FDZ 型，钢绞线两端的重锤由 L 型圆钢代替，并分布在钢绞线前后两侧，形成一定角度，当导线振动时，重锤使钢绞线受到弯矩和扭矩两个作用，从而改善防振锤防振性能。

16．耐张线夹和悬垂线夹的机械强度及握着力有何要求？

答：导线和避雷线的耐张线夹，必须有足够的机械强度，其握着力不得低于被握导线和避雷线计算拉断力的 90%。悬垂线夹对导线和避雷线应有一定的握着力，在运行情况和断线情况下，线夹两侧存在不平衡张力时，线夹应能握住导线和避雷线不使其松脱。一般根据使用的导线牌号，悬垂线夹的握着力与导线计算拉断力之比的百分值有如下规定：

（1）钢芯铝绞线不应小于 20%。

（2）轻型钢芯铝绞线不应小于 22%。

（3）加强型钢芯铝绞线不应小于 18%。

（4）钢绞线不应小于 14%。

17．什么是并联间隙？

答：和绝缘子（串）并联的防雷并联间隙装置，一般由高压侧及接地侧并联间隙电极和连接金具组成，通常并联间隙的距离小于绝缘子（串）的长度。具有提供雷击闪络路径、转移疏导工频电弧、改善工频电场三种功能。

18．金具主要技术参数有哪些？

答：金具主要技术参数有：名称，型号，材料，尺寸，质量，标称破坏载荷，握力

（适用于线夹、接续金具），每组单丝直径和根数（适用于预绞丝、预绞式金具），承受电气负荷金具的电气负荷性能（接续处两端电阻要求、温升要求、载流量要求），电晕熄灭电压（适用防晕金具）。

19. 悬垂线夹有哪些要求？

答：常见悬垂线夹如图 3-34 所示，使用要求主要有以下几方面：

（1）悬垂线夹应考虑裸线或包缠护线条等多种使用条件。

（2）船式悬垂线夹，其船体线槽的曲率半径应不小于导线、电线直径的 8 倍。

（3）悬垂线夹应具有一个能允许船体回转的水平轴。

（4）悬垂线夹应明确使用的限定范围，如最大出口角、最小出口角和允许回转角等。最大出口角不小于 25°。

（5）悬垂线夹的设计应减少微风振动对导线、地线产生的影响，并应避免对导线、地线产生应力集中或损伤。悬垂线夹的设计还应考虑在导线、地线水平不平衡张力作用下，减少船体回转轴的磨损。

（6）固定型悬垂线夹对导线、地线的握力，与其导线、地线计算拉断力之比应满足规范要求值。

（7）悬垂线夹与被安装的导线、地线间应有充分的接触面，以减少由故障电流引起的损伤。

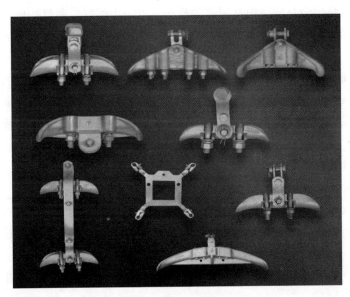

图 3-34　常用悬垂线夹

20. 耐张线夹、接续金具和接触金具使用时有哪些要求？

答：耐张线夹、接续金具和接触金具使用时要求如下：

（1）承受电气负荷的金具，无论是承受张力的或非承受张力的，均不应降低导线的导电能力。

（2）要求承受电气负荷性能的金具应符合下列规定：导线接续处两端点之间的电阻，

压缩型金具，应不大于同样长度导线的电阻。非压缩型金具，应不大于同样长度导线电阻的 1.1 倍；导线接续处的温升应不大于被接续导线的温升；所有承受电气负荷的金具，其载流量应不小于被安装导线的载流量。

（3）耐张线夹、接续金具和接触金具对导线、地线的握力，与其导线、地线计算拉断力之比应不小于表 3-6 的规定。

表 3-6　　耐张线夹、接续金具和接触金具握力与导线、地线计算拉断力之比

金　具　类　别	百分比（%）
架空线路压缩型金具（耐张线夹、接续金具）预绞式接续金具和预绞式耐张线夹	95
架空线路非压缩型金具（螺栓型耐张线夹、楔型耐张线夹）	90
绝缘线耐张线夹、变电站耐张线夹	65
接触金具（T 型线夹、设备线夹）	10

（4）非压缩型耐张线夹与承受张力的导线相互接触时，其弯曲延伸部分出口处的曲率半径不应小于被安装导线直径的 8 倍。

（5）金具导电接触面应涂导电脂，压缩型金具应采用防止氧化腐蚀的导电脂，填充金具内部的空隙。

（6）所有压缩型金具应使内部空隙为最小，以防止运行中潮气的侵入。

（7）耐张线夹、接续金具和接触金具与导线连接处，应避免两种不同金属间产生双金属腐蚀问题。

（8）耐张线夹、接续金具和接触金具应考虑安装后，在导线与金具的接触区域，不应出现由于微风振动、导线震荡或其他因素引起的应力过大导致的导线损坏现象。

（9）耐张线夹、接续金具和接触金具应避免应力集中现象，防止导线或地线发生过大金属冷变形。

21. 保护金具有哪些要求？

答：保护金具要求如下：

（1）保护金属应能承受微风振动作用而不引起疲劳损坏。

（2）电气保护金具应能承受一定的静态机械载荷作用，均压屏蔽金具要保证安全支持一个人体重。

（3）补修管宜采用液压压接，补修管中心应位于损伤最严重处，需补修范围应位于管内各 20mm。

第六节　基础及接地装置

1. 什么是基础？

答：杆塔埋入地下部分统称为基础。基础的作用是保证杆塔稳定，不因杆塔的垂直荷载、水平荷载、事故断线张力和外力作用而上拔、下沉或倾倒。

2．基础的类型有哪些？

答：架空电力线路的杆塔基础一般分为电杆基础和铁塔基础两大类。

（1）电杆基础。钢筋混凝土电杆基础一般采用三盘，即底盘、卡盘和拉线盘示意图如图 3-35 所示。

（2）铁塔基础。铁塔基础一般根据铁塔类型、地形、地质和施工条件的实际情况确定常的铁塔基础有以下几种类型，示意图如图 3-36 所示。

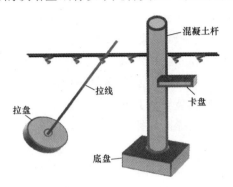

图 3-35　拉线水泥杆部件

图 3-36　拆模后的现浇混凝土基础

1）混凝土或钢筋混凝土基础。这种基础在施工季节暖和，沙、石、水来方便的情况下可以考虑采用。拆模后的混凝土基础见图 3-36。

2）预制钢筋混凝土基础。这种基础适用于沙、石、水的来源距塔位较远或者因在冬季施工、不宜在现场浇注混凝土基础时采用，但预制件的单件质量应适合现场运输条件。

3）金属基础。这种基础适用于高山地区交通运输困难的塔位。

4）灌注桩式基础。它分为等径灌注桩和扩底短桩两种基础。当塔位处于河滩时，考虑到河床冲刷或漂浮物对铁塔的影响，常采用等径灌注桩深埋基础。扩底短桩基础适用于黏性土或其他坚实土壤的塔位。由于这类基础埋置在近原状的土壤中，因此它变形较小，抗拔能力强，并且采用它可以节约土石方工程量，改善劳动条件。

5）岩石基础。这种基础应用于山区岩石裸露或覆盖层薄且岩石的整体性比较好的塔位。方法是把地脚螺栓或钢筋直接锚固在岩石内，利用岩石的整体性和坚固性取代混凝土基础。

3．基础型号如何表示？

答：基础编号由两部分组成，即基础形式与基础尺寸。

（1）基础形式：TW 代表掏挖基础、DJ 代表大开挖阶梯基础、Y 代表承压型基础、L 代表抗拉基础。

（2）基础尺寸：一般为 4 位数字，大开挖阶梯基础前两位数字代表基础底部长度，后两位代表基础高度；掏挖基础前两位数字代表顶部直径，后两位代表基础高度。

例如：DJ5848 代表大开挖阶梯基础，基础底部长度 5.8m，基础高度 4.8m。

4．什么是接地装置？

图3-37　杆塔接地装置引下线

答：接地装置的作用是导泄雷电流入地，保证线路具有一定耐雷水平。根据土壤电阻率的大小，接地装置可采用杆塔自然接地或人工设置接地体。接地装置的设计应符合电气方面的有关规定。

接地装置包括接地引下线和接地体（极），如图3-37所示。铁塔本身是导体，不需另加引下线，塔身即引下线；混凝土电杆需用圆钢或钢绞线敷设引下线，或用脚钉管、爬梯作引下线，不宜用混凝土电杆中钢筋作引下线。

接地体（极）是指埋置于土壤中并与每基杆塔的架空地线相连接的金属装置。其作用是将直击于架空线的雷电流引入大地，以提高线路耐雷水平，减少线路雷击事故。

5．常见的接地装置的类型有哪些？

答：（1）单一的垂直接地体。用圆钢、钢管或角钢打入地中，距地面应不小于0.6m的接地形式，最简单，安装方便。

（2）水平接地体。利用扁钢（40mm×4mm）或圆钢（10～12mm）水平埋入地下深0.6～1.0m或埋深至2.5～3.0m处，由一端引入雷电流。单一的垂直接地体或水平接地体，一般只用于0.4～10kV低压配电线路中。

（3）放射型接地体。由几条接地带钢或圆钢沿地下水平方向顺线路或横线路呈放射型埋设在山沟或山坡槽中；也可以一条为主，而从中分出几个分支，类似树干和树枝形状，故又称为树型接地体。

（4）闭环型接地体。由一条水平放置的铁带，围绕杆塔呈圆环或方框形埋设的接地体，然后从两处引出两根接地极连至设备上。它主要用于塔、双杆以及靠近110～220kV发电厂变电站附近线路中。

（5）复合型接地体。由水平接地体将数根乃至数十根以上的垂直接地体连接成一体的接地体。对于＞2000m地带时，宜在杆塔基础外围敷设水平八射线浅埋接地体，埋设深度为0.5m。

除按照上述接地装置型式分外，还可按照接地装置应用目的不同分为工作接地、保护接地和防雷接地。工作接地是因电气设备正常工作或排除事故的需要而进行的接地，如变压器低压侧中性点接地；保护接地是为了防止电气设备外壳因绝缘损坏而带电进行的接地。防雷接地是为了将雷电流引入大地而进行的接地，如避雷器、避雷针和避雷线的接地。

6．何为接地装置的接地电阻？其大小由哪些部分组成？

答：接地装置的接地电阻，是指加在接地装置上的电压与流入接地装置的电流之比值。接地电阻的构成：接地线电阻、接地体电阻、接地体与土壤的接触电阻、地电阻。

7. 接地装置如何选配?

答:(1)接地电阻。按 GB 50545—2010《110kV～750kV 架空输电线路设计规范》要求,工频接地电阻要求值见表 3-7。

表 3-7 土壤电阻率与接地电阻配合表

土壤电阻率（Ω·m）	≤100	100～500	500～1000	1000～2000	≥2000
单回线路	10	15	20	25	30
同塔双（多）回线路	7	10	10	10	15

设计单位根据土壤电阻率选配合适的接地装置型号；位于多雷击的输电线路杆塔接地电阻值还应满足 DL/T 1784—2017《多雷区 110kV～500kV 交流同塔多回输电线路防雷技术导则》的要求。

(2)根据作业环境选配接地装置敷设方式及埋深:岩石接地装置及接地网射线埋深不小于 30cm；林地接地装置及接地网射线埋深不小于 60cm，耕地接地装置及接地网射线埋深不小于 80cm；水田及人员密集区域，为减小跨步电压，接地装置易设计为环形接地装置和垂直接地体。

(3)高土壤电阻率降阻措施。为了尽可能减小接地电阻，推荐部分塔位采用接地模块或石墨接地体。接地模块及石墨接地体主要用于位于山顶、易受雷击、土壤电阻率特别高、场地狭小、铁塔接地电阻难以满足要求的塔位。

8. 常见的降低接地电阻措施有哪些?

答:常见的降低接地电阻的措施有:

(1)增加接地极的埋深和数量。

(2)外引接地线到附近的池塘河流中，装设水下接地网。

(3)换用电阻率较低的土壤。

(4)在接地极周围施加降阻剂。

(5)使用新型接地体，如石墨接地，如图 3-38 所示。

图 3-38 新型石墨接地

9. 直流接地极是什么?其作用是什么?

答:在高压直流输电系统中，放置在大地或海水中，在直流输电线路的一点与大地或海水间构成低阻通路，可以通过持续一定时间电流的一组导体及活性回填材料。

为防止直流接地极电流对直流控制系统和交流系统的影响，还需要在站外数千米至数十千米处适当的场所埋设接地电极。当发生紧急情况，设备检修或分阶段建设初期，可利用大地（或海水）作为电流回路。为了提高供电可靠性，当直流线路的一极发生接地故障时，允许另一极短时运行，直到故障消除。当线路单极运行时，线路需要与大地构成回路。

10. 接地极杆塔基础有什么要求？

答：接地极所有杆塔基础均采用"三油两毡"包裹处理，塔脚板与基础顶面用玻璃钢垫片绝缘，确保基础对地绝缘电阻不小于 500Ω。

第七节 附 属 设 施

1. 输电线路常见的附属设施有哪些？

答：常见的附属设施有杆塔标志牌、防坠导轨、防雷设施、防鸟设施、防洪设施、防外力破坏设施、在线监测等设施等。

2. 什么是防坠导轨，其作用是什么？

答：一种安装在输电杆塔上，为确保攀登杆塔人员安全上下杆塔的防护装置，一般在导轨内或外表面上下滑动并在快速下滑时能迅速制动的装置。

3. 安健环设施一般包含哪些？

答：包含杆号牌、警示牌、相位牌、直升机巡检牌、回路色、相位色等能够明确提示的警示颜色及图片。

4. 什么是避雷器？

答：避雷器能释放过电压能量，限制过电压幅值的设备，又称限压器。使用时将避雷器与被保护设备就近并联安装，在正常情况下不导通（带串联间隙），或仅流过微安级的电流（无串联间隙）；当作用的过电压达到避雷器动作电压时，避雷器导通大电流，释放过电压能量并将过电压限制在一定水平，以保护设备绝缘，释放过电压能量后，避雷器恢复到原状态水平。

输电线路常用避雷器为金属氧化物避雷器（MOA），包括无间隙金属氧化物避雷器和带串联间隙金属氧化物避雷器。

5. 避雷器的主要参数有哪些？

答：避雷器的主要参数有：

（1）直流参考电压，带间隙避雷器本体，应测量通过直流参考电流为 1mA 或 2mA 时的直流参考电压。

（2）0.75 倍直流参考电压下泄漏电流，雷器本体在 0.75 倍直流参考电压下的泄漏电流不应大于 50μA。

（3）雷电冲击放电电压和湿耐受电压性能，应对带间隙的整只避雷器进行雷电冲击 50%放电电压试验，其数值应与线路绝缘水平相配合，以保证避雷器在雷电过电压下放电。雷电冲击 50%放电电压试验用来确定避雷器间隙的最大距离。

（4）电流冲击耐受能力在型式试验和抽样试验中，带间隙避雷器本体的比例单元（或电阻片）应能耐受 4/10μs 大电流冲击 2 次，试验前后参考电压变化不超过 10%，试验前后标称放电电流下残压变化不超过－2%～＋5%，试验后检查试品，电阻片应无击穿。闪络和破碎或其他明显破坏痕迹。

第八节 在线监测装置

1. 常用输电线路在线监测有哪些？

答：常用输电线路在线监测有：输电线路智能故障精确定位装置、输电线路山火在线监测装置、输电线路防外破在线监测装置、输电线路线夹测温在线监测装置、输电线路避雷器在线监测装置、输电线路舞动在线监测装置、输电线路杆塔倾斜在线监测装置、输电线路绝缘子污秽在线监测装置、输电线路覆冰在线监测装置等。

2. 什么是输电线路智能故障精确定位装置？

答：输电线路智能故障精确定位装置是通过将线路分解为多个区间，通过故障区间判断和行波定位准确定位输电线路故障点的设备，由故障行波电流传感器、工频电压传感器、电流传感器、感应取电装置、备用电源、通信模块、后台分析软件等组成。

3. 什么是架空输电线路导线弧垂监测装置？

答：架空输电线路导线弧垂监测装置是能直接测量导线弧垂或对地距离，或能通过采集导线倾角、温度、张力、图像等进行相应存储与计算得出导线弧垂与对地距离，并将计算结果通过通信网络传输到主站系统的装置。架空输电线路导线弧垂监测装置包括倾角式弧垂监测装置、温度法弧垂监测装置、张力法弧垂监测装置3类。

4. 什么是杆塔倾斜在线监测装置？

答：杆塔倾斜监测装置分为两类，分别为基于倾角测量法的杆塔倾斜监测和基于光纤光栅传感技术的杆塔倾斜监测。

基于倾角测量法的杆塔倾斜监测的主要原理是利用倾角传感器测得的倾斜角，计算杆塔倾斜度。双轴倾角传感器分别安装在杆塔横担和杆塔的2/3处安装，可采用集水平方向和垂直方向的倾角，利用杆塔倾斜度计算杆塔的顺线路方向倾斜度、横向倾斜度和综合倾斜度。

基于光纤光栅传感技术的杆塔倾斜监测原理是：光纤光栅传感器是用光纤布拉格光栅作为传感元件的功能型光纤传感器，可以直接感测温度和应力变化以及实现与温度和应变有关的其他许多物理量和化学量的间接测量。通过光纤光栅传感器的应变数据可以反映出杆塔的倾斜状态。

5. 什么是绝缘子污秽在线监测装置？

答：绝缘子污秽在线监测装置是能够对高压运行环境中绝缘子的盐密度、灰密度、气温、相对湿度进行实时监测，并进行信息储存、传递的装置，主要有基于泄漏电流的污秽监测及光传感测量两种技术手段：

（1）基于泄漏电流的绝缘子污秽监测。污秽绝缘子的表面在受潮时会有更多的导电粒子附着，进而使得在工作电压下运行时会产生更大的泄漏电流。泄漏电流法首先给定正常泄漏电流值 I，然后在规定时间内，统计超过 I 的脉冲个数及相应的最大泄漏电流，据此来测算绝缘子表面的污秽程度。

（2）光传感测量法绝缘子污秽监测。光传感测量法主要基于光场分布和光能损耗进行检测，将低损耗石英玻璃棒和大气抽象为多模传输介质，激光可以通过玻璃棒（基模）或者大气（高次模）进行传输，当玻璃棒上没有污秽时，其折射率大于空气的折射率，那么经过大气的光很少，玻璃棒最后传出的光功率和入射光相差不大。如果玻璃棒有污秽，会改变其折射率，进而影响传出的光功率。因此，可以通过监测输出光的性能变化和环境温湿度的变化来计算绝缘子表面附着的盐密和灰密。

6. 什么是微气象在线监测装置？

答：微气象在线监测是安装输电线路杆塔上，由网络通信模块、蓄电池、数据采集单元等部分，可实时采集环境温度、湿度、风速、风向、气压等天气参数，并通过网络将监测参数传给指定位置的监测装置。

7. 输电线路覆冰在线监测按测量方法分类有哪几种？

答：输电线路覆冰在线监测按测量方法分类有：导线应力测量法、倾角-弧垂法、水平张力-倾角法、模拟导线测重法、视频/图像法等。

8. 什么是输电线路通道图像监测装置？

答：输电线路通道图像监测是指智能视频监控设备安装在输电线路杆塔上，对线路附近的施工现场进行视频采集、图像处理和智能识别，实现对施工现场吊车等机械设备的运动状态、行为及其对线路的危害情况进行快速智能判断，将监控结果通过无线网络发送至监控主机（PC）和手机端，以便运行人员及时掌握现场情况并采取有效措施，不仅可以有效地减少或预防事故的发生，同时大大提高了工作效率。

第九节 通 信 光 缆

1. 输电线路上的常用通信形式有哪些？

答：输电线路上通信形式有：线路载波、OPGW、ADSS、OPPC、普缆光纤通信。

2. 什么是 OPGW 光缆？其主要特点是什么？

答：把光纤放置在架空高压输电线的地线中，用以构成输电线路上的光纤通信网，安装在输电线路杆塔顶部，用以构成输电线路上的光纤通信网，这种结构形式兼具地线与通信双重功能，一般称作 OPGW（Optical Fiber Composite Overhead Ground Wire）光缆，也称光纤复合架空地线，如图 3-39 所示，主要参数有 OPGW 光缆截面积、导电能力、光纤芯数、光纤型号。具有抗电磁干扰、自重轻等特点，不必考虑最佳架挂位置和电磁腐蚀等问题。

OPGW 光缆主要在 500kV、220kV、110kV 电压等级线路上使用，受线路停电、安全等因素影响，多在新建线路上应用。

3. 什么是 ADSS 光缆？其主要特点是什么？

答：ADSS（All Dielectric Self Supporting）光缆是把光纤束绕在中心加强件上，经过绝缘、防水、加固、护套等保护措施制成的一种组合光缆，如图 3-40 所示，具有独特的结构、良好的绝缘性和耐高温性，以及抗拉强度高等诸多优点。

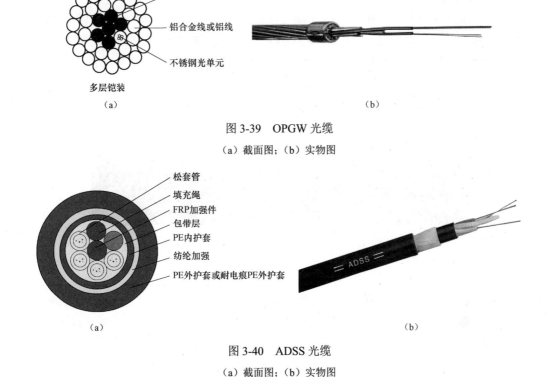

图 3-39　OPGW 光缆

（a）截面图；（b）实物图

图 3-40　ADSS 光缆

（a）截面图；（b）实物图

4．OPPC 光缆是什么？其主要特点是什么？

答：光纤复合相线 OPPC（Optical Phase Conductor）是一种新型的电力特种光缆，是将光纤单元复合在相线中的光缆，具有相线和通信的双重功能，主要用于 110kV 以下电压等级、城郊配电网、农村电网。在中低压电网中，尤其是 35kV 以下的配电线路，有些是可不架设地线的，因此不可能安装 OPGW。在所有的电网中，惟有相线是必不可少的，为了满足电力监控或光纤联网的要求，OPPC 与 OPGW 技术比较接近，在传统的相线结构中以合适的方法加入光纤单元，就成为光纤复合相线。

5．光缆光纤型号有哪些类？

答：光缆光纤有 652 单模光纤和 655 单模光纤。

652 单模光纤为非色散位移光纤，其零色散位于 1.3um 窗口低损耗区，工作波长为 1310nm（损耗为 0.36dB/km）。光纤线路的工作波长可转移到更低损耗（0.22dB/km）的 1550nm 光纤窗口，也称 B1 型光纤。

655 单模光纤为非零色散位移光纤。属于色散位移光纤，不过在 1550nm 处色散不是零值，用以平衡四波混频等非线性效应，也称 B4 型光纤。

6．光缆转弯半径有什么要求？

答：在放置的静态下，光缆的最小弯曲半径是光缆直径的 10 倍；在布线操作期间，例如，把光缆从管道中拉出来，最小弯曲半径为光缆直径的 20 倍，即光缆不能打死弯或弯曲角度过大。

7. 什么是光缆接头盒?

答:光缆接头盒是将两根或多根光缆连接在一起,并具有保护部件的接续部分,是光缆线路非常重要的器材之一,光缆接头盒的质量直接影响光缆线路的质量和光缆线路的使用寿命。一般可分为普通光缆接头盒与光电分离型接头盒,如图 3-41 所示。

图 3-41 光缆接头盒、光缆光电分离接头盒

第十节 高压输电电缆

1. 电缆线路主要由哪几部分组成?

答:电缆线路由电缆、附件、附属设备及附属设施组成整个系统。

电缆即电缆本体。电缆附件是指电力电缆线路与其他电缆线路以及其他电气设备连接所使用的部件,一般指电缆线路中各种电缆的中间连接及终端连接,它与电缆本体一起构成电力输送网络,完成电缆输送电能的任务。可以说电缆附件是电缆本体功能的一种延续,没有附件则电缆也就无法贯通整个回路。电缆和安装在电缆上的附件构成的系统称之为电缆系统。

附属设备是指与电缆系统一起形成完整电缆线路的附属装置与部件,包括油路系统、交叉互联系统、监控系统等。

附属设施是指与电缆系统一起形成完整电缆线路的土建设施,主要包括电缆隧道、电缆竖井、排管、工井、电缆沟、电缆桥架、电缆终端站等。

2. 什么是电力电缆?

答:电力电缆是指能够长期、安全、可靠地传输和分配大功率电能的电缆。一般把 35kV 及以上电压等级的电力电缆称为输电电缆。

3. 电力电缆与架空输电线路相比有何优点和不足?

答:电力电缆的优点如下:

(1)运行可靠性高,受外界因素影响小。架空输电线路易受雷击、雪灾、冰雹、鸟害、污秽等自然灾害的影响而造成断线、短路等故障。电力电缆敷设于地下,隐蔽性强,受气候和环境条件影响小,受外力破坏的概率小,对人身伤害的可能性低,供电、输电性能稳定,安全性、可靠性更高。

(2)节约空间。一是架空输电线走廊占地面积大,限制走廊下方及周边的高楼、桥梁等建筑物的建设，对寸土寸金的都市而言空间与通道的矛盾突出。电力电缆不占地面和空间，不影响城市景观。二是一般敷设于土壤或构筑物中，线间绝缘距离小，同一地下电缆通道可容纳多回线路。

（3）维护简便。电力电缆安装隐蔽，维护工作量小，不需频繁地巡视，有利于提高工作效率。

（4）提高线路功率因数，减少电能损耗。电缆芯线与其外面的接地屏蔽层构成一个分布电容器，其结果相当于每相加进无功补偿电容器，容性无功电流分量将部分补偿线路上感性无功电流分量，使总电流幅值降低。

电力电缆线路的不足：

（1）电力电缆线路比架空输电线路成本高，一次性投资费用可能高出架空输电线路的几倍甚至几十倍。

（2）电力电缆线路建成后，网络构架不易改变，线路增添分支困难。

（3）故障点的寻测和修复比较困难。虽然有寻测故障点的专用仪器（如用电桥法或脉冲回波法来确定故障点的位置），但操作复杂。电力电缆故障测寻与维修困难，电力电缆附件（中间接头、终端接头）的绝缘强度、防水密封、安装工艺要求高，所以现场施工操作人员需要经过专业培训，需要具有较高的专业技术水平。

4. 电力电缆是如何分类的？

答： 电力电缆有多种分类方法，如按电压等级、导体标称截面积、导体芯数、绝缘材料分类等。

（1）按电压等级分类。电力电缆都是按一定电压等级制造的，由于绝缘材料及运行情况的不同，使用于不同的电压等级。我国电缆产品的电压等级有 0.6/1、1/1、3.6/6、6/6、6/10、8.7/10、8.7/15、2/15、12/20、18/20、18/30、21/35、26/35、36/63、48/63、64/110、127/220、190/330、290/500kV 等 19 种。

电压等级有两个数值，用斜杠分开，斜杠前的数值是相电压值，斜杠后的数值是线电压值。常用电缆的电压等级 U_0/U（kV）为 0.6/1、3.6/6、6/10、21/35、36/63、64/110，这些电压等级的电缆适用于每次接地故障持续时间不超过 1min 的三相系统，而电压等级 U_0/U（kV）为 1/1、6/6、8.7/10、26/35、48/63 的电缆适用于每次接地故障持续时间一般不超过 2h、最长不超过 8h 的三相系统。

根据 IEC 标准推荐，电缆按照额定电压分为低压、中压、高压和超高压四类。一是低压电缆：额定电压小于 1kV；二是中压电缆：额定电压介于 6～35kV 之间；三是高压电缆：额定电压介于 45～150kV 之间；四是超高压电缆：额定电压介于 220～500kV 之间。

（2）按导体标称截面积分类。电力电缆的导体是按一定等级的标称截面积制造的，这样既便于制造，也便于施工。

我国电力电缆标称截面积系列为：1.5、2.5、4、6、10、16、25、35、50、70、95、120、150、185、240、300、400、500、630、800、1000、1200、1400、1600、1800、2000mm^2，共 26 种。高压充油电力电缆标称截面积系列为：240、300、400、500、630、800、1000、

1200、1600、2000mm，共 10 种。

（3）按导体芯数分类。电力电缆按照导体芯线的数量不同，可以分为单芯电缆和多芯电缆。

1）单芯电缆。指单独一相导体构成的电缆。一般在大截面导体、高电压等级电缆多采用此种结构。

2）多芯电缆。指由多相导体构成的电缆，有两芯、三芯、四芯、五芯等。该种结构一般在小截面、中低压电缆中使用较多。

（4）按电缆绝缘材料分类。电力电缆按绝缘和结构的不同，可分为纸绝缘电力电缆、挤包绝缘电力电缆和压力电力电缆三大类。

1）纸绝缘电力电缆。纸绝缘电力电缆是绕包绝缘纸带浸渍绝缘剂（油类）后形成绝缘的电缆。

按浸渍剂不同，油纸绝缘电缆可以分为黏性浸渍纸绝缘电缆和不滴流浸渍纸绝缘电缆两类。其二者结构完全一样，制造过程除浸渍工艺有所不同外，其他均相同。不滴流浸渍纸绝缘电缆的浸渍剂黏度大，在工作温度下不滴流，能满足高差较大的环境（如矿山、竖井等）使用。

按绝缘结构不同，油纸电力电缆主要分为三芯统包绝缘电缆、分相屏蔽电缆和分相铅包电缆三种。

2）挤包绝缘电力电缆。挤包绝缘电缆又称固体挤压聚合电力电缆，它是以热塑性或热固性材料挤包形成绝缘的电力电缆。目前，挤包绝缘电缆有聚氯乙烯（PVC）电缆、聚乙烯（PE）电缆、交联聚乙烯（XLPE）电缆和乙丙橡胶（EPR）电缆等，这些电缆使用在不同的电压等级。交联聚乙烯电力电缆是 20 世纪 60 年代以后技术发展最快的电力电缆品种，其制造周期短、效率较高、安装工艺较为简便、导体工作温度可高达 90℃。由于在加工制造和敷设应用方面的不少优点，交联聚乙烯电力电缆已经成为城市电网建设和改造的主流。

3）压力电力电缆。压力电力电缆是在电缆中充以能够流动并具有一定压力的绝缘油或气体的电力电缆。在制造和运行过程中，纸绝缘电缆的纸层间不可避免地会产生气隙。气隙在电场强度较高时，会出现游离放电，最终导致绝缘层击穿。压力电力电缆的绝缘处在一定压力（油压或气压）下，抑制了绝缘层中形成气隙，使电缆绝缘工作场强明显提高。压力电力电缆一般用于 63kV 及以上电压等级的电缆线路。为了抑制气隙，用带压力的油或气体填充绝缘，是压力电缆的结构特点。按填充压缩气体与油的措施不同，压力电缆可分为自容式充油电缆、充气电缆、钢管充油电缆和钢管充气电缆等品种。

5. 常用电力电缆型号的含义是什么？

答：电力电缆产品命名用型号、规格和标准编号表示，而电缆产品型号一般由绝缘、导体、护层的代号构成，因电缆种类不同型号的构成有所区别；规格由额定电压、芯数、标称截面构成，以字母和数字为代号组合表示。为方便记忆，字母一般为拼音的首字母。各部分代号及含义见表 3-8。

表3-8 电缆代号及含义

导体代号	铜导体	（T）省略	特殊含义	B级阻燃	ZB
	铝导体	L		C级阻燃	ZC
绝缘代号	聚氯乙烯绝缘	V	铠装代号	无铠装	0
	交联聚乙烯绝缘	YJ		双钢带铠装	2
	乙丙橡胶绝缘	E		细圆钢丝铠装	3
	硬乙丙橡胶绝缘	HE		粗圆钢丝铠装	4
护套代号	聚氯乙烯护套	V		双非磁性金属带铠装	6
	聚乙烯护套	Y		非磁性金属丝铠装	7
	弹性体护套	F	外护套代号	聚氯乙烯外护套	2
	挡潮层聚乙烯护套	A		聚乙烯外护套	3
	铅套	Q		弹性体外护套	4
特殊含义	耐火	NH	金属护套代号	铅套	Q
	阻燃	ZR		皱纹铝套	LW
	A级阻燃	ZA	阻水结构代号	纵向阻水结构	Z

示例：

（1）铜芯交联聚乙烯、绝缘聚氯乙烯内护套、双钢带铠装、聚乙烯外护套电力电缆，额定电压为 26/35kV，三芯，标称截面 300mm²，表示为 YJV_{22}-26/35-3×400mm²。

（2）额定电压 64/110kV，单芯，铜导体标称截面积 630mm²，交联聚乙烯绝缘皱纹铝套聚氯乙烯护套电力电缆，表示为 $YJLW_{02}$-64/110-1×630mm²。

（3）额定电压 127/220kV，单芯，铜导体标称截面积 2000mm²，交联聚乙烯绝缘铅套聚乙烯护套纵向阻水电力电缆，A级阻燃，表示为 ZA-YJQ_{03}-Z-127/220-1×2000mm²。

6. 常见电缆的结构由哪几部分组成？其特点是什么？

答： 电力电缆的基本结构一般由导体、绝缘层、护层三部分组成，此外 6kV 及以上电缆导体外和绝缘层外增加屏蔽层。

（1）导体。导体是传送电流的通路。由于电流通过导体时因导体存在的电阻而会产生热，因此要根据输送电流量选择合适的导体，其直流电阻应符合规定值，以满足电缆运行时的热稳定要求。为了减少线路损耗和电压降，一般采用高电导系数的金属材料来制造电缆的线芯。同时还应考虑材料的机械强度、价格、来源是否合适，一般采用铜和铝来作为电缆的线芯。

（2）绝缘层。绝缘层是将高压电极与地电极之间可靠隔离的关键结构。在工作电压及各种过电压长期作用下，绝缘层应满足能耐受发热导体的热作用，并保持其耐电强度与长期稳定性能的要求。目前在陆地输电电缆中最常用的为交联聚乙烯绝缘。

（3）屏蔽层。屏蔽层能够将电场控制在绝缘内部，同时能够使绝缘界面处表面光滑，并借此消除界面空隙的导电层。电缆导体由多根导线绞合而成，它与绝缘层之间易形成气隙；而导体表面不光滑会造成电场集中。在导体表面加一层半导电材料的屏蔽层，它与被屏蔽的导体等电位，并与绝缘层良好接触，从可避免在导体与绝缘层之间发生局部放电，这层屏蔽又称为内屏蔽层。

在绝缘表面和护套接触处，也可能存在间隙；如电缆弯曲时，油纸电缆绝缘表面易造成裂纹或皱折，这些都是可能引起局部放电的因素。在绝缘层表面加一层半导电材料的屏蔽层，它与被屏蔽的绝缘层有良接触，与金属护套等电位，从而可避免在绝缘层与护套之间发生局部放电，这层屏蔽又称为外屏蔽层。

屏蔽层的材料是半导电材料，其体积电阻率为 $10^3 \sim 10^6 \Omega \cdot m$，油纸电缆的屏蔽层为半导电纸。半导电纸有吸附离子的作用，有利于改善绝缘电气性能。挤包绝缘电缆的屏蔽层材料是加入碳黑粒子的聚合物。没有金属护套的挤包绝缘电缆，除半导电屏蔽层外，还要增加用铜带或铜丝绕包的金属屏蔽层，其作用是在正常运行时通过电容电流。当系统发生短路时，作为短路电流的通道，同时也起屏蔽电场的作用。在电缆结构设计中，要根据系统短路电流的大小，采用相应截面的金属屏蔽层。

（4）护层。电缆护层是覆盖在电缆绝缘层外面的保护层。典型的护层结构包括内护套和外护层。内护套贴紧绝缘的绝缘层，是绝缘的直接保护层。内护套的作用是阻止水分、潮气及其他有害物质侵入绝缘层，以确保绝缘层性能不变。110kV 及以上电缆常采用铅或铝的金属护套，金属护套具有完全不透水性，可以有效防止水分及其他有害物质进入绝缘。

包覆在内护套外面的是外护层，通常外护层又由内衬层、铠装层和外被层组成。外护层的三个组成部分以同心圆形式层层相叠，成为一个整体。护层的作用是保证电缆能够适应各种使用环境的要求，使电缆绝缘层在敷设和运行过程中免受械或各种环境因素损坏，以长期保持稳定的电气性能。内衬层的作用是保护内护套不被铠装扎伤，铠装层使电缆具备必需的机械强度。外被层主要用于保护铠装或金属护套免受化学侵蚀及其他环境损害。

7. 常用交联聚乙烯绝缘电力电缆的特点是什么？

答：交联聚乙烯（XLPE）绝缘电缆是目前电力电缆中使用最广泛的电缆。交联聚乙烯是聚乙烯经过交联反应后的产物，是在聚乙烯（PE）绝缘材料之上发展而来。聚乙烯具有原材料来源丰富、价格低廉优良的电气性能，介电常数小、介质损耗小、加工方便等一系列优点。但缺点是耐热性差、机械强度低、耐电晕性能差、容易产生环境应力开裂，妨碍聚乙烯在高压电缆中的应用。为解决上述缺点，获得一种既具有良好的性能又获取容易的绝缘材料，除在混料中加入各种添加剂外，主要途径是采用交联法。使线型聚乙烯分子变成三维空间网状结构的交联聚乙烯，从而大大提高了聚乙烯的电气性能、耐热性和机械性能。交联的方法很多，从机理上可分为物理交联和化学交联两大类。

交联聚乙烯最具经济意义的特点是将原来聚乙烯、聚氯乙烯电缆绝缘材料的耐热温度由 65～75℃提高到 90～120℃，这就意味着电缆所允许的载流量将有大幅度的上升，在相同载流量下，电缆的截面积下降，从而节约大量的有色金属。

8．常见 35kV 交联聚乙烯绝缘电缆的结构由哪几部分组成？

答：常见 35kV 交联聚乙烯绝缘电缆的结构如图 3-42 所示。

9．常见 110kV 交联聚乙烯绝缘电缆的结构由哪几部分组成？

答：常见 110kV 交联聚乙烯绝缘电缆的结构如图 3-43 所示。

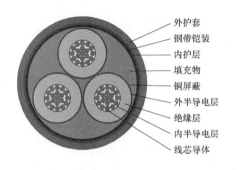

图 3-42　常见 35kV 交联聚
乙烯绝缘电缆的结构

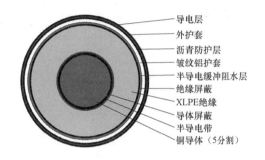

图 3-43　常见 110kV 交联聚
乙烯绝缘电缆的结构

10．什么是电缆金属护层的感应电压？为什么需要对其进行控制？

答：当电缆在交变电压下运行时，线芯中通过的交变电流必然会产生交变的磁场。磁场产生的磁链不仅和线芯相链，也和金属屏蔽（金属护套）层及铠装层相链，必然会在金属屏蔽（金属护套）和铠装层上产生感应电动势。金属屏蔽层（金属护层）一般均采用单点接地或交叉互联接地方式，这样就会在金属屏蔽层上产生感应电压。对于一般的三芯电缆，因线芯通过的三相电流的相量和为零，故在公共的金属屏蔽层中的感应电压相量和亦为零，可忽略不计。但对单芯的高压和超高压电力电缆，感应电压就可能达到很大的数值，尤其在短路情况下，线芯中可能通过几十倍于正常的电流，产生的感应电压不仅会危及人身安全，也可能击穿金属护套的外护层。感应电压也是制定护层保护器参数的决定因素之一。如护套形成通路，护套电流（环流）将消耗电源能量、产生损耗，引起电缆发热，成为决定电缆载流量的因素之一。所以，对感应电压必须予以计算和采取限制措施。

11．控制金属护层感应电压的方法主要有哪些？

答：与单芯电缆护层感应电压有关的因素主要有：电缆线路的长度、线芯通过的电流大小、三相电缆的排列方式、各相电缆距排列中心点的位置、外屏蔽的平均直径。根据 GB 50217《电力工程电缆设计规程》的要求：交流单芯电力电缆金属套上应至少在一端直接接地，任一非直接接地端的正常感应电势最大值不得大于 300V，在未采取能有效防止人员任意接触金属套的安全措施时，不得大于 50V。根据相关要求和人员、设备安全的考虑，我们一般按电缆长度的不同，将单芯电缆的金属护层分段，按需采取以下几种单芯电缆护层接地方式来控制护层感应电压。需特别指出的是，在实际工作中一般习惯使用护层接地电流的大小和变化来判断护层感应电压的控制情况，以及护层接地系统的完好情况。原因是接地电流可用电磁耦合的方式间接测出，带电时也能方便安全开展测量工作。

（1）金属护套两端直接接地。这种连接方法一般在电缆较短的情况，虽然金属护套感应电压小，但金属护套和大地形成了回路，可产生护套环流损耗，影响功率传输，如图3-44所示。

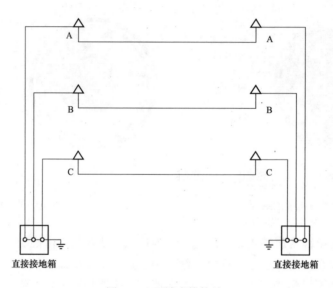

图3-44　两端直接接地

（2）金属护套单端接地，即在电缆线路一端或中点接地，另一端经保护器接地。电缆护套对地绝缘，这样护套没有构成回路，没有环流损耗，可以提高输送容量。但感应电压与电缆长度成正比，长度须限制在使电压不超过安全值范围内。

金属护套一端接地的电缆线路，还必须安装一条回流线。当单芯电缆线路的金属护套只在一处互联接地时，在沿线路间距内敷设一根阻值较低的绝缘导线，并两端接地，该接地的绝缘导线称为回流线（D）。当电缆线路发生接地故障时，短路接地电流可以通过回流线流回系统中性点，这就是回流线的分流作用。同时，由于电缆导体中通过的故障电流在回流线中产生的感应电压，形成了与导体中电流逆向的接地电流，从而抵消了大部分故障电流形成的磁场对邻近通信和信号电缆产生的影响，所以，回流线实际又起到磁屏蔽的作用，如图3-45所示。

（3）金属护套交叉互联接地。当线路很长时，可将每大段电缆分为长度相等的三小段，每段之间装绝缘接头，接头处护层三相之间用同轴电缆引线经交叉互联箱及保护器进行换位连接。通过两个交叉互联箱，两次互换，实现感应电压叠加后向量为零，起到限制感应电压的作用，如图3-46所示。

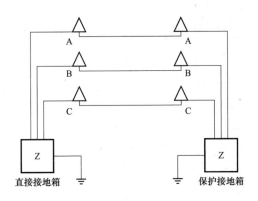

图 3-45 单端接地

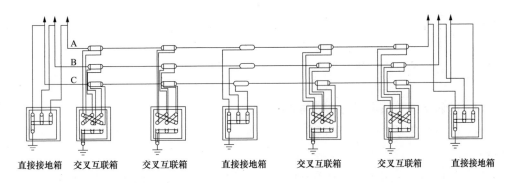

图 3-46 交叉互联接地

12. 什么是电力电缆附件？其特点是什么？

答：电力电缆附件是电缆线路必不可少的组成部分，是指电力电缆线路与其他电缆线路以及其他电气设备连接所使用的部件，一般分为电缆终端和中间接头。电缆终端是安装在电缆线路两端，负责与其他电气设备连接，具有一定的绝缘和密封性能，使电缆和与其他电气设备的连接的装置。电缆中间接头是安装在电缆段与电缆段之间，使两段及以上电缆导体连通，使之形成连续电路并具有一定的绝缘和密封性能的装置。

由于电缆在生产、运输过程中无法做到无限延长，加之电缆过长会导致金属护层感应电压过高，因此，需使用中间接头将分段的电缆连接起来。电缆附件在电缆线路的运行中是最薄弱的部分，其安装质量、工艺的好坏直接影响到电缆线路的安全运行和使用寿命，是电缆能否长期安全稳定运行的关键。

13. 为什么要改善电缆接头电场分布？

答：对电场分布和电场强度进行控制是电力电缆附件设计中极为重要的部分，改善绝缘屏蔽层断开处的电场分布，使电场分布和电场强度处于最佳状态，从而保证电力电缆及附件运行的可靠性和延长使用寿命。电力线越集中的部位，电场强度越高，而电缆终端或电缆接头处金属护套或屏蔽层断开处的电场会发生畸变，需对其加以控制。电缆断口处的电场分布如图 3-47 所示。

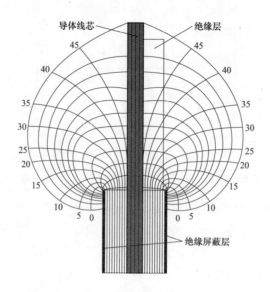

图 3-47　电缆断口电场分布图

14. 改善电缆接头电场分布的方法有哪些？

答： 改善电缆接头电场分布主要有几何法（采用应力锥和反应力锥）和参数法两种。

（1）几何法即使用锥形装置来控制增加高压电缆绝缘屏蔽直径，以将接头或终端内的电场强度控制在规定的设计范围内。应力锥是最常见的改善局部电场分布方法，从电气的角度上看，也是最可靠有效的方法。应力锥通过将绝缘屏蔽层的切断点进行延伸，使零电位形成喇叭状，改善了绝缘屏蔽层的电场分布，降低了电晕产生的可能性，减少了绝缘的破坏，从而保证了电缆线路的安全运行。

（2）参数法是采用合适的电气参数的材料复合在电力电缆末端屏蔽切断处的绝缘表面上，以改变绝缘表面的电位分布，从而达到改善电场的目的。目前应力控制材料的产品已有热缩应力管、冷缩应力管、应力控制带等，一般这些应力控制材料的介电常数 ε 都大于 20，体积电阻率为 $10^8 \sim 10^{22} \Omega \cdot cm$。

15. 什么是电缆通道？常见的电缆通道的类别有哪些？

答： 电缆通道是专供敷设电缆或安置附件的构筑物，除在电气上满足规程规定的要求外，还必须满足电缆敷设施工、安装固定、附件组装和投运后的运行维护、检修试验的要求。

常见的电缆通道可分为电缆隧道、电缆沟、排管、壕沟（直埋）、吊架及桥架等。

16. 常见的电缆敷设方式有哪些？其特点分别是什么？

答： 常见的电缆敷设方式有直埋、排管、非开挖定向钻（拉管）、电缆沟、电缆桥架、电缆工作井、顶管、电缆隧道、盾构隧道。

（1）直埋。电缆直埋敷设一般用于电缆数量少、敷设距离短、地面荷载比较小的地方。路径应选择地下管网较少、不易经常开挖和没有腐蚀土壤的地段。优点：电缆敷设后本体与空气不接触，防火性能好。此敷设方式容易实施、投资少。缺点：此敷设方式抗外力破坏能力差，电缆敷设后如进行电缆更换，则难度较大。

（2）排管。电缆排管敷设是将电缆敷设在预先埋设于地下管道中的一种电缆安装方式，一般适用于电缆与公路、铁路交叉处，通过城市道路且交通繁忙、敷设距离长且电力负荷比较集中的地段。优点：施工快捷，受外力破坏的影响少、占地小，能承受大的荷重。电缆排管土建部分施工完毕后，电缆施放简单。缺点：电缆不易弯曲，其热伸缩会引起金属护套的疲劳，电缆散热条件差。

（3）非开挖定向钻。定向钻是一种非开挖敷设管道的施工方法，具有施工速快、对地层扰动小，施工精度、安全性好、施工成本低等优点，解决了传统开挖施工对居民生活的干扰，以及对交通、环境、周边建筑物基础的破坏和不良影响，具有较高的经济效益和社会效益，适用于穿越小管径、短距离城市道路、河流等不能明挖的电缆路段。水平定向钻施工相对较简单、工期短，但管径小、穿越距离有限，水平定向钻长度一般不宜超过 150m。

（4）电缆沟。电缆沟敷设方式与电缆直埋、电缆排管及隧道等敷设方式进行相互配合使用，适用于变电站出线，主要街道，多种电压等级、电缆较多、道路弯曲、地坪高程变化较大的地段。优点：检修电缆较方便，灵活多样，转弯方便，可根据地坪高程变化调整电缆敷设高程，可敷设较多回路的电缆，散热性能较好。缺点：造价相对直埋和排管高，可开启式缆沟施工检查及更换电缆时须搬运大量盖板，施工时外物不慎落入沟时易将电缆碰伤，密闭式缆沟运行检修较困难。

（5）电缆桥架。适用于跨越宽度较小的河道、河沟段。优点：采用钢桁架结构，结构稳定，施工方便，电缆在桥内敷设于保护管内，电缆运行环境好。缺点：由于为钢桁架结构，需要不定期地进行防腐、防锈处理。电缆专用桥架设于桥梁侧面，对市政环境有一定的影响。

（6）电缆工作井。电缆工作井敷设方式与电缆直埋、电缆沟、电缆排管及隧道等敷设方式进行相互配合使用，适用于变电站出线，主要街道，多种电压等级、电缆较多、道路弯曲、电缆沟盖板无法开启等区域。运行人员可在封闭式工作井井内运维检修，检修、变换电缆方便，灵活多样，转弯方便，可敷设较多回路的电缆，电缆运行环境好。

（7）顶管。顶管法一般适用于城区内埋深较大、地质复杂等不宜用明挖法建造隧道的地带。优点：施工工艺成熟，电缆敷设、运行环境好，防外破能力强。缺点：两端工作井占地较大，井位选择困难，对其他管线有一定的影响，与水平定向钻相比，施工周期较长，工程造价较高。

（8）电缆隧道。电缆隧道容纳电缆数量较多，有供检修和巡视的通道，有通风、照明、排水等敷设设施。一般分为明挖和暗挖电缆隧道。电缆隧道具有运维检修方便、电缆容量大、安全可靠等优点，施工技术成熟，工艺简单，施工快捷，经济，安全、质量易保证。

（9）盾构隧道。盾构法是暗挖法施工中的一种全机械化施工方法，盾构机械在地层中推进，通过盾构外壳和管片支承四周围岩，防止隧道内坍塌，同时在开挖面前方用切削装置进行土体开挖，通过出土机械（泥浆系统）运出洞外，靠千斤顶在后部加压顶进，并拼装预制混凝土管片，形成隧道结构。盾构法施工劳动强度相对较低，掘进速度快，洞壁完整美观，安全性高；尤其在城市主城区建设，盾构法明显有环境影响小、噪声小、道路交通影响小、政策处理难度小等突出优势，但成本较高。

17．什么是电缆终端场站（杆塔）？

答：电缆终端场站（杆塔）是电缆终端接头与架空线连接点所处位置的构筑物形式，一般分为地面终端和塔上终端，终端场内常用地面终端，终端杆塔为塔上终端。110kV和220kV电缆与架空线相连宜采用电缆终端场方式，终端场应设有围墙或围网，场内地面应全部固化；在地质易下沉区域，应采取防止电缆拉伸的措施。当采用电缆终端塔时，应设置电缆支架（平台），平台高度不应高于 10m，同一回路电缆终端宜布置在同一平台。与电缆终端相连的架空引下线超过 10m 时，宜加装支撑绝缘子进行固定和支撑。电缆终端场如图 3-48 所示，电缆终端杆如图 3-49 所示。

图 3-48　电缆终端场　　　　　　　图 3-49　电缆终端杆

18．什么是电缆通道辅助设施？其种类有哪些？

答：电缆通道辅助设施是用于维护通道环境安全和作业人员人身安全，使电缆通道具备一定抵御灾害的设备，是具备一定监控能力的附属设备的统称。

电缆通道辅助设施一般包含通风、排水、消防、动力照明、综合监控五大类。

（1）电缆隧道通风系统分为自然通风和机械通风两种。机械通风一般采用推拉型纵向通风方式，在工作井或电缆隧道内设轴流风机，对全线进行通风换气。

（2）电缆隧道通风系统根据不同区域和环境，选择不同类型、不同规格的照明灯具，为工作人员提供光线明亮、舒适的环境，美化建筑空间。为了达到最佳的照明和装饰效果，一般采用 LED 灯类型光源，分为普通照明和应急照明两种照明方式。

（3）电缆隧道排水系统由潜水泵、排水管道和控制箱组成。当集水井内的积水达到一定水位时，排水系统自动工作，将工作井及电缆隧道内的积水及时排入市政管网内。确保检修维护的正常开展，消除积水对电缆使用寿命的影响。

（4）电缆隧道消防系统将全线隧道划分为多个防火分区。防火分区通过防火墙将电缆隧道划分为多个分区，同时在防火墙上设置常开式防火门，满足电缆隧道日常运行时的通风要求。

（5）电缆隧道综合监控系统包括电缆接地环流监测、电缆接头局部放电监测、电缆本体温度监测、有毒有害气体监测、温湿度监测、水位水泵监控、风机监控、智能井盖监控、门禁监控系统、火灾报警监控系统、防火门监控、视频监控、智能机器人巡检。

第十一节　海　底　电　缆

1. 海底电缆的种类有哪些？它们的主要功能是什么？

答：海底电缆一般分为海底通信电缆和海底电力电缆。

海底通信电缆主要用于通信业务，1850 年盎格鲁-法国电报公司开始在英法之间铺设了世界第一条海底通信电缆，只能发送莫尔斯电报密码。现代的海底通信电缆通常使用光纤作为传输介质，也称为海底光缆，其典型结构如图 3-50 所示。

海底电力电缆主要用于在水下传输大功率电能，通常在其内部含有光纤（或在外部捆扎光缆），用于状态监测，也可称为光电复合海缆，其典型结构如图 3-51 所示。

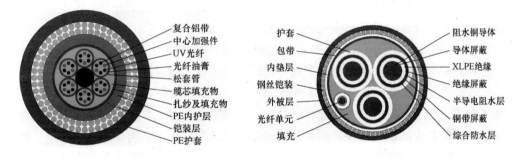

图 3-50　海底通信电缆（海底光缆）截面图　图 3-51　内含光纤的海底电力电缆（光电复合海缆）

2. 常见的海底电力电缆的种类有哪些？其主要适用范围是什么？

答：常见的海底电力电缆有浸渍纸包海缆、充油海缆、挤压式绝缘海缆和"油压"管海缆 4 种。

（1）浸渍纸包海缆：适用于不大于 45kV 交流电及不大于 400kV 直流电的线路。

（2）充油海缆：可适用于 750kV 的直流或交流线路，可敷设于水深达 500m 的海域。

（3）挤压式绝缘（交联聚乙烯绝缘、乙丙橡胶绝缘等）海缆：可适用于 500kV 的直流或交流线路。

（4）"油压"管海缆：适用于数公里长的小型电缆系统。

3. 什么是海底电力电缆？主要由哪几部分组成？

答：海底电力电缆是敷设在江、河、湖、海等水域环境中的电缆，外护套直接与水接触或埋设在水底，具有较强的抗拉抗压、纵向阻水和耐蚀性能。海底电力电缆通常是由导体，绝缘防水层和外部保护层三大部分组成。

4. 什么是海底电缆中间接头？常见的分类及用途有哪些？

答： 海底电缆中间接头是连接电缆与电缆的导体、绝缘、屏蔽层和保护层等功能层，以使海底电缆连续的附件装置，又称为海缆接头。根据使用场景不同，可分为工厂接头和修理接头两种。

（1）工厂接头，也成为工厂软接头，主要用于在海底电缆生产阶段，在工厂可控条件下对海底电缆进行连接生产所制作的中间接头，以满足大长度海缆生产的要求，一般海缆连同工厂接头一起进行连续的铠装。

（2）维修接头，海底电缆在运输、敷设和运行的过程中，一旦发生海底电缆故障时，用于对故障段海缆进行维修和接续。

5. 什么是海底电缆终端？常见的分类有哪些？

答： 海底电缆终端是指安装在海底电缆末端，以使电缆与其他电气设备或架空输电线相连接，并维持电气连接和绝缘保持直至连接点的海底电缆附件装置，又称为海缆终端头。按使用条件可分为户外终端头和户内终端头。

6. 什么是海底电缆锚固装置？其主要功能是什么？

答： 海底电缆锚固装置是海底电缆敷设过程中，用于固定海底电缆本体的装置，常用于斜坡地形的海缆登陆段，在海缆运行阶段可以避免因海流冲刷导致海缆本体直接拖拽海缆终端头，导致海缆终端头损坏的风险。

7. 什么是海底电缆油泵系统？它主要由哪几部分组成？

答： 海底电缆油泵系统是充油海底电缆的关键设备，其通过油管同海底电缆油道连通，自动调节海底电缆油道内油压和油量，保持运行海底电缆在正常油压范围内的设备，如图 3-52 所示。它的作用一是保证海底电缆内部保持恒定油压，防止海水渗入海底电缆内部；二是保证内部电气绝缘；三是通过油缓慢流动使海底电缆内部散热等用途。油泵系统一般主要由动力系统、油路系统、油罐及真空系统、数据采集及控制系统、电源系统 5 部分组成。

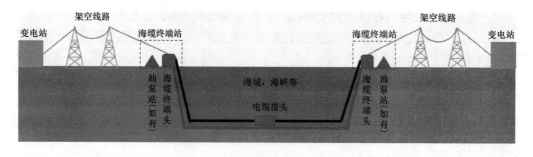

图 3-52　海底电缆线路接线示意图

8. 什么是海底电缆本体在线监测系统？它主要由哪几部分组成？

答： 海底电缆本体在线监测系统是对海缆本体电压、电流、温度、应力等状态进行实时在线监测的系统。它的作用一是实时在线监测海底电缆沿线的温度、应力分布情况，并能测量出异常点位置；二是对海底电缆本体的运行状况进行在线监测，及时发现隐患并主动告警；三是在海底电缆故障发生后辅助进行故障测距和评估。本体在线监测系统主要由本体状态采集装置、数据传输装置、数据处理分析装置和软件功能平台 4 个部分组成。

9. 什么是海缆路由？路由变化对海缆将产生哪些影响？

答：海底电力电缆路由是指海底电力电缆敷设完成后，形成的海底电力电缆路径，一般使用坐标进行标示，主要包括海域段、潮间带段和陆地段三部分。海底电力电缆路由若发生变化，可能导致海底电缆悬空、应力过大等安全隐患。

10. 海底电缆保护区是什么？其划定范围是什么？

答：根据《海底电缆管道保护规定》（中华人民共和国国土资源部令 2004 年第 24号）在海底电缆两侧划定的特定区域，禁止船只在该海域抛锚、拖锚，或者从事危及海底电缆安全的渔业生产及海洋工程作业等活动。海底电缆保护区划定范围为：沿海宽阔海域为海底电缆两侧各 500m，海湾等狭窄海域为海底电缆两侧各 100m，海港区内为海底电缆两侧各 50m。

11. 什么是海底电缆路由监视系统？它主要由哪几部分组成？

答：海底电力电缆路由监视系统是指利用雷达装置、船舶自动识别装置、视频监视装置等设备对海底电缆路由上方海域船舶、登陆段施工车辆等可能造成海缆损伤的目标活动进行实时监视的系统。它的作用实时监视海底电缆路由上方可能造成海缆损伤的目标活动情况、分布情况，并对异常情况进行主动告警。路由监视系统主要由雷达监视模块、船舶自动识别模块、视频监视模块、数据传输模块和集成及显示模块等部分组成。

12. 什么是海图？其主要有哪些种类？

答：海图是地图的一种特殊分支，其按照一定的数学法则，将地球表面的海洋及其毗邻的陆地部分的空间信息，经过科学的制图综合后，以人可以感知的方式缩小表示在第一定的载体上的图形模型，用以满足人们对地理信息的需求。主要用于辅助海缆运维人员开展海缆保护区巡视工作。按内容分类，海图可分为普通海图和专题海图。按用途分类，海图可分为通用海图、专用海图和航海图。

13. 什么是海图图式？其主要作用是什么？

答：海图图式是海图上用于表示各种地形、地物、水域和标志的位置、形状、性质等的图例、符号、缩写和注记等，如图 3-53 所示。

14. 什么是潮间带？

答：潮间带是指最高潮位和最低潮位间的海岸，也就是海水涨至最高时所淹没的地方开始至潮水退到最低时露出水面的海岸区域，用于辅助开展海缆登陆段巡视作业。

15. 什么是海缆路由地形地貌？地形地貌变化对海缆将产生哪些影响？

答：海底电缆地形是指海底电缆路由经过的海床和陆地段地势高低起伏的变化，即海床和地表的形态，如高原、山地、平原、丘陵、盆地地形。海底电缆地貌是指海底电缆路由经过的海床和陆地段上方，起伏不平的形态单元，比如陆地上的山地、平原地貌，海洋里的大洋盆地、大洋中脊、海沟地貌。海底电力电缆地形地貌若发生变化，可能导致海底电缆悬空、应力过大、涡激振动等安全隐患。

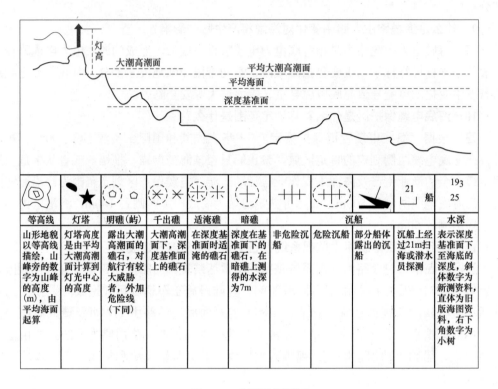

图 3-53　主要海图图示

16．什么是潮汐？潮汐对海缆运维将产生哪些影响？

答： 潮汐是在月球和太阳引力作用下形成的海水周期性涨落现象。白天的称潮，夜间的称汐，总称"潮汐"。

潮汐现象导致海水长期往复冲刷近岸段海缆，严重的可能导致海缆裸露从而保护失效。在开展浅水段海缆运检工作时，应事先查阅作业海域潮汐情况，关注水深变化，避免船舶搁浅。

17．什么是海底电缆警示标志？它们的作用分别是什么？

答： 海底电缆警示标志包括：海底电缆警示航标、缆向灯桩、登陆段警示桩和警示牌，如图 3-54 所示。海底电缆警示航标布设于海缆路由敷设水域，缆向灯桩布设于海缆两端登陆段，两者均可全天候向过往船只标示海缆位置和走向，并起到警示过往船只不得抛锚、拖锚、施工等作用。警示桩及警示牌用于标志海缆登陆段海缆走向及位置，主要内容有提示电缆高压危险，禁止在海缆保护区内取土、挖掘、爆破、重型机具穿越等可能危及海缆安全的行为。

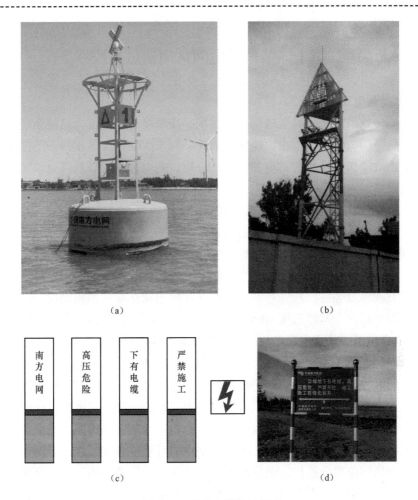

图 3-54 海底电缆警示标志

(a) 海底电缆警示航标；(b) 缆向灯桩；(c) 海底电缆登陆段警示桩示意图；(d) 警示牌

18. 雷达装置一般由哪些部分组成？对海底电缆保护有什么作用？

答: 雷达系统由天线装置、发射装置、接收装置、防干扰设备、显示器、信号处理器、电源等组成。常用于监控海缆保护区过往船舶是否出现抛锚、搁浅等危机海缆安全行为。

19. 什么是热带气旋？热带气旋对海缆将产生哪些影响？

答: 热带气旋是发生在热带与亚热带地区海面上的气旋性环流（或风暴），由水蒸气冷却凝结时放出潜热发展而出的暖心结构，常见的热带气旋有台风、热带风暴、热带低压等。

热带气旋将导致海面大风、风暴潮等恶劣气象发生，会加剧海缆本体的冲刷，严重的可能导致海缆裸露悬空从而保护失效；会加剧悬空海缆摆动，可能导致海缆本体损伤。热带气旋以登陆陆地时所造成的破坏最大，会掏空海缆登陆平台基础，可能导致平台垮塌、海缆应力加剧；会破坏终端站设施设备，可能导致海缆终端损伤。在开展海缆运维海上作业时，应提前掌握天气海况预报，提前掌握热带气旋情况，避免人身意外。

第十二节　输电网常用信息系统

1．什么是雷电定位系统？

答：雷电定位系统是一套全自动、大面积、高精度、实时雷电监测系统，能实时显示雷击的发生时间、位置、雷电流幅值和极性、回击次数以及每次回击的参数，能够在做到线路雷击故障快速查找和雷电参数统计分析，为电力系统以及其他领域的运维提供科学依据的系统。

2．组成雷电定位系统的物理结构主要有哪些？

答：雷电定位系统由探测站、中心站及应用系统、用户终端三大部分组成。

3．雷电定位系统中的数字式雷电探测站的主要作用是什么？

答：雷电探测站的作用是探测云对地雷电的电磁辐射信号，测定雷电波到达的时间、方位、电磁波波形及强度、极性等特征参数，支持记录存储和远程调用，并将这些数据实时地传输到中心站，同时采用 GPS 天线和高稳晶振为系统测量和计算提供精准时基。

4．雷电定位系统的雷电定位技术主要有什么？其原理是什么？

答：（1）定向定位。原理是每个雷电探测站都能测出雷击点相对于正北的方向，当两个探测站同时收到雷电信号后，将信息传送到位置分析仪，位置分析仪对各站的信号进行时间一致性判断，确认是同一次雷击后，由几何算法可以定出雷击点的位置。

（2）时差定位。原理是当雷电发生时，雷电波以光速向外传播，由于各探测站点与雷击发生点的距离不同，雷电波到达各探测站点的时刻就会有差别。当两个探测站收到雷电波的时刻送到位置分析仪，我们就可以知道雷电波到达这两站的距离差，可以得到一对双曲线，雷击点的位置在该双曲线之上。当有第三个探测站也收到该雷电波信号，我们再可以得到一对双曲线。两对双曲线的交点，即可得出雷击点的具体位置。时差定位的特点是必须有三个或以上的探测站得到雷电波到达的时间，才能定出雷击点的具体位置。

（3）综合定位。原理是通过结合时差定位与定向定位的统计综合定位方法，建立的"时间到达＋定向"综合定位，解决了时差定位与定向定位在一定条件下会造成真实雷击点的误判的情况后的综合定位方式。综合定位的特点是多站共同参与定位，赋予有效方向观测值一定的权值，参与定位计算，定位精度高，定位误差期望值在 1km 以内。

5．雷电定位系统在输电线路的主要应用有哪些？

答：雷电定位系统在输电线路的主要应用有雷电实时活动监测、雷击故障快速查询、雷电参数统计、雷害风险及防雷水平评估，以及为防雷设计提供依据。

6．一般在什么情况下输电运维需要用到雷电定位系统？

答：在以下情况输电运维需要用到雷电定位系统：

（1）线路发生故障后，需要判别是否为雷击故障。

（2）输电线路进行防雷设计时，需要雷击数据支撑。

（3）运维单位对输电线路进行雷电统计分析时。

（4）运维单位对雷电进行预警监测时。

7. 什么是地理信息系统？

答：地理信息系统是一种在计算机硬、软件系统支持下，将整个或部分地球表层（包括大气层）空间中的有关地理分布数据与电力设备的台账数据结合，可进行储存、管理、运算、分析、显示和测量等功能的系统。

8. 常见的地理信息系统的主要功能有哪些？

答：常见的地理信息系统有 PC 端和移动端两种模式，通过该系统运维人员可以实现长度测距、面积测量、角度测量、电网设备图形化编辑、设备查询、网架分析、路线规划、导航、单线图和沿布图的查看及实时路况等功能。

9. 在日常作业中，地理信息系统主要有什么作用？

答：在日常作业中，地理信息系统主要作用有：

（1）班组日常巡视时进行线路导航。

（2）输电线路测距、测转角度数。

（3）检修作业前交叉跨越的初步勘察。

10. 什么是资产管理系统？

答：一般来说，资产管理系统是一个以设备资产管理为核心，以资产（设备）管理、风险管理、计划管理、项目管理、移动作业、地理信息、两票管理、停电管理等多方面、多层次的业务和信息为基础的一个贯穿设备生命周期的综合管理系统。

11. 资产管理系统的主要功能有哪些？

答：资产管理系统的主要功能有：班组工作计划管理，设备台账管理，作业、设备及电网风险管理，缺陷管理，停电检修管理，设备主人业务管理，隐患及树障管理，运行日志记录，班组工器具管理，作业指导书。

12. 目前常用的资产管理系统在输电专业能实现什么功能？

答：根据资产管理系统功能日趋完善，已经基本能实现以下功能：维护检修、作业指导书、任务观察、设备主人管理、树障管理、运行日志、作业风险评估、设备风险评估、隐患管理、缺陷管理、设备台账、停电检修管理、工作票管理。

13. 什么是山火视频监控系统？

答：山火视频监控系统是一套能实现视频智能 AI 分析（烟火、车辆、反光检测）和装置、气象、值班等统计分析，GIS 地图改造，3D 云台控制，火点蔓延动态跟踪，微气象数据展示，全景相机等为解决电网防山火灾害中提供可靠数据、实现电网山火预报预警信息的实时监控系统。

14. 山火视频监控系统主要由哪些部分构成？

答：山火视频监控系统主要由前端山火监测装置、传输网络、状态监测评价主站系统构成。

15. 山火视频监控系统主要有哪些功能？

答：山火视频监控系统主要功能有：视频预览、电子地图、火情告警、信息管理、统计分析。

16.山火定位技术的工作原理是什么?

答: 山火定位技术是利用通视性算法确定火点在数字高程模型中的具体坐标(经、纬度、高度),通常火点或事件的定位需要由两个站点配合完成(类似人类的双眼定位原理),山火定位系统可由单个站点通过 DEM 高程库完成的三维模型实现单站点精确定位。

17.日常作业中在什么情况会用到山火视频监控系统?

答: 日常作业中在以下情况会用到山火视频监控系统:

(1)监测系统范围内出现了火情的情况。

(2)运维单位开展防山火保电工作期间需要防山火监测的情况。

(3)需要对线路周边火情统计分析确定设备风险,开展差异化运维的情况。

18.什么是机巡管理系统?

答: 为适应无人机技术在输电线路专业领域的不断发展和应用,目前多种信息化管理系统均已在全国各生产单位开展应用,一般来说,一个成熟的机巡管理系统应包含无人机管理系统、机巡支撑平台、三维航线规划工具、缺陷图像识别系统、树障分析系统组成,是一个可开展缺陷分析、航线规划、计划管理及设备台账管理等功能来辅助无人机巡检工作的综合管理系统。

19.常用机巡管理系统主要由哪些部分组成?

答: 常见的机巡管理系统一般包含以下几个子系统:无人机管理系统、机巡支撑平台、三维航线规划工具、缺陷图像识别系统、树障分析系统。

20.机巡管理系统的主要功能有什么?

答: 依托机巡作业管理系统、数据处理分析工作站和三维数字化通道系统三部分。开展无人机巡检计划管理,巡检报告管理,缺陷分析管理,隐患、树障分析管理,无人机台账管理,巡检数据管理,激光点云图层管理,地理数据图层管理,三维模型图层管理,巡检日志管理等。

第四章　输电现场作业安全管理

第一节　巡　视　作　业

1．什么是架空输电线路巡视？

答：架空输电线路巡视，是指由输电运维人员进行，为了掌握架空输电线路的运行状况，及时发现线路缺陷和威胁线路安全运行的隐患，以便采取针对性措施的现场工作。

2．为什么要开展架空输电线路巡视？

答：开展架空输电线路巡视主要目的是及时发现线路本体、附属设施及线路保护区出现的缺陷或隐患，并为线路检修、维护及状态评价等提供依据，近距离对线路进行的观测、检查、记录工作。

3．开展架空输电线路巡视的作业流程是什么？

答：输电运维部门根据风险评估结果、运维策略，以及上级职能管理部门下达巡视任务，制定设备巡视计划，按照巡视计划内容（线路名称和区段、巡视人员、巡视时间等）及表单开展现场巡视工作，记录巡视结果并开展数据分析和归档。

4．巡视人员应具备的基本条件是什么？

答：（1）线路运行人员必须做到熟悉设备、系统和基本原理，熟悉操作和事故处理，熟悉本岗位的规程制度；能分析运行状况、能及时发现故障和缺陷、能掌握一般的维修技能。

（2）线路运行人员要有高度的责任感和主人翁精神。

（3）身体健康，无妨碍工作的疾病。

（4）具有架空送电线路的基本理论知识。

（5）掌握紧急救护法，特别是触电急救。

（6）具备必要的安全生产知识，熟悉《中国南方电网有限责任公司电力安全工作规程》相关内容，并经年度考试合格。

5．架空输电线路巡视主要分为哪几类？

答：输电线路及设备巡视主要分为：正常巡视、故障巡视、特殊巡视，特殊巡视还包括夜间巡视、交叉巡视和监察巡视。

6．什么是正常巡视？

答：正常巡视是指经常性的线路巡视工作用来掌握线路各部件运行情况及沿线情况，及时发现设备缺陷和威胁线路安全运行的隐患。正常巡视的目的在于经常掌握线路各部件运行状况及沿线情况。

7. 什么是故障巡视？

答：故障巡视是为了查明线路发生故障（接地、跳闸）的原因，找出故障点并查明故障原因及故障情况而开展的巡视工作。

8. 什么是特殊巡视？

答：特殊巡视是在气候剧烈变化（如大雾、大风、暴雨等）、自然灾害（地震、台风、山火等）、线路过负荷和其他特殊情况时，对全线某几段或某些部件进行巡视，以发现线路异常现象及部件变形损害而开展的工作。

9. 什么是夜间、交叉巡视？

答：夜间、交叉巡视是为了检查导线的连接器的发热或绝缘子污秽放电情况，根据运行季节特点、线路的健康情况和环境特点确定重点。巡视根据运行情况及时进行，一般巡视全线、某线段或某部件。

10. 什么是监察巡视？

答：监察巡视是线路维护单位、线路产权单位及线路运行单位了解线路运行情况，检查指导巡线人员的工作。监察巡视每年至少一次，一般巡视全线或某线段。

11. 架空输电线路巡视的主要内容是什么？

答：架空输电线路巡视的主要内容有：

（1）检查沿线环境有无影响线路安全的情况；

（2）检查杆塔、拉线和基础有无影响线路安全的情况；

（3）检查导线、地线（包括耦合地线、屏蔽线）有无缺陷和运行情况的变化；

（4）检查绝缘子、绝缘横担及金具有无缺陷和运行情况的变化；

（5）检查防雷设施和接地装置有无缺陷和运行情况的变化；

（6）检查附件及其他设备有无缺陷和运行情况的变化；

（7）检查相位、警告、指示及防护等标志有无缺损、丢失，线路名称、杆塔编号字迹是否清晰。

12. 沿线环境影响线路安全的情况有哪些？

答：沿线环境影响线路安全的情况有：

（1）防护区内的建筑物、易燃、易爆和腐蚀性气体；

（2）防护区内的树木；

（3）防护区内进行的土方挖掘、建筑工程和施工爆破；

（4）防护区内架设或敷设架空电力线路、架空通信线路和各种管道及电缆；

（5）线路附近出现的高大机械及可移动的设施；

（6）线路附近污染源情况；

（7）其他不正常情况，如河水泛滥、山洪、杆塔被淹、基础损坏、森林起火等。

13. 杆塔、拉线和基础常见缺陷有哪些？

答：杆塔、拉线和基础常见缺陷有：

（1）基础表面水泥脱落、酥化或钢筋外露。

（2）装配式基础的铁件、螺栓、垫铁等锈蚀严重，底座、枕条、立柱等出现歪斜、变形。塔倾斜、横担歪扭及杆塔部件锈蚀变形、缺损。

（3）杆塔部件固定螺栓松动、缺螺栓或螺帽，螺栓丝扣长度不够，锚焊处裂纹、开焊、绑线断裂或松动。

（4）拉线及部件锈蚀、松弛、断股抽筋、张力分配不均，缺螺栓、螺帽，部件丢失和被破坏等现象。

（5）杆塔及拉线的基础变异，周围土壤突起或沉陷，基础裂纹、损坏、下沉或上拔，护基沉塌或被冲刷。

（6）基础保护帽上部塔材被埋入土或废弃物堆中，塔材锈蚀。

（7）防洪设施坍塌或损坏。

（8）基础发生不均匀沉降，基础顶面高差超过 10mm（设计有预偏的除外）。

（9）回填土塌陷低于地表面或受到冲刷，一般形成 $0.2m^3$ 以上的无坑洞。

（10）基础承土台范围内出现低洼积水现象。

（11）保护帽脱落、损坏，直至露出地脚螺栓。

（12）杆塔倾斜、横担歪扭及部件锈蚀、变形情况；同时检查安装的鸟刺是否覆盖横担及导线上部。

（13）混凝土杆出现的裂纹及其变化、混凝土脱落、钢筋外露、脚钉缺少。

（14）杆塔周围杂草过高，杆塔有危及安全的鸟巢及蔓类植物附生；

（15）防洪墙及设施坍塌或损坏。

14．导线、地线常见缺陷有哪些？

答：导线、地线常见缺陷有：

（1）导线、地线锈蚀、断股、损伤或闪络烧伤。

（2）导线、架空地线的弛度变化。

（3）导线、地线上扬、振动、舞动、脱冰跳跃等情况。

（4）导线、地线接续金具过热、变色、变形、滑移。

（5）导线在线夹内滑动，释放线夹船体部分自挂架中脱出。

（6）跳线断股、歪扭变形，跳线与杆塔空气间隙变化，跳线间扭绞；跳线舞动、摆动过大。

（7）导线对地、对交叉跨越设施及对其他物体距离变化。

（8）导线、地线上悬挂有异物。

15．绝缘子常见缺陷有哪些？

答：绝缘子常见缺陷有：

（1）绝缘子脏污，瓷质裂纹、破碎，钢化玻璃绝缘子爆裂，绝缘子钢帽及钢脚锈蚀，钢脚弯曲。

（2）合成绝缘子伞裙破裂、烧伤，金具、均压环变形、扭曲、锈蚀等异常情况。

（3）绝缘子有闪络痕迹和局部火花放电留下的痕迹。

（4）绝缘子串倾斜。

（5）绝缘子槽口、钢脚、锁紧销不配合，锁紧销子退出等。

16. 金具常见缺陷有哪些？

答：金具常见缺陷有：金具锈蚀、变形、磨损、裂纹，开口销及弹簧销缺损或脱出，特别要注意检查金具经常活动、转动部位和绝缘子串悬挂点的金具。

17. 防雷设施和接地装置常见缺陷有哪些？

答：防雷设施和接地装置常见缺陷有：

（1）架空地线、接地引下线、接地装置间的连接固定情况。

（2）接地引下线的断股、断线、锈蚀情况。

（3）接地装置严重锈蚀，埋入地下部分外露、丢失。

18. 附件及其他设施常见缺陷有哪些？

答：附件及其他设施常见缺陷有：

（1）预绞丝滑动、断股或损伤；

（2）防振锤移位、偏斜、钢丝断股、绑线松动；

（3）绝缘子上方防鸟罩、防鸟刺是否发生歪斜和掉落，防鸟设施损坏、变形或缺少；

（4）相位、警告牌损坏、丢失，线路名称、杆塔编号字迹不清；

（5）均压环、屏蔽环锈蚀及螺栓松动、偏斜；

（6）线夹脱落、连接处磨损和放电烧伤；

（7）附属通信设施损坏；

（8）各种检测装置缺损。

19. 架空输电线路巡视过程中的注意事项有哪些？

答：架空输电线路巡视过程中的注意事项有：

（1）避免雷雨、雪、大雾、酷暑、大风等天气对巡视人员可能造成的伤害；

（2）单人巡线时，禁止攀登电杆和铁塔；

（3）穿越公路、铁路时，做到一站二看三通过，禁止横穿高速公路，避免造成不必要的伤害；

（4）注意人身安全，防止跌入阴井、沟坎和被犬类、蛇等动物攻击；

（5）注意沿线跨越的高、低压线路运行情况避免导线落地对巡视人员可能造成的危害；

（6）处理好与沿线村民关系，避免发生直接冲突。

20. 在山（林）区开展巡视有哪些注意事项？

答：在山（林）区开展巡视注意事项如下：

（1）应由二人或二人以上进行；

（2）防止虫蛇叮咬，备好药品；

（3）备好登山拐杖；

（4）严禁携带火种。

21. 在夜间开展巡视有哪些注意事项？

答：在夜间开展巡视注意事项如下：

（1）应由二人或二人以上进行；

（2）备好照明设备和通信设备；

（3）巡线人员应在线路两侧行走，以防止触及断落的导线。

22. 在雷雨天开展巡视有哪些注意事项？

答：在雷雨天开展巡视注意事项如下：

（1）应由二人或二人以上进行；

（2）巡视时遇有雷电或远方雷声时，应远离线路或停止巡视，以保证巡线人员的人身安全；

（3）要时刻注意山体滑坡，远离易塌方区。

23. 在大风天气下开展巡视有哪些注意事项？

答：在大风天气下开展巡视注意事项如下：

（1）应由二人或二人以上进行；

（2）巡线人员应在上风侧沿线行走，不得在线路的下风侧行走，以防断线倒杆危机巡线人员的安全。

24. 在汛期气候下开展巡视有哪些注意事项？

答：在汛期气候下开展巡视注意事项如下：

（1）由二人或二人以上进行；

（2）向当地水利部门了解汛期发生情况，巡视人员应事先拟定好安全巡视路线并配备救生衣、救生圈，以免危及人身安全；

（3）巡视过程中，如会遇到桥梁坍塌而形成的河流或小溪阻隔，不得趟（游）不明深浅的水域，过没有护栏的桥时，要小心防止落水。

25. 在暑天气候下开展巡视有哪些注意事项？

答：在暑天气候下开展巡视注意事项如下：

（1）由二人或二人以上进行；

（2）配备足够的饮用水；

（3）配备好防暑用品（如风油精、十滴水、遮阳扇、遮阳帽等）。

26. 在雪天气候下开展巡视有哪些注意事项？

答：在雪天气候下开展巡视注意事项如下：

（1）由二人或二人以上进行；

（2）向当地气象部门了解雪情发展情况，巡视工作前事先拟定好安全巡视路线并配备防滑靴、防寒服、防寒手套，充分做好保温准备，同时在车辆加装防滑链条；

（3）巡视过程中，在严重覆冰线段设置观冰点，并警惕防止因倒杆断线危及人身安全。

27. 在自然灾害（地震、台风、洪水、泥石流等）气候下开展巡视有哪些注意事项？

答：在自然灾害（地震、台风、洪水、泥石流等）气候下开展巡视有以下注意事项：

（1）巡视应至少两人一组。

（2）必须使用通信设备随时与派出部门之间保持联络。

（3）巡视前应充分考虑各种可能发生的情况，向当地相关部门了解灾情发展情况，并制定相应的安全处理措施与紧急救援准备，经设备运维管理单位批准后方可开始巡线。

（4）出发前与派出人员约定巡线时长和若干个固定交接地点，在失联的情况下，便于派出人员及时组织救援。

28. 开展故障巡视有哪些注意事项？

答：开展故障巡视注意事项如下：

（1）由二人或二人以上进行；

（2）故障巡视必须始终认为线路、设备带电；

（3）严禁触碰设备检查，即使该线路确已停电，亦应认为该线路随时有送电的可能；

（4）巡视过程中与线路、设备保持足够的安全距离；

（5）巡视时如发现导线或地线掉落地面时，应至少保持 8m 安全距离，并设法防止行人靠近断线场所。

29. 架空输电线路巡视的周期一般是多长时间？

答：（1）城市（城镇）及近郊区域的巡视周期一般为 1 个月；

（2）远郊、平原、山地丘陵等一般区域的巡视周期一般为 2 个月；

（3）高山大岭、无人区、沿海滩涂、戈壁沙漠等车辆人员难以到达区域的巡视周期为 3 个月，在大雪封山等特殊情况下，可适当延长周期，但不应超过 6 个月；

（4）重要交叉跨越巡视周期宜适当缩短，一般为 1 个月；

（5）单电源、重要负荷、网间联络、缺陷频发线路（区段）等线路的巡视周期宜适当缩短；

（6）以上应为设备和通道环境的全面巡视，对特殊区段宜增加通道环境的巡视次数。

30. 巡视人员携带的常用工器具有哪些？

答：巡视人员常用的工器具有：安全帽、工作服、工具袋、望远镜、测距仪、扳手等，具体如图 4-1 所示。

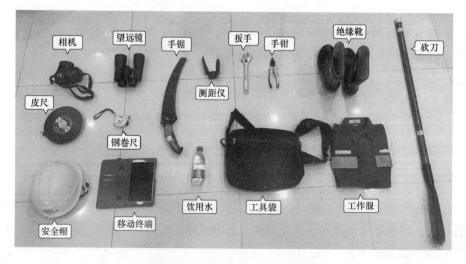

图 4-1　常用工器具及个人防护用品

31．巡视后应做好哪些方面的总结？

答：（1）应将巡视线路（设备）的结果录入巡视记录簿里，运维部门应根据巡视结果采取对策消除缺陷；

（2）线路及设备运行管理方面是否存在薄弱环节；

（3）规章制度是否齐全，现场标识、标志，警示是否齐全、醒目；

（4）图纸资料与现场是否相符；

（5）巡视工作是否到位；

（6）试验工作是否按规定开展；

（7）负荷测试、红外测温等工作是否符合要求；

（8）运行资料记录是否齐全、完整。

32．什么是架空输电线路机巡作业？

答：架空输电线路机巡作业是指利用飞机作为载体，通过搭载可见光照相设备、红外热像仪、紫外探测仪等设备，对架空输电线路导线、地线、金具、绝缘子、杆塔本体、拉线、基础、附属设施和线路走廊等进行常规性检查的工作。

33．相比传统人工巡视，机巡作业的优势是什么？

答：（1）机巡作业极大地提高了输电线路的巡检效率，减轻了工作人员的劳动强度，同时又大幅降低线路巡检的人、财、物成本，性价比高，具有极高的经济价值。

（2）机巡作业能调控制高点，通过不同航高可实现高空间、大面积巡检，也可实现低空间、较小范围精确巡检，所看到的情况比巡检人员更全面、更清晰，能及时发现输电线路通道的问题，巡视结果不受人为因素影响，提高了工作质量。

（3）机巡作业替代了部分登杆塔作业，有效降低了中高风险作业的频次。

（4）在特别恶劣环境条件和紧急情况下，能够完成传统巡检人工无法完成的巡检工作，保障了巡检人员的人身安全，提高了巡检工作的安全性。

（5）机巡搭载的摄像装备其影像分辨率可以达到厘米级别，数据采集和数据处理精准、快速，其采集和处理能力是人工检测采集的数十倍。采用高性能自动处理技术，可完成数据的预处理、精加工及高效数据生成，节省巡检时间的同时，也提高了巡检效率。

34．机巡作业主要分为哪几类？

答：目前电力行业经常开展的机巡作业包括有人直升机巡检作业、固定翼无人机巡检作业和多旋翼无人机巡检作业。

35．有人直升机巡检作业的特点是什么？

答：（1）直升机机动灵活效率高。可以更方便地穿越崇山峻岭，跨越林区、沼泽、湖泊和地面无法到达特殊区域，几乎不受地域的限制。

（2）巡检质量高。目前直升机上都配备了先进的巡检设备，并且可以近距离地接近输电线路，这样就可以方便有效地发现输电线路导地线断股断线、金具松动发热、绝缘子损坏等缺陷；另外还可以利用先进的激光雷达进行输电线路走廊的三维扫描，全面地观察线路走廊内妨碍输电线路运行的一些障碍物，为输电线路的设计和运行维护提供重要参考。

（3）巡检安全性高。人工登杆塔近距离观察危险性很高，直升机巡视可以避免这种登高作业。

36．固定翼无人机巡检作业的特点是什么？

答：固定翼无人机巡检作业的特点有：

（1）有别于多旋翼低空飞行，固定翼作业必须开展空域申请，在获得空管或政府管理机构批准方可作业；

（2）操作相对复杂，起飞和降落需满足特点要求。

（3）飞行速度比较快，可达到 70～150km/h，并且续航时间长，质量大，适合进行长距离作业，快速了解输电线路的总体情况。

（4）不能悬停作业，一般搭载可见光和激光雷达，主要巡视架空输电线路通道环境等。

（5）一般置于线路的正上方，以俯视的角度巡线拍摄，也可根据实际需要降低巡线速度和高度，沿线路做低空慢速巡检。

37．多旋翼无人机巡检作业的特点是什么？

答：多旋翼无人机巡检作业的特点如下：

（1）多旋翼无人机速度可控范围大，智能化程度高，可实现自动返航、自动驾驶精细化巡视和通道巡视等多种先进功能。

（2）多旋翼无人机操作十分简便有效，有较强的容错能力。

（3）系统性能稳定可靠、机动灵活，运营成本低。

（4）可垂直起飞和降落，无需任何辅助装置，不需要专门的机场和跑道，对环境要求极低，可在野外随意起飞和降落。

（5）飞行精度高，可长时间悬停、前飞、后飞、侧飞、盘旋等。可以利用空中优势，全方位、高精度检查输电线路运行情况。

38．架空输电线路巡检作业常用的多旋翼无人机有哪些？

答：目前电力行业常用的多旋翼无人机机型有：精灵 4 RTK 版（Phantom 4 RTK）无人机、御 2（Mavic 2）行业进阶版无人机、经纬（Matrice）M210 RTK V2 无人机、经纬（Matrice）M300 RTK 无人机、经纬（Matrice）M600 Pro 喷火无人机等。

39．电力行业常用的精灵 Phantom 4 RTK 无人机有哪些特点？典型应用场景有哪些？

答：精灵 Phantom 4 RTK 是一款小型多旋翼高精度航测无人机，如图 4-2 所示，配备 1 英寸 2000 万像素影像传感器，可拍摄 4K/60fps 视频，并以 14 张/s 的速度拍摄静态照片。质量约 1.4kg（含螺旋桨和电池）、飞行时间约 30min、垂直和水平悬停精度均达 $\pm 0.1m$。

精灵 Phantom 4 RTK 无人机其悬停能力出色，拥有 5 向环境识别与 4 向避障能力，安全性高，飞行智能。拥有高精度 RTK 定位导航系统、航线规划、相机微秒级同步的功能，可应用于自动驾驶、倾斜摄影航线规划、倾斜摄影三维建模，是目前电力行业保有率最高的无人机机型。

图 4-2　精灵 Phantom 4 RTK 无人机

40．电力行业常用的御 2（Mavic 2）行业进阶版有哪些特点？典型应用场景有哪些？

答：御 2（Mavic 2）行业进阶版无人机是一款自带监视器、方便携带、搭载可变焦双光摄像头的小型多旋翼高精度摄影测温无人机，如图 4-3 所示，最大起飞质量 1.1kg、折叠后尺寸仅 214 mm×91 mm×84mm（长×宽×高）、最大水平飞行速度 20m/s、垂直和水平悬停精度均达±0.1m。配备 4800 万像素 32 倍变焦可见光相机和 640×512 热成像分辨率的 16 倍变焦红外相机，采用了高清、流畅的热成像传感器，可以点测温、区域测温，测温精度±2℃。

图 4-3　御 2（Mavic 2）行业进阶版无人机

御 2（Mavic 2）行业进阶版无人机拥有全向感知系统，感知避障能力更强、安全性更高，飞行更智能。具备厘米级导航定位系统和热成像系统，可在复杂场景完成自动飞行巡检作业，同时抓拍可见光与红外照片，便携、可靠，高效洞悉作业现场细节。针对不同作业场景还可以更换配件，如探照灯、喊话器、夜航灯等。

41．电力行业常用的经纬（Matrice）M210 RTK V2 无人机有哪些特点？典型应用场景有哪些？

答：经纬（Matrice）M210 RTK V2 无人机是一款自带高亮屏监视器、机臂可折叠、脚架可拆卸、下置双云台可搭载双光摄像头的多旋翼无人机，如图 4-4 所示，设计紧凑，扩展灵活，常用于自动驾驶红外测温作业。装机尺寸 883mm×886mm×427mm（长×宽×高）、最大水平飞行速度 22.5m/s、最大可承受风速 12m/s。

经纬（Matrice）M210 RTK V2 无人机飞行平台延续经纬系列可靠耐用的机身设计 IP43 等级防护，最大可承受风速达 12m/s，动作反应敏捷、抗风能力强、稳定性高，进一步提升了空中作业生产力。下置双云台可同时搭载双光热成像相机和可见光相机，配置 RTK 模块实现厘米级定位，可在复杂场景完成自动飞行巡检作业，同时抓拍可见光与红外照片。采用了高清、流畅的热成像传感器，可以点测温、区域测温，如图 4-5 所示，辅助作业决策，针对不同作业场景还可以更换负载。

图 4-4　经纬（Matrice）M210 RTK V2 无人机

图 4-5　区域测温

42.电力行业常用的经纬（Matrice）M300 RTK 无人机有哪些特点？典型应用场景有哪些？

答：经纬（Matrice）M300 RTK 无人机如图 4-6 所示，经过了全面升级，防护等级达 IP45、最大可承受风速达 15m/s、最大续航时间达 55min、最大 15km 的控制距离、实现三通道 1080 图传，其悬停能力出色，拥有 6 向定位避障能力，安全性更高，飞行更智能。最大起飞重量 9kg、飞行时间约 55min、最大水平飞行速度 23m/s、最大可承受风速

15m/s（7 级风）。

图 4-6　经纬（Matrice）M300 RTK 无人机

经纬（Matrice）M300 RTK 是一款长续航高精度航测多旋翼无人机，具备厘米级导航定位系统同时可搭载各特种作业负载，常用于搭载激光雷达进行点云采集三维建模，如图 4-7 所示，全面提升航测效率，实现三维场景的多视角浏览，可精准地测量出物体间的空间距离，如图 4-8 所示。

图 4-7　点云采集三维建模

图 4-8　三维场景的多视角浏览

43．电力行业常用的经纬（Matrice）M600 Pro 喷火无人机有哪些特点？典型应用场景有哪些？

答：经纬（Matrice）M600 Pro 喷火无人机如图 4-9 所示，最大起飞质量 15.5kg、展开尺寸 1668mm×1518mm×727mm，采用模块化设计，高效的动力系统集成防尘、主动散热功能，并提供最大 6.0kg 的有效载重，喷火系统独立设计的快拆支架，使得喷火器的安装拆卸更加便捷，只需 10s 即可完成拆卸工作，可装载 1600mL 汽油，秒持续喷火时间达 40s。

图 4-9　经纬（Matrice）M600 Pro 喷火无人机

喷火无人机以经纬（Matrice）M600 PRO 为飞行平台，集成了高压油泵、碳纤维油箱、点火器及远程电子控制单元，可稳定及远距离喷射火焰，快速烧毁高空障碍物，可实现输电线路飘挂物、鸟巢等缺陷的快速消缺，如图 4-10 所示，无需人工登塔作业，能安全可靠完成巡检任务。

图 4-10　经纬（Matrice）M600 Pro 喷火无人机现场工作图

44．多旋翼无人机巡检作业前有哪些安全注意事项？

答： 多旋翼无人机巡检作业前安全注意事项如下：

（1）无人机及配套设备外观和电量检查，检查无人机外观、遥控器外观、可见光摄像头外观、螺旋桨外观、遥控器电池电量、无人机动力电池电量、图传监视器电池电量、存储卡容量。

（2）无人机部件的连接检查，正确安装螺旋桨、安装动力电池、连接图传监视器。

（3）无人机通电测试，正确检查设置菜单中的操作方式、飞行模式、返航高度、低电压报警、监视器图传信号，展开遥控器天线，检查遥控器各个拨杆位置，测试可见光拍照功能。

（4）明确工作任务、工作工作范围、带电部位、安全措施及安全注意事项。

（5）确认当地气象条件是否满足所用无人机巡检系统起飞、飞行和降落的技术指标要求。

（6）合理选择起降点：根据地形环境，检查起飞和降落点周围环境，确保起降点周边及上空无障碍物，作业人员应站在起降场地 3m 以外的位置。

（7）航线规划：根据工作任务，合理规划航线，根据现场环境，确定飞行路径，确定各类设备的拍摄顺序，留充足的返航电量。

45．多旋翼无人机巡检作业过程中有哪些安全注意事项？

答： 多旋翼无人机巡检作业过程中安全注意事项如下：

（1）工作地点、起降点及起降航线上应避免无关人员干扰，必要时可设置安全警示区。

（2）巡检作业现场所有人员均应正确佩戴安全帽和穿戴个人防护用品，正确使用安全工器具和劳动防护用品。

（3）现场不得进行与作业无关的活动。

（4）飞行器飞向目标的过程，先拉高，跨越障碍物飞向目标点，尽量避免各种干扰，确保出现紧急情况时，也有足够的空间执行补救措施，不得低空穿越。

（5）应急操作，若飞行器出现指南针干扰时，迅速将飞行器切换到姿态模式，需立即远离干扰源，待指南针干扰警告消除后方可继续作业。若监视器图传断开，遥控未断开时，遥控仍能操纵飞机，可根据图传最后断开时画面，以及人工观测到的飞机方位，小幅度操作无人机远离设备与障碍，升高飞机超过周边障碍物高度，长按自动返航键，触发自动返航。

46．多旋翼无人机巡检作业时如遇特殊工况的应急处理措施有哪些？

答：（1）若作业区域天气突变，应及时控制无人机返航或就近降落，以确保无人机安全。

（2）若作业区域出现其他飞行器，应及时评估巡检作业的安全性，在确保安全后方可继续执行巡检任务，否则应采取避让措施。

（3）若作业人员出现身体不适等情况，应及时控制无人机安全降落，并使用替补作业人员；若无替补作业人员，则终止本次作业。

47．多旋翼无人机存储环境要求是什么？

答： 多旋翼无人机存储环境要求如下：

（1）仓库应安全、清洁、干燥、阴凉、防盗、防潮；

（2）仓库应配置消防设施，如自动灭火球；

（3）无人机及动力电池应定置管理，摆放整齐，不得堆积叠放；

（4）动力电池充、放电应使用智能充电柜；

（5）定期检查无人机和动力电池性能及其固件升级。无人机存放如图4-11所示。

图4-11　无人机存放

48. 无人机禁飞区是什么？

答： 禁飞区是禁止无人机飞行的区域，即无人机不得在该区域内起飞，也不得由其他区域飞入禁飞区，如：

（1）机场、铁路、公路、通航河道、军事单位和政府机构上空；

（2）监管场所上空，如监狱、看守所、拘留所、戒毒所等；

（3）带有战略地位的设施上空，如大型水库、水电站等；

（4）大型群众性活动场地上空，如运动会、露天联欢晚会、演唱会等；

（5）人流密集地方上空，如火车站、汽车站广场等；

（6）危险物品工厂、仓库等上空。

49. 无人机限飞区是什么？

答： 限飞区是对无人机的飞行高度、速度有一定的限制，在该区域内飞行的无人机必须遵守相应的限制规定，如：机场以跑道两端中点向外延伸20km，跑道两侧各延伸10km，形成大致20km宽、40km长的长方形区域为限飞区（与禁飞区不相交的部分），在限飞区中，飞行器的限制飞行高度为120m。

第二节　预防性实验作业

1. 什么是电力设备预防性试验？

答： 为了发现运行中设备的隐患，预防发生事故或设备损坏，对设备进行的检查、试验或监测，也包括取油样或气样进行的试验。

2. 为什么要开展电力设备预防性试验？

答： 电力设备预防性试验是电力设备运行和维护工作中一个重要环节，是保证电力设备安全运行的有效手段之一。按规定对电气设备进行预防性试验，通过试验来验证电气设备是否完好，是否符合使用标准，是否可以投入或继续使用。这样就能做到以预防为主，使电气设备能长期，安全，经济地运转。

3. 架空输电线路设备的预防性试验主要有哪些？

答： 目前输电专业常规开展的预防性试验有：红外检测、绝缘子表面的污秽度、接地电阻测量、绝缘子零值检测等。

4．架空输电线路设备预防性试验使用的常见仪器仪表有哪些？

答：目前输电专业开展预防性试验常见仪器仪表主要有：

（1）用于红外检测的有手持红外热像仪，如图 4-12 所示，红外测温无人机，如图 4-13 所示。

（2）用于接地电阻测量的有 ZC29B-1 型接地电阻测试仪，如图 4-14 所示，钳形接地电阻测试仪如图 4-15 所示。

（3）用于绝缘子零值检测的有绝缘子零值检测仪，如图 4-16 所示。

图 4-12　手持红外热像仪

图 4-13　红外测温无人机

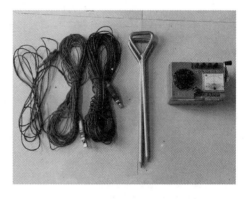

图 4-14　ZC29B-1 型接地电阻测试仪

图 4-15　钳形接地电阻测试仪

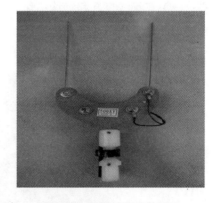

图 4-16　绝缘子零值检测仪

5．架空输电线路哪些设备需要开展红外检测？

答：绝缘子（复合绝缘子、瓷质绝缘子）、避雷器、接续金具需要开展红外检测。

6．开展红外检测对现场检测人员的要求有哪些？

答：开展红外检测对现场检测人员的要求有：

（1）熟悉红外诊断技术的基本原理和诊断程序，了解红外热像仪的工作原理、技术参数和性能，掌握热像仪的操作程序和使用方法。

（2）基本了解被检测设备的结构特点、工作原理、运行状况和导致设备故障的基本因素。

（3）熟悉和掌握 DL/T 664—2016《带电设备红外诊断应用规范》。

7. 开展红外检测的安全要求有哪些？

答：（1）学习工作现场安全规定，经培训合格；

（2）现场检测工作人员应至少两人，一人检测，另有一人监护。

8. 开展红外检测对环境条件的要求有哪些？

答：（1）被检测设备处于带电运行或通电状态或可能引起设备表面温度分布特点的状态。

（2）尽量避开视线中的封闭遮挡物，如门和盖板等。

（3）环境温度宜不低于 0℃，相对湿度不宜大于 85%，白天天气以阴天、多云为佳。检测不宜在雷、雨、雾、雪等恶劣气象条件下进行，检测时风速一般不大于 5m/s。当环境条件不满足时，缺陷判断宜谨慎。

（4）在室外或白天检测时，要避免阳光直射或通过被摄物反射进入仪器镜头；在室内或晚上检测时，要避开灯光直射，在安全允许的条件下宜闭灯检测。

（5）检测电流致热型设备一般在不低于 30% 的额定负荷下检测。很低负荷下检测应考虑低负荷率设备状态对测试结果及缺陷性质判断的影响。

9. 复合绝缘子红外检测的周期及抽检比例是多少？

答：110kV 及以上线路，一般来说每年按照不低于 5% 的数量抽检。

10. 复合绝缘子红外检测的故障特征是什么？

答：（1）在绝缘良好和绝缘劣化单结合处出现局部过热，随着时间的延长，过热部位会移动，属于伞裙破损或芯棒受，如图 4-17 所示。

（2）球头部位过热，属于球头部位松脱、进水。

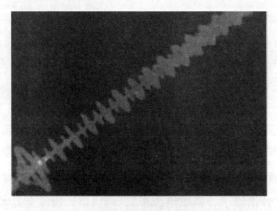

图 4-17　复合绝缘子芯棒端部受潮、发热

11. 瓷质绝缘子红外检测的周期及抽检比例是多少？

答：110kV 及以上线路：每年按照不低于 5% 的数量抽检。

12.瓷质绝缘子红外检测的故障特征是什么？

答：（1）正常绝缘子串单温度分布同电压分布规律，即呈现不对称的马鞍型，相邻绝缘子温差很小，以铁帽为发热中心的热像图，其比正常绝缘子温度高，属于低值绝缘子发热，如图 4-18 所示。

（2）发热温度比正常绝缘子要低，热像特征与绝缘子相比，呈暗色调，属于零值绝缘子发热。

（3）其热像特征是以瓷盘（或玻璃盘）为发热区的热像，属于表面污秽引起绝缘子泄漏电流增大，如图 4-19 所示。

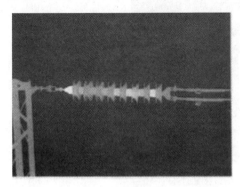
图 4-18　低值瓷绝缘子发热

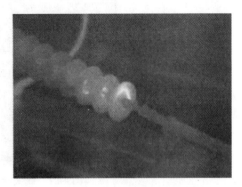
图 4-19　表面污秽发热

13.避雷器红外检测的周期是什么？

答：（1）500kV：1 年 6 次或以上；220kV：1 年 4 次或以上；110kV 及以下：1 年 2 次或以上；

（2）怀疑有缺陷时。

14.避雷器红外检测的故障特征是什么？

答：正常为整体轻微发热，分布均匀，较热点一般在靠近上部，多节组合从上到下个节温度递减，引起整体（或单节）发热或局部发热为异常，属于阀片受潮或老化如图 4-20 所示。

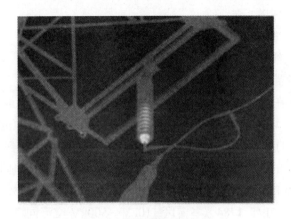
图 4-20　线路避雷器发热

15. 接续金具红外检测的周期是什么？

答：（1）正常运行的 500kV 及以上架空输电线路和重要的 220kV 架空输电线路的接续金具，每年宜进行一次检测。

（2）110kV 输电线路和其他的 220kV 输电线路，不宜超过两年进行一次检测。

16. 接续金具红外检测的故障特征是什么？

答：（1）以线夹和接头为中心的热像，热点明显，属于接触不良，如图 4-21 所示。

（2）以导线为中心的热像，热点明显，属于松股、断股、老化或截面积不够。

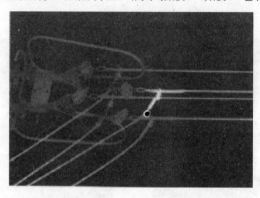

图 4-21　线夹异常发热、接触不良

17. 绝缘子表面的污秽度检测的周期是什么？

答：（1）模拟绝缘子串：1 年；

（2）运行绝缘子串：3 年。

18. 绝缘子表面的污秽度检测的标准是什么？

答：按照污秽等级与对应污秽度，检查所测结果与当地污秽等级是否一致。超过规定时，应根据情况采取调爬、清扫、涂料等措施。

从标准化考虑，现场污秽度从非常轻到非常重分为 5 个等级：a 级—非常轻；b 级—轻；c 级—中等；d 级—重；e 级—非常重。

19. 接地电阻测量的周期是什么？

答：（1）进线段杆塔 2 年。

（2）其他线路杆塔不超过 5 年。

（3）必要时（如线路雷击跳闸、绝缘子击穿等故障后）。

20. 架空输电线路接地电阻的运行标准是什么？

答：当杆塔高度在 40m 以下时，按下列要求，如杆塔高度达到或超过 40m 时则取表 4-1 值的 50%，但当土壤电阻率大于 2000Ω•m，接地电阻难以达到 15Ω 时可增加至 20Ω。

高度 40m 以下的杆塔，如土壤电阻率很高，接地电阻难以降到 30Ω，可采用 6～8 根总长不超过 500m 的放射形接地体或连续伸长接地体，其接地电阻可不受限。但对于高度达到或超过 40m 的杆塔，其接地电阻也不宜超过 20Ω，具体规定见表 4-1。

多雷区标准详见 DL/T 1784《多雷区 110kV～500kV 交流同塔多回输电线路防雷技术导则》。

表 4-1	不同土壤电阻率情况下接地电阻控制值
土壤电阻率（Ω·m）	接地电阻（Ω）
100 及以下	10
100～500	15
500～1000	20
1000～2000	25
2000 以上	30

21．使用接地电阻测试仪作业时的安全注意事项有哪些？

答：使用接地电阻测试仪作业时的安全注意事项有：

（1）禁止在雷电时或高压设备附近测绝缘电阻，只能在设备不带电，也没有感应电的情况下测量。

（2）摇测过程中，被测设备上不能有人工作。

（3）接地电阻测试仪测试线不应相互缠绕，应分开敷设。

（4）绝缘电阻表未停止转动之前或被测设备未放电之前，严禁用手触及。拆线时，也不要触及引线的金属部分。

（5）装拆接地引下线时，作业人员应戴绝缘手套，禁止人员触及与地断开的铁塔。

22．绝缘子零值检测的周期是什么？

答：110kV 以上线路投运 3 年内普测 1 次，然后 500kV 线路 6 年 1 次，220kV 线路 9 年 1 次。

23．绝缘子零值检测的要求是什么？

答：（1）对于投运 3 年内年均劣化率大于 0.04%、3 年后检测周期内年均劣化率大于 0.02%，或年劣化率大于 0.1%，应分析原因，并采取相应的措施。

（2）劣化绝缘子片数在规定的检测次数中达到 110kV 线路 2～3 片、220kV 线路 3 片、500kV 线路 6～8 片时必须立即整串更换。

第三节　测　量　作　业

1．为什么要开展架空输电线路测量作业？

答：测量作业贯穿于输电线路全生命周期管理，设计阶段对线路进行实地测量绘制图纸，施工阶段将设计图纸内容完全反应为实物，施工完毕后对工程实物（基础、铁塔、导地线弧垂等）进行持续质量检测，通过开展测量作业，以发现与设计不相符的情况，进而开展缺陷消除工作。

2．常见的测量内容包括哪些？

答：常见的测量内容有：导地线弧垂、交叉跨越距离、杆塔倾斜度、杆塔挠度、横担歪斜、基础分坑等。

3．开展测量作业有哪些常用的工器具？

答：常用的测量仪器有：全站仪、光学经纬仪、塔尺、花杆、皮尺、钢尺、测高杆等。

4. 应用测高杆开展测量作业有哪些安全注意事项？

答： 应用测高杆开展测量作业安全注意事项如下：

（1）使用前必须对绝缘操作杆进行外观的检查，外观上不能有裂纹、划痕等外部损伤；

（2）必须适用于操作设备的电压等级，且核对无误后才能使用；

（3）必须是经校验后合格且在有效期内的，不合格的严禁使用；

（4）雨雪天气必须在室外进行操作的要使用带防雨雪罩的特殊绝缘操作杆；

（5）使用后要及时将杆体表面的污迹擦拭干净，并把各节分解后装入一个专用的工具袋内。

5. 目前测量作业有哪些新技术应用？

答： 目前普遍应用的有无人机倾斜摄影和点云技术。

6. 新技术相比传统测量作业有哪些优势？

答： 传统工具进行测量作业时，数据准确性受现场环境和人员素质等方面影响较大，且存在较高的测量风险，无人机倾斜摄影和点云技术解决了传统测量方法的弊端，通过无人机巡检建立高精度三维模型，精准展现空间距离。

7. 倾斜摄影的技术原理是什么？

答： 通过无人机搭载高清数码相机，同时从不同角度拍摄高分辨率影响，选择像控点校正影像偏移及变形，使用专业数据处理软件生成实景三维模型，生成的成果可以直观地反映地形变化和任意空间距离，如图4-22所示。

图4-22 倾斜摄影

8. 点云技术原理是什么？

答： 点云技术是通过无人机搭载激光雷达发射激光脉冲、接收返回的脉冲信号，对地物进行扫描来获取地物空间信息，可快速获取地表各种地物高密度、高精度的三维空间信息，并且能部分地穿透植被获取林下地形信息，尤其在山区地形复杂地区优势极为明显，如图4-23所示。

图 4-23 点云技术应用

第四节 验 收 作 业

1．什么是工程验收？

答：基建工程在施工单位自行检查合格的基础上，由工程质量验收责任方组织，工程建设相关单位参加，对检验批（单元工程）、分项、分部、单位工程及其隐蔽工程的质量进行抽样检验，对技术文件进行审核，并根据设计文件和相关标准以书面形式对工程质量是否达到合格做出确认的一系列工作。

2．验收流程有哪些？

答：（1）工序作业前后，按要求对施工作业过程的关键环节或设备材料的质量进行验收，包括原材料和设备的进场验收、隐蔽工程验收和设备交接试验等。

（2）检验批（单元工程）、分项、分部、单位工程完工后，施工单位按规定开展三级自检。具备监理初检条件后，完成监理初检、阶段（中间）验收。

（3）工程完工并完成所有阶段（中间）验收后，开展启动验收。

（4）按国家和地方主管部门要求开展各项专项验收。

（5）完成各项专项验收后，开展竣工验收。

3．什么是过程验收？

答：过程验收包括关键环节或设备材料的质量验收、施工三级自检、监理初检、阶段（中间）验收。

4．什么是启动验收？

答：启动验收是指工程完成后，在投入运行前，由生产管理部门负责组织的验收，包括资料验收和现场验收两部分。

5．什么是交接验收？

答：交接验收是指工程从建设阶段转为正常的生产运行阶段前生产管理部门开展的启动验收、试运行、带电调试、移交等工作，包括图纸台账资料验收、现场实物验收、备品备件、工器具移交、各项调试、相关固定资产清点等各项工作。

6. 什么是工程移交？

答：工程移交是指工程完成交接验收各项工作且在试运行结束后，由工程管理部门与生产管理部门之间的将实物交接、图纸资料交接、工作交接活动和相应签证手续。

7. 什么是竣工验收？

答：竣工验收是工程正式投运后，在环境保护、水土保持、消防、工程档案等专项验收和工程决算的基础上进行的对工程建设程序、工程质量、运行状况等方面的综合验收。

8. 隐蔽工程的验收流程是什么？

答：（1）施工项目部在隐蔽工程实施 48h 前通知监理项目部，监理项目部于隐蔽工程实施前组织相关人员对隐蔽工程进行验收。

（2）地基验槽等重要隐蔽工程的验收，监理项目部应提前 2 个工作日通知项目管理中心业主项目部、生产运维部门、勘察、设计单位参加。

9. 输电线路基础验收过程中存在哪些安全风险？需要做好哪些安全措施？

答：（1）山路崎岖可能导致作业人员跌倒：穿着合格且合适的劳保服装及防滑鞋；带备登山杖等辅助登山设备。

（2）动物伤害（毒蛇、毒蜂、红火蚁等）：带备登山杖等辅助登山设备拨开厚密草丛；配备蛇药等应急药品。

10. 输电线路基础验收需要准备哪些工器具？

答：输电线路基础验收需要准备经纬仪、塔尺、卷尺、接地电阻表、地网探针、细绳、相机等。

11. 基础工程验收包括哪些内容？其验收标准分别是什么？

答：基础工程验收内容及验收标准见表 4-2。

表 4-2　　　　　　　　　基础工程验收内容及验收标准

验收项目	验 收 标 准
混凝土养护及表面	表面平整密实，无下沉、开裂，无露筋、蜂窝等缺陷
地脚螺栓与配筋规格	满足设计要求，制作工艺良好
立柱断面尺寸	满足设计要求，允许偏差为 -1%
立柱高度	满足设计要求，允许偏差为 -1%
立柱倾斜	允许偏差为 1%
承台断面尺寸	满足设计要求，允许偏差为 -1%
承台高度	满足设计要求
梁断面尺寸	满足设计要求，允许偏差为 -1%
保护层厚度	满足设计要求，允许偏差为 -5mm
同组地脚螺栓中心对立柱中心偏移	允许偏差为不大于 10mm
地脚螺栓露出基础顶面高度	误差不大于 +10mm，-50mm
基础顶面间高差	允许偏差为不大于 10mm

续表

验收项目	验收标准
基础根开及对角线尺寸	允许偏差±2‰，高塔±0.7‰
基础埋深	允许偏差为＋100mm，－50mm，坑底应平整
整基基础中心与中心桩间的位移	允许偏差：顺线路≤30mm，横线路≤30mm
整基基础扭转	允许偏差：一般≤10′，高塔≤5′
回填土	防沉层上部不小于坑口，高度300-500mm，无沉陷，整齐美观
防撞设施、基础护坡、挡土墙及排水沟	防撞设施、防护措施完好，排水沟完整、合理、畅顺
杆塔接地装置的埋设深度	不应小于设计规定
接地体部件规格、数量	数量齐全，规格符合设计要求
接地体敷设	两接地体水平距离应不小于5m。垂直接地体应垂直打入并防止晃动
接地体防腐	接地装置必须整体镀锌
接地电阻值	符合设计要求，接地电阻测量方法满足规程要求

12．输电线路中间验收流程是什么？

答：（1）监理初检完成后，项目管理中心业主项目部组织工程阶段（中间）验收，并对承包商开展三级自检履约评价，并依据网公司基建电网项目承包商评价标准对不符合项扣分。

（2）主网工程阶段（中间）验收的阶段划分应不少于《输变电工程质量监督检查大纲》规定的监督检查阶段。

（3）项目管理中心业主项目部应向生产设备专业管理部门报送月度工程项目验收计划。

（4）施工进度到达中间验收点（隐蔽工程、关键工序等）前监理项目部应向项目管理中心业主项目部提交验收申请，并由项目管理中心业主项目部提前2个工作日通知生产设备专业管理部门安排生产运维人员代表业主方参加验收。

13．输电线路铁塔中间验收过程中可能存在的安全风险有哪些？需要做好哪些安全措施？

答：主要有高空坠落、触电、物体打击等。

防高空坠落措施：攀登杆塔前，应检查杆塔塔身、脚钉等攀爬物结构是否良好、牢靠；杆塔上作业时，必须使用双保险安全带，并正确佩戴个人防护用具；对于上下已安装有防坠落装置的杆塔，登塔人员必须使用防坠落器。

防触电措施：新建线路必须装设接地线后，方可开展验收；改建线路验收前应核实接地线的装设位置，并检查接地线装设是否完好；待验收线路段附近有带电高压线路时，人员接触导线及金具前应装设个人保安接地线；同杆塔多回线路中部分线路停电的验收工作，在杆塔上工作时，严禁进入带电侧横担，或在带电侧横担上放置任何物件。

防物体打击措施：作业现场，所有作业人员应正确佩戴安全帽；上下传递物件应用绳索拴牢传递，禁止上下抛掷；杆塔上作业应使用工具袋，较大的工具应固定在牢固的构件上，高空使用工具应采取防止坠落的措施；在进行高处作业时，除有关人员外，不准他人在工作地点的垂直下方及坠物可能落到的地方通行或逗留，防止落物伤人；各种起重器具，使用前应检查吊钩，链条转动装置及刹车装置，不得超负荷使用；使用开门滑车时，应将开门勾环扣紧，防止绳索自动跑出；作业现场应有人监护，及时纠正不安全行为，作业人员相互提醒；

14. 输电线路铁塔中间验收需要准备哪些工器具？

答：输电线路铁塔中间验收需要准备无人机、经纬仪、塔尺、卷尺、扭力扳手、相机、安全带等。

15. 铁塔中间验收包括哪些内容？其验收标准分别是什么？

答：铁塔中间验收内容及验收标准见表 4-3。

表 4-3 铁塔中间验收内容及验收标准

验收项目	验收标准
塔材部件规格、数量	数量齐全，规格符合设计要求
相邻节点间主材弯曲度	铁塔组立后，各相邻节点间主材弯曲不超过 1/750
铁塔结构倾斜度	允许偏差：直线 3‰，高塔 1.5‰，终端、转角塔 5‰
横担歪斜检查	
杆塔整体挠度	符合设计要求
拉线本体、拉盘、连接件检查	拉线本体、拉盘、连接件无异常
螺栓连接	齐全、拧紧，单螺帽螺杆伸出螺母长度 2 扣丝牙以上
螺栓与构件面接触及出扣	螺杆与构件面垂直，螺栓头平面与构件无空隙；螺杆露出长度，对单螺母不小于两螺距，对双螺母可与螺母相平；必须加垫片者每端不宜超过两个垫片
螺栓穿入方向	立体结构：水平方向由内向外，垂直方向由下向上；平面结构：顺线路方向由送电侧或统一方向，横线路方向两侧由内向外，中间由左向右
螺栓防盗	符合设计要求，无遗漏
塔材及螺栓缺损、松动	符合设计要求，无遗漏
螺栓紧固情况	螺栓紧固标准：①M16，4.8 级、8000N·cm，6.8 级、12000N·cm；②M20，4.8 级、10000N·cm，6.8 级、17000N·cm；③M24，4.8 级、25000N·cm，6.8 级、30000N·cm。紧固率：组塔后 95%，架线后 97%
脚步钉检查	齐全、紧固
杆塔各构件交叉处检查	组装牢固，交叉处空隙应装设相应厚度的垫圈或垫板
塔材及横担构件的镀锌检查	未见锈蚀，锌层厚度满足要求，光亮整洁
杆塔裂纹及开焊检查	钢管塔（杆）、角钢塔主材、辅材无裂纹
保护帽	直线塔检查合格可即浇筑保护帽；耐张塔应在架线后浇筑保护帽。保护帽混凝土应与塔脚板上部铁板接合严密，且不得有裂缝
杆塔上的固定标志	工程移交时，杆塔上应有下列固定标志：杆塔号及线路名称或代号；线路色标及相序标志；禁止攀登警示牌；高塔上按设计规定装设的航行障碍标志
防高空坠落装置	数量齐全，规格符合设计要求
爬梯围栏	数量齐全，规格符合设计要求
杆塔上的遗留物	已清除
接地引下线安装	无锈蚀，接触良好、工艺美观

16．输电线路竣工验收过程中可能存在的安全风险有哪些？需要做好哪些安全措施？

答：（1）触电。验收的线路两端安装接地线、线路上存在感应电可能必须加挂个人保安线；攀登杆塔前，应核对线路名称、杆塔号、色标；杆塔上工作人员和所携带的工器具、材料与带电体的安全距离不得小于规程规定（110kV 线路≥1.5m、220kV 线路≥3m、500kV 线路≥5m）。

（2）高空坠落。攀登杆塔前，应检查杆塔塔身、脚钉等攀爬物结构是否良好、牢靠；杆塔上作业时，必须使用双保险安全带，并正确佩戴个人防护用具；对于上下已安装有防坠落装置的杆塔，登塔人员必须使用防坠落器。

17．输电线路竣工验收包括哪些内容？其验收标准分别是什么？

答：输电线路竣工验收内容及验收标准见表 4-4。

表 4-4 输电线路竣工验收内容及验收标准

验收项目	验 收 标 准
基础及其防护设施检查	（1）混凝土表面平整密实，无下沉、开裂，无露筋、蜂窝等缺陷。 （2）地脚螺栓与配筋规格满足设计要求，制作工艺良好。 （3）立柱断面尺寸满足设计要求，允许偏差为 -1%。 （4）立柱高度满足设计要求，允许偏差为 -1%。 （5）立柱倾斜允许偏差 1%。 （6）承台断面尺寸满足设计要求，允许偏差为 -1%。 （7）承台高度满足设计要求。 （8）梁断面尺寸满足设计要求，允许偏差为 -1%。 （9）保护层厚度满足设计要求，允许偏差为 -5mm。 （10）同组地脚螺栓中心对立柱中心偏移允许偏差为不大于 10mm。 （11）地脚螺栓露出基础顶面高度误差不大于 +10mm，-50mm。 （12）基础顶面间高差允许偏差为不大于 10mm。 （13）基础根开及对角线尺寸允许偏差±2‰，高塔±0.7‰。 （14）基础埋深允许偏差为 +100mm，-50mm，坑底应平整。 （15）整基础中心与中心桩间的位移允许偏差：顺线路≤30mm，横线路≤30mm。 （16）整基础扭转允许偏差：一般≤10′，高塔≤5′。 （17）回填土应完整、密实、无沉陷，防沉层 300~500mm 整齐美观。 （18）基础护坡、挡土墙及排水沟防护措施完好，排水沟完整、合理、畅顺
地网检查	（1）接地体埋设深度要求：平丘 0.8m，土质山区 0.6m，岩石山区 0.4m。 （2）两接地体水平距离应不小于 5m，垂直接地体应垂直打入并防止晃动。 （3）接地引下线无锈蚀，接触良好、工艺美观。 （4）接地体必须整体镀锌。 （5）接地电阻值应符合设计要求
杆塔检查	（1）塔材部件规格、数量齐全，规格符合设计要求。 （2）相邻节点间主材弯曲度，铁塔组立后，各相邻节点间主材弯曲不超过 1/750。 （3）铁塔结构倾斜度允许偏差：直线 3‰，高塔 1.5‰，终端、转角塔 5‰。 （4）自立式转角塔、终端塔向受力反方向倾斜检查，符合设计要求，架线挠曲后，塔顶端仍不应超过铅垂线而偏向受力侧。 （5）螺栓连接齐全、拧紧，单螺帽螺杆伸出螺母长度 2 扣丝牙以上。 （6）螺栓与构件面接触及出扣，螺杆与构件面垂直，螺栓头平面与构件无空隙；螺杆露出长度：单螺母不小于两螺距，双螺母可与螺母相平；必须加垫片者每端不宜超过两个。 （7）螺栓穿入方向，立体结构：水平方向由内向外，垂直方向由下向上；平面结构：顺线路方向由送电侧或统一方向，横线路方向两侧由内向外，中间由左向右。 （8）螺栓防盗及防松符合设计要求，无遗漏。

续表

验收项目	验 收 标 准
杆塔检查	（9）螺栓紧固情况，紧固率：组塔后95%，架线后97%。 （10）脚步钉齐全、紧固。 （11）杆塔各构件交叉处组装牢固，交叉处空隙应装设相应厚度的垫圈或垫板。 （12）塔材及横担构件的锌层厚度满足要求，光亮整洁。 （13）杆塔上有无遗留物
导地线检查	（1）导地线数量齐全，规格符合设计要求。 （2）导地线表面、外观无明显损伤之处，无松股、锈蚀、腐蚀、断股等现象。 （3）接续管、补修管数量，每档每线只许有一个接续管、三个补修管（张力放线二个）。 （4）接续管及耐张线夹曲度不得大于2%，明显弯曲时应校直，校直后连接管严禁有裂纹，达不到规定时应割断重接。 （5）接续管及耐张线夹压接后锌皮脱落时应涂防锈漆。 （6）压接管与线夹、间隔棒的间距与耐张线夹间的距离不应小于15m；与悬垂线夹的距离不应小于5m；与间隔棒的距离不宜小于0.5m。 （7）地线接地情况：满足设计要求。 （8）导、地线对地弧垂误差，一般：110kV，+5%，−2.5%；220～500kV，±2.5%；大跨越：<±1%（最大1m）。 （9）导、地线相间弧垂误差，一般：110kV，不大于200mm；220～500kV，不大于300mm；大跨越：不大于500mm。 （10）同相子导线间弧垂误差：220kV，不大于80mm；500kV，不大于50mm。 （11）跳线曲线安装应平滑美观、无歪扭，并沟线夹、引流板的连接螺栓紧固。 （12）跳线及带电体对杆塔的电气间隙应满足设计要求。 （13）合成绝缘子均压环放电极方向：边导线：垂直导线向外；中间导线：垂直导线向右（面向大号侧）
绝缘子及金具检查	（1）绝缘子、金具及其他器材的规格、数量、质量及外观应满足设计要求，无局部碰损、剥落或缺锌。 （2）开口销、弹簧销及其穿向应齐全并开口，穿向统一。 （3）屏蔽环、均压环绝缘间隙允许误差：±10mm。 （4）绝缘子干净、无损伤。 （5）悬垂线夹安装后绝缘子串垂直地平面，个别情况其顺线路方向与垂直位置的位移不应超过5°，且最大偏移值不应超过200mm。 （6）铝包带缠绕紧密，绕向与外层铝股绞向一致，出口不超过10mm，端头回夹于线夹内压住。 （7）防振锤应与地面垂直，安装距离偏差≤±30mm。 （8）间隔棒结构面与导线垂直，杆塔两侧第一个间隔棒安装距离偏差不应大于次档距的±1.5%，其余不应大于±3%，各相间隔棒安装位置应相互一致。 （9）跳线及连接板、并沟线夹、引流板的连接：跳线曲线平滑美观、无歪扭，螺栓紧固跳线及带电体对杆塔的电气间隙：满足设计要求。 （10）连接金具无锈蚀、腐蚀、倒接等现象。 （11）销子及弹簧销方向、尺寸符合规定。 （12）绝缘子均压环的开口、安装位置、方向符合规定。 （13）绝缘子外观无裂纹、破损等痕迹。 （14）绝缘子串倾斜度小于5°，并不大于200mm。 （15）避雷器安装符合图纸要求，计数表安装在横担嘴以上方便数据采集，读数表引线必须固定好
通信光缆检查	（1）通信光缆安装符合设计要求。 （2）光缆连接金具无明显变形、损伤
线路辅助设施检查	（1）杆塔号牌、标示牌、警示牌、相序牌等齐全，安装位置正确。 （2）线路避雷装置安装位置合理，符合规范要求。 （3）防鸟装置安装位置合理，符合规范要求。 （4）在线监测装置安装位置合理，符合规范要求

续表

验收项目	验 收 标 准
巡线通道及线路保护区环境检查	（1）线路防护区内的树木最终生长高度应与线路保持足够的安全距离，110kV ≤7m；220kV≤7.5m；500kV≤10m。 （2）线路防护区内的建（构）筑物应尽量清拆，保留的应与线路保持足够的安全距离，110kV≤5m；220kV≤6m；500kV≤9m。 （3）线路防护区内的火灾隐患、易飘物隐患应进行清理

18. 竣工试验应包括哪些内容？

答： 一般来说竣工试验应包括：

（1）测定线路绝缘电阻；

（2）核对线路相位；

（3）测定线路参数和高频特性；

（4）电压由零升至额定电压（无条件时可不做）；

（5）以额定电压对线路冲击合闸 3 次；

（6）带负荷试运行 24h。

19. 工程竣工后需移交资料包括哪些内容？

答： 一般来说工程竣工后需移交资料包括：

（1）工程施工质量验收记录；

（2）修改后的竣工图；

（3）设计变更通知单及工程联系单；

（4）原材料和器材出厂质量合格证明和试验报告；

（5）代用材料清单；

（6）工程试验报告和记录；

（7）未按设计施工的各项明细表及附图；

（8）施工缺陷处理明细表及附图；

（9）各类补偿、赔偿协议书。

第五节 停 电 类 作 业

1. 什么是架空线路停电作业及停电作业的基本安全要求？

答： 在需要停电的架空线路上的作业叫停电作业，线路停电时要求必须将该线路或工作地段的所有可能来电的电源断开，可能来电的电源指可能将电送至工作地段的发电厂、变电站、配电站、开关站、串补站、换流站以及用户设备等。

2. 在什么情况下，线路应停电？

答： 在以下情况线路应停电：

（1）在带电线路杆塔上工作时，人体或材料与带电导线最小距离小于表 4-5 规定的作业安全距离，同时无其他可靠安全措施的。

（2）邻近或交叉其他电力架空线路的工作时，人体或材料与带电线路的安全距离小于表 4-6 的规定，同时无其他可靠安全措施的。

（3）电缆线路及附属设备检修或试验工作需线路停电的。

（4）可能向工作地点反送电的线路或设备。

（5）其他需要配合停电的线路或设备。

表 4-5　　　　　　　　　人员、工具及材料与设备带电部分的安全距离

电压等级（kV）	非作业安全距离（m）	作业安全距离（m）
10 及以下	0.7	0.7（0.35）
20、35	1.0	1.0（0.6）
66、110	1.5	1.5
220	3.0	3.0
500	5.0	5.0
±50 及以下	1.5	1.5
±500	6.0	6.8
±800	9.3	10.1

注　1．"非作业安全距离"是指人员在带电设备附近进行巡视、参观等非作业活动时的安全距离（引自 GB 26860 —2011 中的表 1"设备不停电的安全距离"）；"作业安全距离"是指在厂站内或线路上进行检修、试验、施工等作业时的安全距离（引自 GB 26860—2011 中的表 2"人员工作中与设备带电部分的安全距离"和 GB 26859—2011 中的表 1"在带电线路杆塔上工作与带电导线最小安全距离"）。

　　2．括号内数据仅用于作业中人员与带电体之间设置隔离措施的情况。

　　3．未列出的电压等级，按高一档电压等级安全距离执行。

　　4．13.8kV 执行 10kV 的安全距离。

　　5．数据按海拔 1000m 校正。

表 4-6　　　　　　　　　邻近或交叉其他电力线路工作的安全距离

电压等级（kV）	10 及以下	20、35	66、110	220	500	±50	±500	±660	±800
安全距离（m）	1	2.5	3	4	6	3	7.8	10	11.1

注　1．表中未列电压等级按高一挡电压等级安全距离。

　　2．表中数据是按海拔 1000m 校正的。

3．架空线路计划停电作业前主要办理哪些停电手续？

答：根据已批复的停电计划办理调度检修申请单，依据调度检修申请单批准的时间及具体工作内容，办理线路第一种工作票。

4．架空线路运维阶段，常见的停电检修作业项目有哪些？

答：（1）架空线路停电装拆引流线作业；

（2）架空线路停电清除异物作业；

（3）架空线路停电修补导地线作业；

（4）架空线路停电维护或更换绝缘子作业；

（5）架空线路停电维护或更换导地线金具作业；

（6）架空线路停电安装或维护杆塔附属设施等。

5．架空线路停电检修作业常用的作业工器具有哪些？

答：架空线路停电检修作业常用的作业工器具有：手扳葫芦、闭式卡具、双钩、机动绞磨、导线提线钩、导地线卡线器、托瓶架、平梯、滑车、钢丝绳等。

6．承力工器具使用主要安全注意事项有哪些？

答：承力工器具使用主要安全注意事项有：

（1）承力工器具均必须有出厂合格证，铭牌标明允许荷重，勿超载工作。

（2）使用前应仔细检查，有裂纹、弯曲、不灵活、卡线器钳口斜纹不明显等，均不得使用。

（3）定期润滑、维修、保养，损坏零件应及时更换。

（4）使用完毕，轻放防摔，存放干燥地点。

（5）承力工器具应按试验标准定期试验，试验不合格的应及时报废，禁止使用。

7．使用手扳葫芦时，主要安全注意事项有哪些？

答：使用手扳葫芦时，主要安全注意事项有：

（1）使用前应检查吊钩及封口部件、链条应良好，转动装置及刹车装置应可靠，转动灵活正常。

（2）起重用链环等部件出现裂纹、明显变形或严重磨损时应予报废。

（3）刹车片不应沾染油脂和石棉。

（4）起重链不得打扭，并不得拆成单股使用。

（5）使用中如发生卡链，应将受力部位封固后方可进行检修。

8．滑车使用主要安全注意事项有哪些？

答：滑车使用主要安全注意事项有：

（1）使用前首先应检查滑车的铭牌所标起吊质量是否与所需相符，其大小应根据其标定的容许载荷量使用。

（2）使用前应检查滑车轮槽、轮轴、护夹板和吊钩等各部分有无裂纹、损伤和转动不灵活等现象，有存在上述现象者不准使用。

（3）滑车的轮槽直径不能太小，铁滑轮的直径应大于或等于钢丝绳直径的 10 倍。

（4）滑车穿好后，先要慢慢地加力，待各绳受力均匀后，再检查各部分是否良好，有无卡绳之处。如有不要，应立即调整好之后才能牵引。

（5）滑车吊钩中心与重物重心应在一条直线上，以免重物吊起后发生倾斜和扭转现象。

（6）滑轮和轮轴要经常保持清洁，使用前后要刷洗干净，并要经常加油润滑。

9．钢丝绳使用主要安全注意事项有哪些？

答：钢丝绳使用主要安全注意事项有：

（1）钢丝绳使用中不许扭结，不许抛掷。

（2）钢丝绳使用中如绳股间有大量的油挤出来，表明钢丝绳的荷载已很大，必须停止加荷检查。

10．采用脚扣登杆，主要安全注意事项有哪些？

答：采用脚扣登杆，主要安全注意事项有：

（1）穿脚扣时，脚扣带的松紧要合适，防止脚扣在脚上转动或滑脱。

（2）根据电杆的粗细调节脚扣的大小，使脚扣牢靠地扣住电杆。

（3）系好安全带，松紧要合适，将安全带绕过电杆，调节好合适的长度系好，扣环扣好，登杆前对安全带及脚扣做好冲击试验。

（4）登杆时，应用两手掌上下扶住电杆，上身离电杆，臀部向后下方坐，使身体成弓形。当左脚向上跨扣时，左手同时向上扶住电杆，右脚向上跨扣时，右手同时向上扶住电杆。

（5）如登拔梢杆，应注意适当调整脚扣。若要调整左脚扣，应左手扶住电杆用右手调整，调整右脚扣与其相反。

（6）快到杆顶时，要注意防止横担碰头，到达工作位置后，将脚扣扣牢登稳，在电杆的牢固处系好安全带，方可开始工作。

（7）登杆时两脚扣严禁搭在一起，也不要相碰以防滑脱。

（8）下杆时也要用脚扣一步一步下，距地面 1m 外不准丢扣跳杆或抱杆滑下。

11. 穿戴安全带登杆作业，主要安全注意事项有哪些？

答： 穿戴安全带登杆作业，主要安全注意事项有：

（1）杆塔上作业时，安全带应挂在牢固的构件上或专为挂安全带用的钢架或丝绳上，并不得低挂高用，禁止系挂在移动或不牢固的物件上，系安全带后应检查扣环是否扣牢。

（2）凡在离地面 2m 及以上的地点工作，应使用双保险安全带；使用 3m 以上安全绳时，应配合缓冲器使用；当在高空作业，活动范围超出安全绳保护范围时，必须配合速差式自控器使用。

（3）安全带、绳使用过程中不应打结，安全带的腰带受力点宜在腰部与臀部之间位置，作业人员在杆上移位及上下杆塔时不得失去安全带的保护。

12. 架空线路停电检修作业常用的作业文件有哪些？

答： 架空线路停电检修作业常用的作业文件有：现场勘察记录表、安全技术交底单、施工方案、工作票、线路工作接地线使用登记表、作业指导书等。

13. 如何定义业主及非业主？

答： 业主是指资产、设备等的所有权人，引申为资产、设备等的所有者（包括单位或个人），反之即为非业主。

14. 如何区分本单位及外单位？

答： "外单位"：与设备所属单位无直接行政隶属关系，从事非生产运行维护职责范围内工作的设备、设施维护工作或基建施工的单位。判断"外单位"与"本单位"的核心是设备当前的运行管理单位是谁，谁是设备当前运行管理单位，谁就是"本单位"，其他就是外单位。

对于"外单位"可分为下面五类进行区分，如图 4-24 所示。

（1）属于业主中的设备，若某部门（分部）同时承担运维职责和检修职责的（即"运检合一"）为本单位。

（2）属于业主中的设备，承担运维职责和检修职责的工作分属不同部门（分部）管辖（即"运检分开"），则其中只从事设备巡视、操作、日常维护、测试等作业的单位为本单位，只从事大修、技改、试验作业的单位为外单位。

（3）业主方与非业主方具备检修业务的合同关系，非业主（称承包商）单位人员承接了业主单位的检修等业务，非业主单位就是外单位。

（4）业主方将管辖设备的运维和检修任务全部通过合同委托给其他单位（非业主方），因运维责任都在受委托的非业主方，非业主方进行合同关系内的运维检修职责工作则为本单位，若业主单位需要进行运维和检修的作业，则应视为外单位。

（5）业主方与非业主方具备检修业务的合同关系，设备运维及检修委托其他单位（非业主方）维护，则资产业主单位如需对设备进行运维和检修的工作，此时资产业主应视为外单位。进行合同关系的运维检修职责的非业主方为本单位。若其中的某项检修业务又按合同关系委托第三家单位检修，则受委托检修业务的单位为外单位。

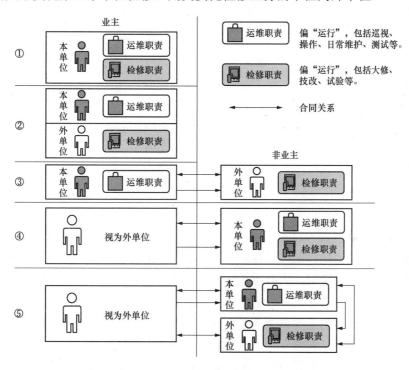

图4-24 "本单位"与"外单位"区分示意图

15. 对是否需要现场勘察有何规定？

答：（1）本单位认为有必要进行勘察工作的内部工作负责人，应根据工作要求组织现场勘察。

（2）外单位工作负责人必须进行现场详细勘察，填写现场勘察记录表，制定具有针对性的施工方案。

16. 安全交代后，分组负责人（监护人）、工作班成员需清楚哪些内容？

答：安全交代后，分组负责人（监护人）、工作班成员应满足五清楚，即工作内容、工作地点、施工方法、危险点、安全措施的要求。

17．架空线路停电作业可以办理哪种工作票？

答：架空线路停电作业需要办理线路第一种工作票或线路紧急抢修工作票。

18．需要办理线路第一种工作票的工作主要有哪些？

答：需要办理线路第一种工作票的工作有：

（1）高压线路需要全部停电或部分停电的工作；

（2）在直流接地极线路或接地极上的停电工作。

19．需要办理线路紧急抢修工作票的工作主要有哪些？

答：需要办理线路紧急抢修工作票的工作有：

（1）紧急缺陷和事故事件抢修工作；

（2）灾后抢修工作。

20．使用线路紧急抢修工作票有什么注意事项？

答："紧急抢修工作"为"立即"进行的，是指对紧急抢修的事前准备（人员、材料、工器具、作业文件等）工作完成后即开展的。如因其他原因导致多天后进行检修作业，不可再使用线路紧急抢修工作票。紧急抢修作业从许可时间起超过 12h 后应根据情况改用非紧急抢修工作票。抢修前预计 12h 内无法完成的停电工作，应直接使用线路第一种工作票。

21．可共用同一张线路第一种工作票的情况主要有哪些？

答：可共用同一张线路第一种工作票的情况主要有：

（1）在一条线路、同一个电气连接部位的几条线路或同一杆塔架设且同时停、送电的几条线路上的工作。

（2）在同一电压等级且同类型的数条线路上的不停电工作。

（3）同一停电范围内的设备，既有高压配电设备上的工作，又有高压配电线路上的工作，且以上工作应由同一工作票签发人签发及同一工作许可人许可时。

22．高压线路工作许可方式有哪几种？

答：高压线路工作票许可分为调度直接许可和调度间接许可两种许可方式。

23．什么是高压线路工作票调度直接许可？

答：调度直接许可是调度许可人直接对工作负责人许可，调度直接许可时，确认本调度应负责的安全措施已布置完成，直接通知工作负责人线路具备开工条件，允许开工。

24．什么是高压线路工作票调度间接许可？

答：调度间接许可是调度许可人通过一级或二级间接许可人（线路运行单位指定的许可人）对工作负责人许可。直接与工作负责人联系的许可人也称末级许可人。非末级许可人不得直接对工作负责人许可。

25．高压线路工作票调度间接许可流程一般是怎么样的？

答：高压线路工作票调度间接许可流程如下：

（1）调度许可人确认并通知一级间接许可人，调度检修申请单所列本级调度应负责的安全措施已布置完成。

（2）若有二级间接许可人时，一级间接许可人应通知二级间接许可人，调度检修申请单所列调度负责的安全措施已布置完成；二级间接许可人确认工作票所列调度应负责的安全措施已布置完成，通知工作负责人线路具备开工条件，允许开工。

（3）若无二级间接许可人时，一级间接许可人应确认工作票所列调度应负责的安全措施已布置完成，通知工作负责人，线路具备开工条件，允许开工。

26．线路停电检修工作，在什么情况下，末级许可人才能开展工作票许可工作？

答：在工作许可前，工作许可人要确认的检修线路可能来电的各侧均已停电并向调度确认调度负责的安全措施（包括停电线路以及配合停电线各侧含线路 T 接侧的发电厂、变电站、客户自发电、牵引站等应装设的接地线或应合的接地开关）布置完成。

27．已知线路已停电，但未得到末级许可人许可工作之前，是否可以组织开展作业？

答：工作负责人在未得到末级许可人许可工作之前，应将所检修设备视为带电，禁止任何人接近导线。工作负责人只接受唯一末级许可人的许可，若一张工作票停电及安全措施布置涉及多个调度管辖单位完成的，仍由其末级许可人所在单位协调其他单位完成工作票上所列安全措施后，再由末级许可人对工作负责人许可，得到末级许可人许可后，才可以组织开展作业。

28．架空线路停电作业主要存在哪些作业风险？

答：架空线路停电作业主要存在触电风险、高空坠落风险、坠物打击风险及动植物伤害风险等。

29．架空线路停电作业触电主要有哪几种情况？

答：（1）工作线路未停电前就开展作业而触电。

（2）工作线路与其他带电线路平行、同杆架设、邻近或交叉跨越时，误登线路杆塔、误入同杆架设带电线路或与其他带电线路安全距离不足而触电。

（3）作业地点存在感应电时，未采取有效防范措施而触电。

30．当工作线路与其他带电线路平行、邻近或交叉跨越时，防止误登线路杆塔的主要防范措施有哪些？

答：登杆塔前，应认真核对停电工作线路名称、杆塔号及工作位置，防止误登杆塔或误入同杆架设作业带电侧线路，登杆塔和在杆塔上工作时，每基杆塔都应设专人监护。

31．当工作线路与其他带电线路平行、邻近或交叉跨越时，防止与其他带电线路安全距离不足而触电的主要防范措施有哪些？

答：（1）工作人员和工器具与邻近或交叉的带电线路的距离不得小于规定的最小安全距离，如工作人员和工器具可能与邻近或交叉的带电线路接触或接近最小安全距离，则另一回线路也应停电并接地，接地线可以只在工作地点附近安装一处。

（2）工作人员和工器具与邻近或交叉的带电线路的距离如有可能接近带电导线至表 4-6 规定的安全距离以内，且无法停电时，应采取以下措施：一是采取有效措施，使人体、导（地）线、工器具等与带电导线的安全距离符合表 4-6 的规定，牵引绳索和拉绳与带电体的安全距离符合表 4-7 规定。

表 4-7 起重机械及吊件与带电体的安全距离

电压等级（kV）		≤10	35～60	110	220	500	±50 及以下	±400	±500	±800
最小安全距离（m）	净空	—	4.00	5.00	6.00	8.50	—	—	—	—
	垂直方向	3.00	—	—	—	—	5.00	8.50	10.00	13.00
	水平方向	1.50	—	—	—	—	4.00	8.00	10.00	13.00

注 1. 数据按海拔 1000m 校正。
2. 表中未列电压等级按高一挡电压等级的安全距离执行。

二是作业的导（地）线应在工作地点接地，绞车等牵引工具应接地。

三是在交叉档内松紧、降低或架设导（地）线的工作，只有停电检修线路在带电线路下方时方可进行，并应采取措施确保导（地）线产生跳动或过牵引而与带电导线的距离满足要求。

四是停电检修的线路如在另一回线路的上方，且应在另一回线路不停电情况下进行放松或架设导（地）线以及更换绝缘子等工作时，应采取安全可靠的措施。安全措施应经工作班组充分讨论后，经线路运维单位技术主管部门批准执行。措施应能保证：检修线路的导（地）线牵引绳索等与带电线路导线的安全距离应符合表 4-6 的规定，并要有防止导（地）线脱落、滑跑的后备保护措施。

32. 作业地点存在感应电时，防范感应电触电的主要措施有哪些？

答：作业地点存在感应电时，防范感应电触电的主要措施有：

（1）邻近或交叉的带电线路作业不应使用钢卷尺、皮卷尺和线尺（夹有金属丝者）进行测量工作。

（2）带电设备和线路附近使用的绞车等作业机具应接地，放落和架设过程中的导线亦应接地，更换架空地线或架设耦合地线时，应通过金属滑车可靠接地。

（3）500kV 及以上电压等级的直流线路单极停电侧工作时，应采取穿戴全套屏蔽服等防离子流措施。

（4）绝缘架空地线（包括 OPGW、ADSS 光缆）应视为带电体。在绝缘架空地线附近作业时，工作人员与绝缘架空地线之间的距离应不小于 0.4m。若需在绝缘架空地线上作业，应用接地线或个人保安地线将其可靠接地或采用等电位方式进行。

（5）用绝缘绳索传递大件金属物品时，杆塔或地面上工作人员应将金属物品接地后再接触，以防电击。

33. 在架空线路杆塔上作业，防范高空坠落的主要措施有哪些？

答：在架空线路杆塔上作业，防范高空坠落的主要措施有：

（1）作业前，应先检查登高工具、设施，如安全带、脚钉、爬梯、防坠装置等是否完整牢靠，并对登高工具进行冲击试验。线路杆塔宜设置作业人员上下杆塔和杆塔上水平移动的防坠落安全保护装置，上下杆塔必须使用防坠装置。

（2）攀登杆塔前，应检查杆根、基础和拉线是否牢固。遇有冲刷、起土、上拔或导（地）线、拉线松动的杆塔，应先培土加固，打好临时拉线或支好架杆后，再行攀登，新立杆塔在杆基未完全牢固或未做好临时拉线前不应攀登，杆塔上有人工作时不应调整或拆除拉线，攀登有覆冰、积雪的杆塔时，应采取防滑措施。

（3）在杆塔上转位及作业时，手扶的构件应牢固，且不得失去安全带的保护，当后备保护绳超过 3m 时，应使用缓冲器。安全带和保护绳应分挂在杆塔不同部位的牢固构件上。后备保护绳不应对接使用，在导（地）线上作业时应采取防止坠落的后备保护措施。

（4）在相分裂导线上工作，安全带可挂在一根子导线上，后备保护绳应挂在整组相（极）导线上，在进行拆除绝缘子串等可能造成导（地）线与杆塔受力连接件断开的工作前，位于导（地）线侧的作业人员，应将后备保护绳挂在杆塔横担上后解开系在导（地）线侧的安全带，以防导（地）线坠落时身体被拉伤。当安全带的主绳长度足够时，应同时将主绳和后备保护绳挂在杆塔（横担）上。

34．在高空作业过程中，防范坠物打击的主要措施有哪些？

答：在高空作业过程中，防范坠物打击的主要措施有：

（1）现场工作人员必须正确佩戴安全帽。

（2）高处作业应使用工具袋，较大的工具应固定在牢固的构件上，不准随便乱放。上下传递物件应用绳索拴牢传递，禁止上下抛掷，向杆塔上吊起或向下放落工具、材料等物体时，应使用无极绳圈传递。

（3）在进行高处作业时，除有关人员外，不准他人在工作地点的垂直下方及坠物可能落到的地方通行或逗留，作业区域设置安全围栏，悬挂安全标示牌，防止落物伤人。如在格栅式的平台上工作，应采取铺设木板等防止工具和器材掉落的有效隔离措施。

35．在基坑作业时，主要安全注意事项有哪些方面？

答：（1）挖基坑时，应及时清除坑口附近浮土、石块，坑边禁止他人逗留。在超过 1.5m 深的基坑内作业时，向坑外抛掷土石应防止土石回落坑内。作业人员不应在坑内休息。严禁上、下坡同时撬挖，土石滚落下方不得有人，并设专人警戒。

（2）在土质松软处挖坑，应采取加挡板、撑木等防止塌方的措施，不应由下部掏挖土层。

（3）在电缆井、闲置较久的基坑等可能存在有毒有害气体的场所，应采取防毒防害措施，并设监护人。在挖深超过 2m 的坑内工作时，应采取安全措施，如戴防毒面具、向坑中送风和持续检测等。监护人应密切注意挖坑人员，防止有毒气体中毒及可燃气体爆炸。

36．架空线路停电作业验电过程中，主要安全注意事项有哪些？

答：（1）架空线路上装设接地线前，应先验电，验明电气设备确无电压，验电时应戴绝缘手套并有专人监护。

（2）验电前，应先在相应电压的带电设备上确证验电器良好。无法在带电设备上进行试验时，可用工频高压发生器等确证验电器良好。

（3）直接验电时，应使用相应电压等级的验电器在设备的预接地处逐相（直流线路逐极）验电。

（4）验电器的伸缩式绝缘棒长度应拉足，保证绝缘棒的有效绝缘长度符合表 4-8 的规定，验电时手应握在手柄处，不应超过护环。雨雪天气时不应使用常规验电器进行室外直接验电，可采用雨雪型验电器验电。

表 4-8   绝缘工具最小有效绝缘长度

电压等级（kV）	有效绝缘长度（m）	
	绝缘操作杆	绝缘承力工具、绝缘绳索
10	0.7	0.4
20	0.8	0.5
35	0.9	0.6
63（66）	1.0	0.7
110	1.3	1.0
220	2.1	1.8
500	4.0	3.7
±500	3.7	3.7
±800	6.8	6.8

（5）验电时人体与被验电设备的距离应符合表 4-5 对作业安全距离的规定。

（6）对同杆塔架设的多层、同一横担多回线路验电时，应先验低压、后验高压，先验下层、后验上层，先验近侧、后验远侧。禁止作业人员越过未经验电、接地的线路对上层、远侧线路验电。

37. 使用带金属部分的绝缘棒或专用的绝缘绳验电时，主要安全注意事项有哪些方面？

答：对高压直流线路和 330kV 及以上的交流线路，可使用合格的带金属部分的绝缘棒或专用的绝缘绳验电。验电时，绝缘棒的验电部分应逐渐接近导线，根据有无放电声和火花的方式，判断线路是否有电。

38. 架空线路停电作业拆装接地线时，主要安全注意事项有哪些方面？

答：（1）验明设备确无电压后，应立即将检修设备接地并三相短路，若验电后未立即挂接地线，应在恢复工作时重新验电，验明设备确无电压方可继续挂接地线。

（2）装设接地线应有人监护，人体不应碰触未接地的导线，在接地线未装设完成前，线路均视为带电。

（3）装设接地线时，应先装接地端，后装导体（线）端，接地线应接触良好、连接可靠，拆卸接地线顺序与之相反，接地线拆卸后不应再触碰未接地的导线。

（4）在同杆塔架设的多回线路上装设接地线时，应先装低压、后装高压，先装下层、后装上层，先装近侧、后装远侧，拆卸接地线顺序与之相反。

（5）在同杆塔多回路部分线路停电作业装设接地线时，应采取防止接地线摆动的措施，并满足表 4-5 作业安全距离的规定。

（6）装设接地线导体端应使用绝缘棒或专用的绝缘绳，人体不应碰触接地线。带接地线拆设备接头时，应采取防止接地线脱落的措施。

（7）接地线应接触良好、连接可靠，禁止用缠绕的方法进行接地或短路，接地线应采用三相短路式接地线，若使用分相式接地线时，应设置三相合一的接地端。在杆塔或横担接地良好的条件下装设接地线时，接地线可单独或合并后接到杆塔上，杆塔接地电阻和接地通道应良好，杆塔与接地线连接部分应清除油漆。

（8）已装设的接地线发生摆动，其与带电部分的距离不符合安全距离要求时，应采取相应措施。

（9）作业人员应在接地线的保护范围内作业。禁止在无接地线或接地线装设不齐全的情况下进行停电检修作业。

39．架空线路停电作业，对挂设接地线的位置有何规定？

答：（1）工作地段各端以及可能送电到检修线路工作地段的分支线都应装设接地线。

（2）直流接地极线路上的作业点两端应装设接地线。

（3）配合停电的线路，可只在工作地点附近装设一处接地线。根据工作现场实际情况，在适当位置可增加接地线。

40．接地线装设位置需要变更时，应该怎么处理？

答：作业现场装设的接地线应列入工作票，工作人员不应擅自变更工作票中指定的接地线位置。如需变更，应由工作负责人征得工作票签发人同意，并在工作票上注明变更情况，工作负责人应确认所有接地线均已装设完成后，方可开工。

41．杆塔接地装置接地条件不良时，接地线如何接地？

答：杆塔接地装置接地条件不良时，可采用临时接地体。临时接地体的截面积不应小于 $190mm^2$（如 $\phi16mm$ 圆钢）、埋深不应小于 0.6m。对于土壤电阻率较高地区，应采取增加接地体根数、长度、截面积或埋地深度等措施改善接地电阻。

42．接地线与个人保安线的主要区别是什么？

答：（1）成套接地线应由有透明护套的多股软铜线和专用线夹组成。接地线截面不应小于 $25mm^2$，并应满足装设地点短路电流的要求。

（2）个人保安线应使用有透明护套的多股软铜线，截面积不应小于 $16mm^2$，且应带有绝缘手柄或绝缘部件。

43．使用个人保安线时，需注意的主要方面有哪些？

答：（1）工作地段有邻近、平行、交叉跨越及同杆塔线路，需要接触或接近停电线路的导线工作时，应装设接地线或使用个人保安线，防止感应电伤害。

（2）个人保安线应在杆塔上接触或接近导线的作业开始前装设，作业结束且人体脱离导线后拆除。个人保安线装拆顺序与接地线装拆顺序一致，应接触良好、连接可靠。

（3）在 110kV 及以上线路上工作使用个人保安线时，可在工作相（极）装设单根个人保安线。

（4）禁止用个人保安线代替接地线。

44．利用沿导（地）线上悬挂的软、硬梯或导线飞车进入导（地）线停电修补架空线路导地线作业，主要安全注意事项有哪些？

答：利用沿导（地）线上悬挂的软、硬梯或导线飞车进入导（地）线停电修补架空线路导地线作业，主要安全注意事项有：

（1）在连续档距的导（地）线上挂梯（或导线飞车）时，其导（地）线的截面不得小于下列值：钢芯铝绞线和铝合金绞线 120mm²，铜绞线 70mm²，钢绞线 50mm²。

（2）有下列情况之一者，应经过验算满足要求，并经地市级单位分管生产负责人或总工程师批准后方能进行。一是在孤立档的导（地）线上的作业；二是在有断股的导（地）线和锈蚀的地线上作业；三是导（地）线的截面小于：钢芯铝绞线和铝合金绞线 120mm²，铜绞线 70mm²，钢绞线 50mm²；四是两人以上在同档同一根导（地）线上的作业时。

（3）在瓷横担线路上不应挂梯作业，在转动横担的线路上挂梯前应将横担固定。

（4）在导（地）线上悬挂梯子、飞车进行等电位作业前，应检查本档两端杆塔处导（地）线的紧固情况。挂梯载荷后，应保持地线及人体对下方带电导线的安全间距比表 4-9 中的数值增大 0.5m；带电导线及人体对被跨越的电力线路、通信线路和其他建筑物的安全距离应比表 4-9 中的数值增大 1m。

表 4-9　　　　　　　　　带电作业时人身与带电体间的安全距离

电压等级 kV	10	35	63（66）	110	220	500	±500	±800
距离 m	0.4	0.6	0.7	1.0	1.8(1.6)[a]	3.4(3.2)[b]	3.4	6.8[c]

注　表中数据是根据设备带电作业安全要求提出的。

a　220kV 带电作业安全距离因受设备限制达不到 1.8m 时，经单位分管生产负责人或总工程师批准，并采取必要的措施后，可采用括号内 1.6m 的数值。

b　海拔 500m 以下，取 3.2m，但不适用 500kV 紧凑型线路；海拔在 500～1000m 时，取 3.4m。

c　不包括人体占位间隙。

45．使用飞车在导地线行驶时，主要安全注意事项有哪些？

答：行驶中遇有接续管时应减速，安装间隔棒时，前后轮应刹牢，导线上有冰霜时不得使用飞车。

46．在架空线路放线、紧线施工中，主要安全注意事项有哪些？

答：（1）不得在悬空的架空线下方停留，被牵引离地的架空线不得横跨，展放余线时护线人员不得站在线圈内或线弯内侧。

（2）不应采用突然剪断导（地）线的方法松线。

（3）导（地）线放线、紧线升空作业时不应直接用人力压线。

（4）在交通道口采取无跨越架施工时，应采取措施防止车辆挂碰施工线路。

（5）放线作业前应检查导线与牵引绳连接可靠牢固。

（6）在邻近或跨越带电线路采取张力放线时，牵引机、张力机本体、牵引绳、导（地）线滑车、被跨越电力线路两侧的放线滑车应接地。操作人员应站在干燥的绝缘垫上，并不得与未站在绝缘垫上的人员接触。

47．停电检修作业地点交叉跨越各种线路、铁路、公路、河流等放线、撤线时，应主要采取什么安全措施？

答：应搭设跨越架、封航、封路，并采取有效防止导线坠落的措施。

48．停电检修作业地点搭设和拆除跨越架作业，主要安全注意事项有哪些？

答：（1）搭设和拆除跨越架时应设安全监护人。

（2）施工期间该线路发生设备跳闸时，调度员未取得现场指挥同意前，不得强行送电。跨越不停电电力线施工，必须严格执行规定的工作票制度。

（3）跨越不停电线路时，施工人员不得在跨越架内侧攀登或作业，并严禁从封顶架上通过。

（4）借用已有线路做软跨放线时，使用的绳索必须符合承重安全系数要求。跨越带电线路时应使用绝缘绳索。

（5）跨越架中心应在线路中心线上，宽度应考虑施工期间牵引绳或导（地）线风偏后超出新建线路两边线各 2.0m，且架顶两侧应装设外伸羊角。跨越架与被跨电力线路应不小于表 2 规定的安全距离，否则应停电搭设。

（6）跨越架应经验收合格，每次使用前检查合格后方可使用。强风、暴雨过后应对跨越架进行检查，确认合格后方可使用。

（7）在交通道口使用软跨时，施工地段两侧应设立交通警示标志牌，控制绳索人员应注意交通安全。

49．观测档如何选择？

答：（1）紧线段在 5 档及以下时，靠近中间选择一档。

（2）紧线段在 6～12 档时，靠近两端各选一档。

（3）紧线段在 12 档以上时，靠近两端及中间各选择一档。

（4）观测档宜选档距较大，架空线悬挂点高差较小及接近代表档距的线档。

（5）弧垂观测档的数量可以根据现场条件适当增加，但不得减少。

50．架空线路停电更换绝缘子作业，主要安全注意事项有哪些？

答：（1）上下绝缘子串时，手脚要稳，绝缘子不应碰撞杆塔。

（2）作业区域设置安全围栏，悬挂安全标示牌。

（3）更换玻璃绝缘子的操作应戴防护眼镜，防止自爆伤到眼睛。

（4）在脱离绝缘子串和导线连接前，应仔细检查承力工具各部连接，确保安全无误后方可进行，更换单串悬垂绝缘子串时必须打好导线后备保护绳。

（5）在进行拆除绝缘子串等可能造成导（地）线与杆塔受力连接件断开的工作前，位于导（地）线侧的作业人员，应将后备保护绳挂在杆塔横担上后解开系在导（地）线侧的安全带，以防导（地）线坠落时身体被拉伤。当安全带的主绳长度足够时，应同时将主绳和后备保护绳挂在杆塔（横担）上。

51．捆绑物件起吊时，主要安全注意事项有哪些？

答：（1）捆绑前根据物件形状、重心位置确定合适的绑扎点。

（2）捆扎有棱角物件时应垫以木板、旧轮胎等，以免物件棱角和钢丝绳受损。

（3）要考虑吊索拆除时方便，重物就位后是否会吊压住压坏。

（4）起吊过程中，要检查钢丝绳是否有拧劲现象，若有应及时处理。

（5）起吊零散物件，要采用与其相适应的捆缚夹具，以保证吊起平衡安全。

（6）一般不得单根吊索吊重物，以防重物旋转，将吊索扭伤，使用两根或多根吊索要避免吊索并绞。

52. 使用手扳葫芦、卡具等承力工具进行架空线路停电更换绝缘子作业，主要安全注意事项有哪些？

答：（1）在承力工具时，应检查好承力工具各部位的是否安装到位，确认无异常方可收紧承力工具。

（2）在收紧承力工具过程中，承力工具刚开始受力时，应对承力工具进行一次冲击试验无异常后方可继续收紧。

（3）承力工具收紧到位后，应再对卡具进行一次冲击试验，确认无异常方可拔除绝缘子弹簧销。

（4）安装新的绝缘子后，应对绝缘子弹簧销的安装情况进行一次检查。

（5）承力工具卸力前，应对已受力的绝缘子进行一次冲击试验。

（6）在进行绝缘子更换的全过程中，承力工具不得与绝缘子发生碰撞，作业人员要佩戴防护目镜。

53. 停电更换拉线作业注意事项主要有哪些？

答：（1）攀登杆塔前，应检查杆根、基础和拉线是否牢固。遇有冲刷、起土、上拔或导（地）线、拉线松动的杆塔，应先培土加固，打好临时拉线后，再行攀登，未做好临时拉线前，不应攀登。

（2）杆塔上有人工作时，不应调整或拆除拉线。

（3）安装拉线应由一人配合拉紧安装，调整拉线时应观察电杆是否倾斜。

54. 杆塔调整垂直后，在符合哪些条件后方可拆除临时拉线？

答： 杆塔调整垂直后，在符合下列条件后方可拆除临时拉线：

（1）铁塔的底脚螺栓已紧固。

（2）永久拉线已紧好。

（3）无拉线电杆已回填土夯实。

（4）安装完新架空线。

（5）其他有特殊规定者，依照规定办理。

55. 停电清除高秆植物作业主要有哪些注意事项？

答：（1）风力超过 5 级时，不应砍剪高出或接近导线的树木。

（2）为防止树木倒落在导线上，应设法用绳索将树拉向与导线相反的方向。绳索应绑扎在拟砍断树段重心以上合适位置，绳索应有足够的长度，以免拉绳的人员被倒落的树木砸伤。

（3）上树前应检查树根牢固情况；上树时不应攀抓脆弱和枯死的树枝，不应攀登已经锯过或砍过的未断树木。

（4）砍剪树木的高处作业应按要求使用安全带。安全带不准系在待砍剪树枝的断口附近或以上。具备高空车作业条件的，宜采用高空车进行辅助作业。

56. 砍伐树木作业，控制树木倒向的主要方法有哪些？

答：（1）选择正确的砍伐树木开口方向。

（2）应设法用绳索将树拉向与导线相反的方向。绳索应绑扎在拟砍断树段重心以上合适位置，绳索应有足够的长度，超高树木应分段砍伐。

57．在雷雨天开展输电线路设备抢修消缺工作时，主要安全注意事项有哪些？

答：（1）在雷雨天气下，应停止露天高处作业。特殊情况下，确需在雷雨恶劣天气进行抢修消缺时，不站在高处、树底和金属建筑物旁，不靠近避雷器和避雷针，做好防雷电安全措施。

（2）禁止进行测量接地电阻、设备绝缘电阻及进行高压侧核相工作，禁止高处作业和带电作业。

58．在城市、乡镇及人口密集小区开展输电线路设备消缺工作时，主要安全注意事项有哪些？

答：在城区、人口密集区、通行道路上或交通道口消缺施工时，需注意防车辆碰撞，防施工坠物或设备坠落伤人，禁止与施工作业无关的车辆和人员进入工作场地，工作场所周围应装设遮栏（围栏），并在相应部位设警戒范围或警示标志，夜间应设警示光源，必要时派专人看守。

59．在大风天气下开展输电线路设备抢修消缺工作时，主要安全注意事项有哪些？

答：（1）在大风天气下开展输电线路设备抢修消缺工作时，注意防倒杆、防异物吹起伤人、防架空导线断股或杆塔上物件吹移坠落伤人。

（2）禁止露天进行起重工作，当风力达到5级以上时，不宜起吊受风面积较大的物体，避免起吊绳断股，起吊物坠落伤人。当风力达到6级以上时，禁止高空作业和带电作业。

60．在汛期到来时开展输电线路设备抢修消缺工作时，主要安全注意事项有哪些？

答：在汛期到来时开展输电线路设备抢修消缺工作时，要避免在低洼地带、山体滑坡威胁区域作业，熟悉周围环境，配备必要的防水、排水设施，关注当地气象防汛部门的预报和实时信息，暴雨量增大至红色预警，禁止一切户外作业。

61．在度夏期间开展输电线路设备抢修消缺工作时，主要安全注意事项有哪些？

答：在度夏期间开展输电线路设备抢修消缺工作时，注意防暑降温措施，高温环境下进行高处作业，时间不宜过长，工作负责人或专责监护人应留意高处作业人员精神状态，有中暑迹象应立即停止作业更换作业人员。

62．在雪天下开展输电线路设备抢修消缺工作时，主要安全注意事项有哪些？

答：在雪天下开展输电线路设备抢修消缺工作时，注意防寒防冻伤，低温环境下进行高处作业时，应采取保暖措施，高处作业时间不宜过长，工作负责人应适时更换高处作业人员。冰雹天气，禁止露天高处作业和带电作业。

63．在自然灾害（地震、台风、洪水、泥石流等）发生期间，如需要开展输电线路设备抢修消缺工作，主要安全注意事项有哪些？

答：在自然灾害（地震、台风、洪水、泥石流等）发生期间，停止一切户外施工作业，灾后开展输电线路设备抢修消缺时，要关注当地政府及有关气象部门的通知和实时信息传递，注意防余震、防次生灾害。

64．在夜间开展输电线路设备抢修消缺工作时，主要安全注意事项有哪些？

答：在夜间开展输电线路设备抢修消缺工作时，能见度低，易发生操作失误或误闯入危险区域造成人身伤亡。施工地点应加挂警示灯，施工人员需佩戴反光标志。如作业期间需将井坑、孔洞、楼梯和平台的栏杆、护板或盖板拆除时，应增加装设临时遮栏（围栏）和警示光源，设专人看护，作业结束及时恢复。

第六节　不 停 电 类 作 业

1．什么是线路第二种工作票？

答：线路第二种工作票是输电生产作业中安全有序实施而设计的一种不需要采取停电措施的组织性书面形式控制依据，作为不停电类作业的书面依据。

2．采用线路第二种工作票的常规作业有哪些？

答：采用线路第二种工作票的常规作业主要有在带电线路杆塔上清除鸟巢或其他异物的作业、在带电线路杆塔上更换架空地线金具等附件的作业、在带电线路杆塔上挂、取盐密样品的作业、在带电线路杆塔上巡视检查的作业、在带电线路杆塔上构件补装、螺栓紧固的作业、带电线路杆塔更换拉线的作业、在带电线路杆塔上铁件防腐的作业、机巡牌安装以及电缆环流测量作业等。

3．采用线路第二种工作票开展作业的核心是什么？

答：采用第二种工作票在带电线路杆塔上作业的核心就是保持足够的安全距离，作业人员保持与带电体的最小安全距离、工器具与带电体的最小安全距离、设备材料等与带电体的最小安全距离。

4．什么工作可共用同一张线路第二种工作票？

答：在同一电压等级且同类型的数条线路上的不停电工作可以共用同一张线路第二种工作票。

5．哪些情况下线路第二种票需办理停用线路重合闸装置和退出再启动功能？

答：（1）中性点有效接地系统中可能引起单相接地的作业；

（2）中性点非有效接地系统中可能引起相间短路的作业；

（3）直流线路中可能引起单极接地或极间短路的作业；

（4）工作票签发人或工作负责人认为需要停用重合闸装置或退出再启动功能的作业。

6．停用线路重合闸装置和退出再启动功能的线路第二种票有哪些要求？

答：（1）在工作票接受环节，办理了停用线路重合闸装置和退出再启动功能的二种票应在工作前一日送达许可部门；而未停用线路重合闸装置和不退出再启动功能的二种票可在工作开始前送达许可部门值班负责人。

（2）在工作许可环节，对于需要停用线路重合闸装置或再启动功能的第二种工作票的工作，每天工作前工作负责人应得到工作许可人许可后方可组织开展工作，工作结束后应及时与工作许可人联系，恢复线路重合闸装置或再启动功能。在此期间线路跳闸后，工作许可人未与工作负责人取得联系前不得强送电。

7．登杆塔作业过程中主要有哪些注意事项？

答：登杆塔作业过程中主要有以下注意事项：

（1）登杆塔作业前，应核对线路名称和工作地点杆塔号是否正确。

（2）攀登杆塔前，应检查杆根、基础和拉线是否牢固。遇有冲刷、起土、上拔或导（地）线、拉线松动的杆塔，应先培土加固，打好临时拉线或支好架杆后，再行攀登。

（3）登杆塔前，应检查登高工具、设施，如脚扣、升降板、安全带、梯子等是否完整牢靠。不应利用绳索、拉线上下杆塔或顺杆下滑。

（4）攀登有覆冰、积雪的杆塔时，应采取防滑措施。

（5）攀登杆塔及塔上移位过程中，应检查脚钉、爬梯、防坠装置、塔材是否牢固。

（6）上横担进行工作前，应检查横担联结是否牢固和腐蚀情况，检查时安全带应系在主杆或牢固的构件上。

（7）在杆塔上作业时，应使用有后备保护绳的双背带式或全身式安全带。安全带和保护绳应分挂在杆塔不同部位的牢固构件上。后备保护绳不应对接使用。

（8）安全带应正确使用，采用高挂低用的方式，不应系挂在移动、锋利或不牢固的物件上。攀登杆塔和转移位置时不应失去安全带的保护。作业过程中，应随时检查安全带是否拴牢。

8．防止触电的安全措施有哪些？

答：（1）根据作业内容进行风险评估，辨识工频电压触电、感应电触电、剩余电荷触电和受雷击等触电风险，预先制定相应的防护措施方案。

（2）作业人员应接受相应的安全生产教育和岗位技能培训，应认真贯彻执行有关各项安全工作规程，落实相依安全技术措施，正确使用相关安全工器具和个人防护用品。

（3）作业过程中监护人监护到位，做好现场实时风险辨识评估工作，避免作业人员冒险作业，制止作业人员的违章行为。

（4）发生人身触电时，可不经许可，应立即断开有关设备的电源，但事后应及时报告设备有关单位。

（5）按要求定期对绝缘安全工器具进行试验检查，确保绝缘安全工器具合格。

（6）按规定对作业用的绞磨、滑轮等机具采取有效接地措施。

（7）从事电气作业的人员应掌握触电急救等救护法。

9．在带电线路杆塔上作业的安全注意事项主要有哪些？

答：（1）带电线路杆塔上进行测量、防腐、巡视检查、校紧螺栓、清除异物等工作，工作人员活动范围及其所携带的工具、材料等，与带电导线最小距离不得小于规定的作业安全距离，特别是在猫头塔的曲臂及平口处移动时，如图 4-25 所示，随时观察与带电体的距离，严格控制身体各部位的摆动弧度。

（2）带电线路附近使用的作业机具应接地。

（3）运行中的高压直流输电系统的直流接地极线路和接地极应视为带电体。各种工作情况下，邻近运行中的直流接地极线路导线的最小安全距离按±50kV 直流电压等级控制。

（4）风力大于 5 级时应停止在带电线路杆塔上的作业。

（5）在 500kV 及以上电压等级的带电线路杆塔上作业，应采取穿戴导电鞋和全　套屏蔽服或静电感应防护服等防静电感应措施。

（6）绝缘架空地线（包括 OPGW、ADSS 光缆）应视为带电体。在绝缘架空地线附近作业时，工作人员与绝缘架空地线之间的距离应不小于 0.4m。若需在绝缘架空地线上作业，应用接地线或个人保安地线将其可靠接地或采用等电位方式进行。

（7）用绝缘绳索传递大件金属物品时，杆塔或地面上工作人员应将金属物品接地后再接触，以防电击。

（8）一些特殊的杆塔不能满足安全距离的，严禁开展作业。

图 4-25　猫头塔的曲臂及平口

10．为什么要对运行中的杆塔拉线进行调整，安全注意事项主要有哪些？

答：运行中的杆塔拉线长期承受不平衡张力作用、拉线制作安装不规范、拉线坑回填土壤下沉、电杆基础下沉等因素，引起杆塔的拉线出现受力不均的现象，导致杆塔有倾斜、弯曲、迈步、转向等现象，不能满足线路安全运行的要求，严重时会导致倒杆断线的发生。

杆塔上有人工作时，不应调整或拆除拉线；调整拉线时，应有专人随时观察杆塔变化情况及各侧拉线的受力情况；不准随意拆除拉线，如需要拆除时，应根据需要设置临时拉线及其调节范围，并应有专人统一指挥。

11．杆塔拉线更换为什么要安装临时拉线，安装时的安全注意事项主要有哪些？

答：更换杆塔拉线时需拆下有缺陷的受力拉线，破坏了杆塔原有的力平衡，导致杆塔倾斜甚至倒杆，危及线路及人身安全，因此，需要提前设置临时拉线来分解待更换拉线的承力。

临时拉线的安装应位于被更换拉线的下方 200mm 处，以不影响拉线更换为宜、对地夹角不宜大于 45°、受力状态应使原拉线松弛，脱离受力状态，如遇需更换拉线棒及拉盘的作业任务，需将临时拉线固定在地锚桩上。安装和拆除时应有专人监护，拉线起吊和降落过程尽可能靠近杆身，控制拉线跳动、摆动弧度，保持与带电体有足够的安全距离。

12．临时拉线的安全要求主要有哪些？

答：临时拉线的安全要求主要有：

（1）不应利用树木或外露岩石作受力桩。

（2）一个锚桩上的临时拉线不应超过两根。

（3）临时拉线不应固定在有可能移动或其他不可靠的物体上。

（4）临时拉线绑扎工作应由有经验的人员担任。

（5）临时拉线应在永久拉线全部安装完毕承力后方可拆除。

（6）杆塔施工过程需要采用临时拉线过夜时，应对临时拉线采取加固和防盗措施。

13．带电线路杆塔上更换拉线作业安全注意事项主要有哪些？

答：带电线路杆塔上更换拉线作业安全注意事项主要有：

（1）杆塔上有人工作时，不应调整或拆除拉线。

（2）临时拉线已完全受力，且原拉线松弛，脱离受力状态。

（3）拆除旧拉线和安装新拉线时应有专人监护，拉线起吊和降落过程应尽可能靠近杆身，并控制拉线跳动、摆动弧度，保持与带电体有足够的安全距离。

（4）拉线与拉线棒脱离时和组装时应用绳索可靠固定，缓慢移动，并控制拉线跳动、摆动弧度，保持与带电体有足够的安全距离。

14．带电线路杆塔上清除鸟巢或其他异物的安全注意事项主要有哪些？

答：带电线路杆塔上清除鸟巢或其他异物的安全注意事项主要有：

（1）确保在拆除的过程中，人身、工器具、异物等必须保持与带电体的安全距离不小于规定要求，如发现不满足该距离要求，应停止作业。

（2）2m 及以上高处作业不得失去安全带的保护，监护到位，避免高坠事件的发生，同时应注意避免物体打击。

（3）在拆除对作业人员有威胁的野毒蜂等危险物种时，穿戴好专业的防蜂服后进行。

（4）清除含有金属丝的鸟巢时，应将金属丝对折为小段并放入背包；超长的鸟巢树枝应折断为小段后放入背包。

15．带电线路杆塔上更换地线金具附件作业的安全注意事项主要有哪些？

答：带电线路杆塔上更换地线金具附件作业的安全注意事项主要有：

（1）专人监护作业；

（2）更换地线金具过程中，人身、工器具、设备材料等必须保持与带电体的安全距离不小于规定要求，如发现不满足该距离要求，应停止作业；

（3）高处作业不得失去安全带的保护，监护到位，避免高坠事件的发生，同时应注意避免物体打击；

（4）应使用绝缘绳索传递工器具及材料；

（5）应有防止掉线、脱线的保护措施；

（6）绝缘地线的金具附件更换作业前，应先将绝缘地线可靠接地。

16. 带电线路杆塔上挂、取盐密样品作业的安全注意事项主要有哪些？

答： 盐密样品的悬挂高度应尽量与线路绝缘子等高，但作业时应保证人体、工器具、材料等与带电体的安全距离不小于规定要求，杆塔上转移位置时不应失去安全带的保护并随时检查安全带是否拴牢。应使用绝缘绳索传递工器具及材料。

17. 带电线路杆塔巡视检查作业的安全注意事项主要有哪些？

答： 带电线路杆塔上移动时，保证人体与带电体的安全距离不小于规定要求，特别注意猫头塔的曲臂及平口处移动时对带电体的距离、上下层横担之间引流线的距离，如图 4-26 所示，杆塔上转移位置时不应失去安全带的保护并随时检查安全带是否拴牢。一些特殊的杆塔不能满足安全距离的，严禁开展作业。

图 4-26　上相引流线与下层横担之间的距离

18. 带电线路杆塔上进行刷漆防腐作业中安全注意事项主要有哪些？

答： 带电线路杆塔上进行刷漆防腐作业中安全注意事项主要有：

（1）杆塔刷漆应从上往下进行；

（2）刷横担油漆时，从横担两端刷起，最后刷至下杆塔的位置；

（3）避免踩踏油漆未干透的构件；

（4）直线绝缘子串上方涂刷油漆时，避免油漆滴落至绝缘子上；

（5）采用绳索传递材料及工器具；

（6）作业全过程严格控制人体各部位的摆动弧度，确保人体、工器具等与带电体的安全距离不小于规定要求；

（7）杆塔上转移位置时不应失去安全带的保护；作业过程中，应随时检查安全带是否拴牢；

（8）220kV 及以上电压等级的带电线路杆塔上防腐作业，应采取防静电感应措施。

第七节　带　电　作　业

1. 什么是送电线路带电作业？

答： 送电线路带电作业是指工作人员接触带电部分的作业，或工作人员身体的任一部分或使用的工具、装置、设备进入带电作业区域内的作业。简而言之，带电作业是指在不停电的情况下，对电力线路和设备进行检修的方式的总和。

2. 带电作业有哪些优点？

答：（1）带电作业不影响系统的正常运行，不需倒闸操作，不需改变运行方式，因此不会造成用户侧停电，提高经济效益和社会效益。

（2）对一些需要带电监测的工作可以随时进行，并可连续监测，监测数据较之停电监测更具真实可靠性。

（3）及时消除事故隐患，提高供电可靠性。由于缩短了设备带病运行时间，减少甚至避免了事故停电，提高设备全年供电小时数。

（4）检修工作不受时间约束，提高工时利用率。停电作业必须提前数日集中人力、物力、运力，有效工时的比重很少；带电作业既可随时安排，又可计划安排，增加了有效工时。

（5）促进检修工艺技术进步，提高检修工效。带电作业需要优良工具和优化流程，促使检修技术不断提升和完善。

（6）避免误操作、误登有电设备的事故。误操作事故发生在复杂的倒闸操作中，误登有电设备触电事故发生在多回线一回停电的作业中，带电作业不存在此类事故发生的温床。

3. 带电作业有哪些类型？

答： 按照作业人员所处电位分类，带电作业主要分为：地电位作业、中间电位作业、等电位作业，如图 4-27 所示。

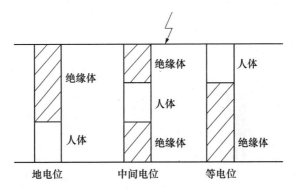

图 4-27　带电作业分类示意图

4. 简述地电位带电作业及其原理。

答： 地电位带电作业是指：作业人员在接地构件上采用绝缘工具对带电体开展的作

业，作业人员的人体电位为地电位。其示意图及等效电路图如图 4-28 所示。

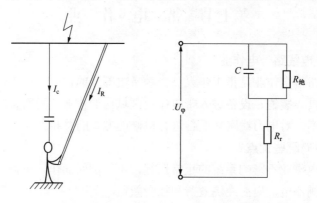

图 4-28　地电位作业示意图及等效电路图

5. 简述中间电位带电作业及其原理，其示意图及等效电路图是什么？

答： 中间电位作业是指：作业人员对接地构件绝缘，并与带电体保持一定的距离对带电体开展的作业，作业人员的人体电位为悬浮的中间电位。其示意图及等效电路图如图 4-29 所示。

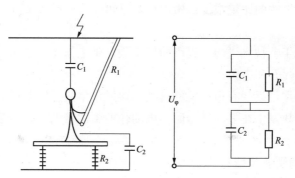

图 4-29　中间电位作业示意图及等效电路图

6. 简述等电位带电作业及其原理。

答： 作业人员对大地绝缘后，人体与带电体处于同一电位时进行的作业。等电位作业的等效电路图如图 4-30 所示。

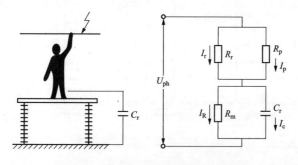

图 4-30　等电位示意图及等效电路图

R_r—人体电阻；R_p—屏蔽服电阻；C_r—人体对地电容；R_m—绝缘工具的绝缘电阻

7. 开展常规带电作业（等电位作业方式）的主要流程有哪些？

答： 开展常规带电作业（等电位作业方式）的主要流程如下：作业前现场勘察→作业文件及工器具、材料准备→作业现场复勘→工作许可→召开工前会→工器具及材料检查、检测→转移电位、进入电场→开展作业→转移电位、退出电场→工作终结。

8. 等电位作业法常见进入电场的方式有哪几种？

答： 等电位作业法常见进入电场的方式有沿软梯进入、乘座椅（吊篮）进入、沿绝缘子串进入等方式。除以上传统的进出点方式外，利用载人直升机、升降座椅等进入电场方式也已趋于成熟。

9. 简述沿软梯进入等电位的方式及其要点。

答： 沿软梯进入等电位方式如图 4-31 所示，软梯架或软梯可根据作业需要悬挂于导、地线或杆塔横担上。使用前，应核对导、地线截面积，必要时还应验算其强度。攀登软梯的等电位电工不得失去后背保护绳的保护，其尾绳由地面电工配合拉紧（不应少于 2 人）。等电位电工攀登软梯时，地面电工应将软梯下端拉紧，使梯身垂直地面。导、地线松弛度因软梯和等电位电工攀登而下降，加上人体高度后，带电体对地和对交叉跨越距离应满足 DL/T 966—2005《送电线路带电作业导则》规定最小安全距离，上、下层布线的上层导线不得使用挂梯作业。

图 4-31 沿绝缘软梯进入电场

10. 简述乘座椅（吊篮）进入等电位方式及其要点。

答： 乘座椅（吊篮）进入等电位方式如图 4-32 所示，座椅（吊篮）适用于 220～500kV 塔高、线距大的直线塔等电位作业。座椅（吊篮）四周必须用四根吊拉绳索稳固悬吊，固定吊拉绳索的长度，应准确计算或实际丈量，务求等电位电工进入电场后头部不超过导线侧第一片绝缘子。座椅（吊篮）的升降速度必须用绝缘滑车组严格控制，做到均匀、慢速，不得过快。进入电场时的多组合间隙必须满足安全要求。

图 4-32　承吊篮进入电场

11. 简述沿绝缘子串进入等电位方式及其要点。

答： 沿绝缘子串进入等电位方式如图 4-33 所示，此种方法适用于沿双串或多串耐张绝缘子串进入强电场。直线绝缘子串一般不宜采用此种方法。采用此种方法的条件是：组合间隙、经人体短接后的良好绝缘子片数，均须满足 DL/T 966—2005《送电线路带电作业技术导则》的要求，二者缺一不可。否则，应采取其他作业方法，以确保人身安全。等电位电工沿绝缘子串移动时，手与脚位置应保持一致，且短接的绝缘子不得超过三片。等电位电工所系安全绳索，应绑在手扶的绝缘子串上，并与等电位电工同步移动。

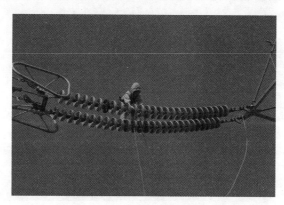

图 4-33　沿绝缘子串进入电场

12. 在沿绝缘子串进入电场开展等电位作业时应采取哪些安全措施？

答： 首先要在满足组合间隙和良好绝缘子片数的条件下才能允许工作，只适用于 220kV 以上的线路。作业人员要穿戴全套的屏蔽服，作业开始前要进行零值绝缘子检测，如果良好绝缘子片数满足规程规定的片数再加 3 片时，方可使用此方法。

13. 沿绝缘子串进入强电场，为什么只能在 220kV 及以上电压等级上进行？

答： 等电位作业人员沿绝缘子串进入强电场，至少短接 3 片绝缘子，还应考虑可能存在的零值绝缘子以最少 1 片计，110kV 绝缘子串共 7 片，扣除 4 片之后，已不符合 DL/T 966—2005《送电线路带电作业技术导则》所规定的应保持的最少的良好的绝缘子片数；

而 220kV 绝缘子串最少为 13 片，扣除 4 片后符合规程规定的良好绝缘子片数，人体进入电场后，与导线和接地体的构架之间形成了组合间隙，9 片完好绝缘子串的工频放电电压比由其组成的组合间隙的工频放电电压要高得多，但规程规定组合间隙要达到 2.1m 的要求，所以沿绝缘子串进入强电场要限于 220kV 以上电压等级的系统，不仅要保证规定的良好绝缘子片数，而且当组合间隙不能满足规定的距离时，还必须在作业地点附近适当的地方加装保护间隙。

14．带电作业常用工器具有哪些？

答：绝缘工器具：绝缘绳、绝缘绳套、绝缘滑车、绝缘测零杆等；

金属工器具：承力丝杆、闭式卡、取销器、通用小工具等；

仪器仪表：绝缘电阻表（2500V 及以上）或绝缘电阻检测仪、风速（温湿度）检测仪、火花间隙检测仪、万用表等；

个人防护用品：安全帽、安全带、防坠器、屏蔽服、绝缘手套、护目镜等。

15．带电作业工器具管理要求有哪些？

答：带电作业工器具应统一编号、专人保管、登记造册，并建立试验、检修、使用记录。

16．带电工器具库房基本要求有哪些？

答：带电作业工器具库房应为存放带电作业工具专用。通风良好，清洁干燥。工具房门窗应密闭严实，地面、墙面及顶面应采用不起尘、阻燃材料制造。室内的相对湿度不大于 60%。室内温度应略高于室外，且不宜低于 0℃。库房应配备：湿度计、温度计、抽湿机（数量以满足要求为准），辐射均匀的加热器，足够的工具摆放架、吊架和灭火器等。

17．带电作业绝缘工器具的基本特点有哪些？

答：带电作业绝缘工器具应具有绝缘性能良好、机械强度高、易于加工、质量较轻等特点。

18．带电作业绝缘工具的存放、运输、使用要求有哪些？

答：（1）带电作业工具应放存在清洁、干燥、通风、恒温、恒湿的专用库房内；

（2）库房应设专人管理，出入库应做好登记；

（3）报废或淘汰工具要清理出库房，不得与可用工器具混放；

（4）运输时应放入专用清洁帆布袋包内或专用工具箱内；

（5）现场使用时，工器具应放在铺好的帆布上，严禁与地面接触。

19．带电作业工器具主要检查项目有哪些？

答：带电作业工器具应检查试验有效期、外观完好情况，绝缘工器具还应检查绝缘性能等。

20．带电作业工器具出库时主要检查的内容及要求有哪些？

答：（1）检查工器具在试验有效期内，工器具无破损、脏污，连接部件齐全；

（2）检查其是否损坏、变形、失灵；

（3）检查全套屏蔽服（包括帽、衣、裤、手套、袜和鞋）无破损、断丝，各连接部件连接完好等。

21．带电作业工器具现场使用前的检查、检测主要内容及要求是什么？

答：以"带电更换 220kV 耐张双串任意单片绝缘子作业"项目为例：

（1）工器具应摆放在干燥、清洁的防潮垫上，避免挤压、碰撞。

（2）绝缘工器具与金属工器具、材料应分类摆放，接触绝缘工具时应戴清洁、干燥的手套。

（3）检查工器具在试验有效期内，工器具无破损、脏污，连接部件齐全。

（4）绝缘工具在检测前用棉质毛巾进行擦拭，应仔细检查其是否损坏、变形、失灵，确认在试验合格期内。

（5）对火花间隙检测仪进行检查、检测，间隙距离满足安全规程要求。

（6）使用绝缘电阻表（2500～5000V）进行分段检测，每 2cm（电极宽 2cm，极间宽 2cm）测量电极间绝缘电阻值应不低于 700MΩ；或使用绝缘检测仪检测，确保符合作业条件。

（7）全套屏蔽服（包括帽、衣、裤、手套、袜和鞋）无破损、断丝，各部分应连接完好，屏蔽服衣裤最远端点之间电阻不大于 20Ω。

（8）对所用材料进行外观、绝缘材料（如绝缘子）还应进行绝缘性能检查，并向工作负责人汇报检查结果等。

22．带电作业中传递工器具注意事项有哪些？

答：带电作业时，禁止不同电位作业人员直接传递非绝缘物件。上、下传递工具及材料均应使用绝缘绳，严禁抛掷。带电作业中小件工具材料的传递一律使用特制的工具袋；传递较长的非绝缘物，应用绑扎绳将其在无头绳上捆绑两点，并沿无头绳方向传递；较长的金属线，应盘成线盘传递。

23．带电作业工器具入库前检查内容及要求有哪些？

答：（1）详细检查工具有无损伤、变形等异常现象；

（2）发现绝缘工具受潮或表面损伤、脏污时，应及时处理并经试验或检测合格后方可使用；

（3）报废或淘汰工具要清理出库房，不得与可用工器具混放。

24．带电作业工具的定期试验有几种？试验周期是多长？

答：带电作业工具应定期进行电气试验及机械试验。电气试验（绝缘工具）试验周期为：预防性试验每年一次，检查性试验每年一次，两次试验间隔半年；机械试验试验周期为：绝缘工具每年一次，金属工具两年一次。

25．如何开展检查性试验？标准及要求是什么？

答：将绝缘工具分成若干段进行工频耐压试验，每 300mm 耐压 75kV，时间为 1min，以无击穿、闪络及过热为合格。

26．什么是静荷重试验？标准及要求是什么？

答：静荷重试验是将静止的荷载作用于指定位置，以便能够测试出结构的静应变、静位移以及裂缝等，从而推断被测物在荷载作用下的工作状态和使用能力的试验，称为静力荷载试验。其标准及要求为被测物 1.2 倍额定工作负荷下持续 1min，工具无变形及损伤者为合格。

27．什么是动荷重试验？标准及要求是什么？

答：动荷重试验有别于静荷重试验，是模拟工况下的试验，是静荷重试验的补充。其标准及要求为：在 1.0 倍额定工作负荷下操作 3 次，工具灵活、轻便、无卡住现象为合格。

28．什么是额定载荷？

答：机具在额定工况下能长时间持续工作所允许的工作载荷。

29．从事电力生产作业人员基本要求是什么？

答：从事电力生产作业人员基本要求如下：

（1）经县级或二级甲等及以上医疗机构鉴定，无职业禁忌的病症，至少每两年进行一次体检，高处作业人员应每年进行一次体检。

（2）应具备必要的电气、安全及相关知识和技能，按其岗位和工作性质，熟悉《中国南方电网有限责任公司电力安全工作规程》的相关部分。

（3）从事电气作业的人员应掌握触电急救等救护法。

30．特种作业主要指哪些？

答：特种作业主要指焊接与热切割作业，高处作业，起重作业，危险化学品安全作业，场（厂）内专用机动车辆作业，压力容器（含气瓶）、压力管道、电梯等特种设备的作业。

31．特种作业人员（高处作业）的要求是什么？

答：（1）特种作业人员应按照国家有关规定经专门的安全作业培训，并经相关管理机构考核合格，取得法定特种作业人员证书，方可从事相应的特种作业。

（2）患有精神病、癫痫病及经县级或二级甲等及以上医疗机构鉴定患有高血压、心脏病等不宜从事高处作业的人员，不应参加高处作业。

（3）凡发现工作人员有饮酒、精神不振时，禁止登高作业。

32．从事带电作业人员应具备什么特殊条件？

答：带电作业人员应经专门培训，并经考试合格取得资格（带电作业证）、本单位书面批准后，方可参加相应的作业。带电作业工作票签发人和工作负责人、专责监护人应由具有带电作业实践经验的人员担任。工作负责人、专责监护人应具备带电作业资格。

33．开展带电作业应满足的基本技术要求有哪些？

答：流经人体的电流不超过人体的感知水平（1mA），人体体表场强不超过人的感知水平（2.4kV/cm），保持足够的安全距离。

34．什么是带电作业安全距离？

答：带电作业时遇到最大过电压不发生放电，并有足够安全裕度的最小空气间隙，称为带电作业安全距离。

35．带电作业的安全距离包含哪几种？其定义是什么？

答：带电作业的安全距离包含 5 种间隙距离：最小安全距离、最小对地安全距离、最小相间安全距离、最小安全作业距离和最小组合间隙，如图 4-34 所示。最小安全距离是指为了保证人身安全，地电位作业人员与带电体之间应保持的最小距离；最小对地安全距离是指为保证人身安全检查，等电位作业人员与周围接地体之间应保持的最小距离；最小相间安全距离是指为保证人身安全，等电位作业人员与邻近带电体之间应保持的最小距离；最小安全作业距离是指为保证人身安全，考虑到工作中必要的活动范围，地电位作业人员在作业过程中与带电体之间应保持的最小距离。确定最小安全作业距离的基本原则是：在最小安全检查距离的基础上增加一个合理的人体活动增量，一般而言，增量可取 0.5m；最小组合间隙是指为了保证人身安全，在组合间隙中的作业人员处于最低 50%操作冲击放电电压位置时，人体对接地体和对带电体两者应保持的最小距离之和。

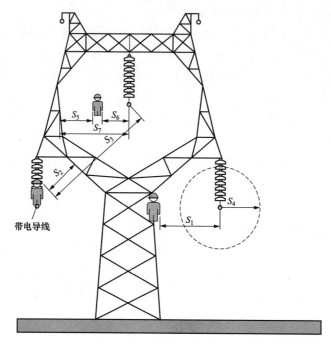

图 4-34　带电作业安全距离

S_1—最小安全距离；S_2—最小对地安全距离；S_3—最小相间距离；S_4—最小安全作业距离；S_5—在组合间隙中的作业人员，人体对接地体应保持的最小距离；S_6—在组合间隙中的作业人员，人体对带电体应保持的最小距离；最小组合间隙＝S_5＋S_6＋0.5m；S_7＝S_5＋S_6—最小组合间距

36．带电作业常用作业文件有哪些？

答： 带电作业常用作业文件有：现场勘察记录表、安全技术交底单、带电作业工作票、作业指导书。

37．现场勘察的目的是什么？

答： 通过现场勘察的结果对带电作业工作的必要性和可行性作出准确的判断，确定作业方法、安全措施、工具器和材料。

38．现场勘察的主要内容有哪些？

答： 现场勘察的主要内容有：作业杆塔型式、同杆（塔）架设双回或多回线路设备间距、邻近线路及交叉跨越情况、作业现场的条件、环境及其他影响作业的危险点、设备缺陷位置及状态等。

39．什么情况下需要编制施工方案？

答：（1）难度大、较复杂、风险高的带电作业项目应编制施工方案；

（2）带电作业新方法、新工具、新工艺在投入使用前应编制施工方案。

40．带电作业指导书主要包含哪些内容？

答：带电作业指导书主要包含：基本信息、作业前准备、基准风险评估、作业过程作业记录、作业终结。

41．带电作业对气象条件有什么要求？为什么雷雨雪雾和大风天气不能进行带电作业？

答：带电作业要在良好天气下进行，遇到雷电、雪、雹、雨、雾等，风力大于 5 级，湿度大于 80%时，暂停作业。雷雨时，无论是感应雷还是直击雷都可能产生大气过电压，不仅影响到电网的安全稳定运行，还可能使电气设备绝缘和带电作业工具遭到破坏，给人身安全带来严重危险；阴雨、雾和潮湿天气时，绝缘工具长时间在露天中作业会被潮侵，此时绝缘强度下降，甚至会使工具产生形变及其他绝缘问题；严寒雪天气，导线本身弛度减小、拉伸应力增加，有时甚至接近至导线的最大使用拉力，在这种状况下进行工作，将加大导线的荷载，如牵引力过大，可能导致杆塔横担、主要受力构件损伤，甚至引发倒杆断线；当风力超过 5 级时，人员在空中作业会出现较大的侧向受力，使工作的稳定遭到破坏，给操作和作业造成困难，监护能见度降低，线路出现故障的概率增大。

42．在带电作业过程中遇到天气突变应如何处理？

答：带电作业过程中遇到天气突变，危及人身或设备安全时，立即停止工作。在保证人身安全的前提下，尽快恢复设备正常状况，或采取其他安全措施。

43．带电作业过程中，作业人员要承受电压的类型有哪些？

答：作业人员在作业过程中承受着设备、线路的正常工作电压，电网内部故障时的暂时过电压和开关操作时所引起的操作过电压。

44．什么是过电压？过电压的种类有哪些？

答：超过设备最高运行电压，对绝缘有危害的电压升高称过电压。过电压分为内部过电压和外部过电压。内部过电压是由于电网内部在故障和开关操作时发生振荡所引起的过电压，分为暂时过电压和操作过电压两种；外部过电压也称雷电过电压或大气过电压，雷电过电压分为直击雷过电压和感应雷过电压两种；暂时过电压又分为工频电压升高和谐振过电压。

45．什么是静电感应现象？

答：当移动一个导体接近一个带电体时，靠近带电体的一侧，会感出于带电体极性相反的电荷，而远离带电体的另一侧，会感应出于带电体极性相同的电荷，这种现象被称为静电感应现象。

46．防止静电感应伤害的主要措施有哪些？

答：（1）在 220kV 线路杆塔上作业的地电位电工应穿导电鞋；在 330～500kV 线路杆塔上作业的地电位电工应穿全套高压静电防护服或屏蔽服（包括帽、衣、裤、鞋和手套）。

（2）已退出运行的设备而附近有强电场存在时，其绝缘体上的金属部件，必须先行接地，才能徒手触及。

（3）在强电场下用绝缘绳索传递大、长金属物件时，必须先行接地才能徒手触及。

（4）在 330～500kV 线路下方或变电站内放置的汽车或体积较大的金属作业机具，必须先行接地才能徒手触及。

（5）绝缘架空地线应视为带电体，作业人员应对其保持足够的安全距离或用带接地线的绝缘棒先行接地后，才能触及。

47. 带电作业中为什么会产生暂态电击？预防措施有哪些？

答：带电作业时，如人体与接地部分绝缘，当人体进入强电场后，在电场作用下，由于静电感应，使人体内积聚电荷，电位升高，在这种情况下，人体一旦与杆塔或接地部分接触，就会引起瞬间放电，人就会感到麻刺或不适，往往造成意外。有效而简便的解决方法就是穿导电鞋和屏蔽服，使人体内不积聚电荷而保持"零电位"。

48. 在什么情况下泄漏电流会流过人体？怎样防护？

答：正常运行的绝缘子串上都有泄漏电流流过。塔上电工在横担一侧取脱绝缘子串时，绝缘子串的另一端未脱离带电体，绝缘子串的泄漏电流将通过人体流入大地。防止泄漏电流流经人体造成不良后果（如由于刺痛使操作者失手，导致绝缘子串坠落），采用塔上电工穿屏蔽服，使泄漏电流通过屏蔽服的手套和衣裤流入大地，也可以使用金属连接线把绝缘子的钢帽与横担（接地体）连接，使取脱绝缘子串过程中泄漏电流通过金属线流入大地。

49. 带电作业对屏蔽服的加工工艺和原材料的要求有哪些？

答：带电作业对屏蔽服的加工工艺和原材料的要求有：

（1）屏蔽服的导电材料应由抗锈蚀、耐磨损、电阻率低的金属材料组成；

（2）布样纺织方式应有利于经纬间纱线金属的接触，以降低接触电阻，提高屏蔽率；

（3）分流线对降低屏蔽服电阻及增大通流容量起重要作用，所有各部件（帽、袜、手套等）连接均要用两个及以上连接头；

（4）纤维材料应有足够的防火性能；

（5）尽量降低人体裸露部分表面电场，缩小裸露面积。

50. 屏蔽服有哪些种类？其适用范围是什么？

答：由于不同电压等级对屏蔽服的要求有所区别，屏蔽服可分为Ⅰ型、Ⅱ型两类。Ⅰ型屏蔽服用于交流 110（66）kV、500kV、直流±500kV 及以下电压等级的作业；Ⅱ型屏蔽服用于交流 750kV 电压等级的作业。Ⅱ型屏蔽服必须配置面罩，整套服装为连体衣裤帽。

51. 使用屏蔽服的注意事项有哪些？

答：使用屏蔽服之前应测量整套屏蔽服最远端点之间的电阻值，其数值应不大于20Ω，对屏蔽服外观进行详细检查，确无钩挂、破洞、折损处，如有破损应及时加以修补，检测合格后方可使用，如图 4-35 所示。屏蔽服使用完毕，应卷成圆筒形存放在专门的箱子内，不得挤压，造成断丝。使用后洗涤汗水时不得揉搓，可放在较大体积的 50°左右的热水中浸泡 15min，然后用大量清水冲洗晾干。

图 4-35　屏蔽服电阻检测

52．工作许可方式有哪些类别？

答：工作许可方式有：当面下达、电话下达、派人送达和信息系统下达。

53．现场工前会的主要内容有哪些？

答：（1）带电作业开始前应召开现场工前会，由工作负责人（监护人）对工作班组所有人员或工作分组负责人、工作分组负责人（监护人）对分组人员进行安全交代，如图 4-36 所示。

图 4-36　召开现场工前会及签名确认

（2）交代内容包括工作任务及分工、作业地点及范围、作业环境及风险、安全措施及注意事项。

（3）被交代人员应准确理解所交代的内容，并签名确认。

54．为什么带电作业时要向调度申请退出线路重合闸装置？

答：重合闸装置是继电保护的一种，断路器跳闸不再重合，减少过电压出现的机会，发生事故，保证事故不再扩大，作业人员免遭第二次电压伤害，避免过电压而引起的对地放电严重后果。

55．什么情况下应停用线路重合闸装置或退出再启动功能？

答：中性点有效接地系统中有可能引起单相接地的作业；中性点非有效接地系统中有可能引起相间短路的作业；直流线路中可能引起单极接地或极间短路的作业；工作票签发人或工作负责人认为需要停用重合闸或退出再启动功能的作业。

56．带电作业过程中遇到设备突然停电时怎么办？

答：带电作业过程中遇到设备突然停电，视作业设备仍然带电，调度值班人员未与工作负责人（或末级许可人）取得联系前不得强送电，工作负责人尽快与调度（或末级许可人）联系并报告工作现场状况，根据实际情况将人员撤离作业现场待命。

57．使用火花间隙检测绝缘子时，应遵守哪些规定？

答：检测前，应对火花间隙装置进行检查，保证操作灵活，测量准确；针式及少于3片的悬式绝缘子不得使用火花间隙检测装置进行检测；检测不同电压等级的绝缘子串时，当发现一串中剩余良好绝缘子片数不能保证正常运行电压的要求，应立即停止检测，同一串绝缘子中允许零值绝缘子片数见表4-10；测量顺序应先从导线侧开始逐片向横担侧进行；应注意检测仪靠近导线时的放电声与火花间隙放电声的区别，以免误判。

表 4-10　　　　　　　　　同一串中允许零值绝缘子片数

电压等级（kV）	35	63（66）	110	220	500
绝缘子串片数	3	5	7	13	28
零值片数	1	2	3	5	6

注　如绝缘子串的片数超过表中规定时，零值绝缘子允许片数可相应增加。

58．为什么带电作业中对绝缘子的良好片数作出规定？

答：各级电压设备使用的绝缘子片数，在干燥气象条件下都有一定的安全裕度。当绝缘子串中少量绝缘子损坏并不会立即发生事故。但如在被更换的绝缘子中，失效绝缘子超过了一定限度是极不安全的，因此，必须作出良好绝缘子片数的规定。

59．采用单吊点装置更换绝缘子串时，为什么要采取防止导线滑脱的后备措施？

答：更换绝缘子串或移动导线而需吊线作业时，大多使用绝缘拉板（杆）及配套的专用工具，若无专用工具时，一般使用滑车组和绝缘绳来进行吊线。在工作过程中，当松开线夹或取脱绝缘子串的挂环时，导线立即与杆塔脱开，仅通过装置或完全由人力控制绝缘绳控制导线，如果绳子受力过大以至超过拉断力而崩断或因部分机械缺陷等与导线脱开时，就会产生严重的带电导线落地的事故，显然，这种单一方法不够可靠，必须增加防止导线滑脱的后备保护措施，如图 4-37 所示。

导线保护绳

图 4-37　更换单吊点绝缘子串采取防止导线滑脱后备措施

60．在连续档距的导、地线上挂软梯的等电位工作，对导地线截面有什么要求？

答：挂软梯的等电位工作，所挂导、地线截面应不小于：钢芯铝绞线为 120mm^2；铜绞线为 70mm^2；钢绞线为 50mm^2。

61．带电更换耐张绝缘子串时产生过牵引有什么危害？

答：带电更换耐张绝缘子串时会产生过牵引，由于采用不同的作业方式或不同工具而产生的过牵引量是不同的，在孤立档内收导线时过牵引尤为突出，其值很高，有可能造成横担变形、导线拉断或工具损坏等严重后果。

62．带电水冲洗设备有什么具体要求？

答：冲洗顺序不同闪络电压会发生变化。一种是按顺序从下向上或从导线侧向地电位侧冲洗，其冲洗溅湿面小，不会使其他脏污层被淋湿。另一种是从上向下冲洗，不待上层脏污冲净就已将部分绝缘表面渗湿，这种顺序湿闪电压会大幅度降低，瞬间整个绝缘层会产生严重拉弧闪络。而第一种顺序（即从下向上冲）不至于发生严重放电情况。带电水冲洗如图 4-38 所示。

图 4-38　带电水冲洗

冲洗不同设备冲洗顺序不同：

（1）对悬垂安装的绝缘子串，瓷套管和棒式绝缘子，应按照从下向上的顺序，逐片、逐层或分段冲洗。

（2）对水平安装的耐张绝缘子串，瓷套管及棒式绝缘子，应由导线侧向横担低电位侧逐层、逐段冲洗。

（3）对上、下层布置的绝缘子，应按照先下层后上层的顺序清洗。

（4）在有风天气冲洗时，应先冲洗下风侧，后冲洗上风侧的顺序，操作时严格执行专业作业规定，注意选择合适的冲洗角度，避免溅射产生水雾而引起闪络。

63. 带电水冲洗时影响水柱泄漏电流的主要因素有哪些？

答： 影响水柱泄漏电流的主要因素有：

（1）被冲洗电气设备的电压；

（2）水柱的水电阻率；

（3）水柱的长度；

（4）水枪喷口直径。

64. 什么是工作终结？办理工作终结有哪些注意事项？

答： 带电作业的工作终结是指工作负责人持有工作票的作业终结。即本次作业已完成，作业人员布置的现场安全措施已拆除并恢复至作业前状态，现场已清理，人员已撤离，工作负责人向工作许可人报告作业完工情况，双方办理相应的作业终结手续。

办理工作终结注意事项如下：

（1）分组工作的工作票作业终结前，工作负责人应收到所有分组负责人作业已结束的汇报，方可办理作业终结；

（2）全部作业结束，作业人员撤离现场后、办理作业终结前，任何人员未经工作负责人许可，不得进入工作现场。

第八节　电力电缆作业

1. 常见的输电电缆作业内容有哪些？

答： 常见的电缆作业有电缆敷设、电缆附件安装、电缆试验及故障查找、电缆接地系统检修、电缆工程验收、电缆巡视。

2. 电缆作业的一般要求是什么？

答：（1）在电力电缆的沟槽开挖、电缆安装、运行、检修、维护和试验等工作中，作业环境应满足安全要求。

（2）工作前应详细核对电缆标志牌的名称是否与工作票相符，安全措施正确可靠后，方可开始工作。

（3）电缆隧道、电缆井内应有充足的照明，并有防火、防水、通风的措施。

（4）进入电缆井、电缆隧道前，先用吹风机排除浊气，再用气体检测仪检查井内或隧道内的易燃易爆及有毒气体含量。

（5）在电缆隧道内工作时，通风设备应保持常开，以保证空气流通。在通风条件不良的电缆隧道内进行长距离巡视时，工作人员应携带便携式有害气体测试仪及自救呼吸器。

3．有限空间的定义和基本特征是什么？

答：有限空间是指封闭或部分封闭，进出口较为狭窄有限，未被设计为固定工作场所，自然通风不良，易造成有毒有害、易燃易爆物质积聚或氧含量不足的空间。有限空间的基本特征：空间有限、自然通风较差、常伴有有害气体或者易燃易爆气体，空间狭窄易导致安全距离不足，对人身安全构成较大威胁。电缆通道内作业就是典型的有限空间作业。

4．有限空间作业有哪些风险？

答：有限空间作业风险类别主要包括但不限于以下几方面：

（1）作业空间场地狭窄，施工作业时易引发高坠、触电、物体打击、机械伤害等事故事件。

（2）作业空间场地封闭，可能存在酸、碱、毒、尘、烟等具有一定危险性的介质，易引发窒息、中毒、火灾或爆炸等事故事件。

（3）作业空间封闭，长期无人进入，容易聚聚有毒昆虫、动物等，人员突然进入易受攻击。

（4）作业空间温湿度高，作业人员体能消耗大，易引发因工作疲劳导致的人身伤害事故事件。

（5）作业空间照明不良、通信不畅，工作监护困难、应急救援困难。

5．开展电缆有限空间作业有哪些安全注意事项？

答：有限空间作业应注意以下工作要求：

有限空间作业应遵循"谁批准、谁负责；谁发包、谁负责；谁作业、谁负责"的安全管理原则，现场作业班组应严格执行"先通风、再检测、后作业"的基本要求。有限空间作业单位应实施作业审批、许可手续。未经审批、许可手续，任何人不得进入有限空间作业。

（1）可能存在有缺氧、易燃、易爆、有毒气体等有限空间场所，严格执行"先通风、再检测、后作业"的基本要求。作业开始前30min内开展通风和气体检测，检测结果合格后方可开展作业；作业中断30min以上，需重新检测气体。

（2）开启的门、窗、通风口、出入口、入孔、盖板、作业区及上下游井盖等不准擅自封闭，做好安全警示及周边拦护。电缆井、隧道井盖开启后，应有人看守。

（3）在有限空间外按照氧气、可燃性气体、有毒有害气体的顺序，对有限空间内气体进行检测。检测时应记录检测的时间、地点、气体种类、浓度等信息。正常氧含量为19.5%～23.5%。低于19.5%为缺氧环境，存在窒息可能；高于23.5%可能引发氧气中毒。一种气体检测仪如图4-39所示。

（4）作业人员使用踏步、爬梯、安全梯进入有限空间的，作业前应检查其牢固性和安全性，确保进出安全。

（5）现场施工设备应使用具有漏电保护装置的电源。手持照明设备电压应不大于

24V，在积水、结露的地下有限空间作业，手持照明电压应不大于12V。

（6）禁止在井内、隧道内以及封闭的场所使用燃油（气）发电机等设备，防止作业人员缺氧或有害气体中毒。地上井口附近使用燃油（气）发电机等设备时，应放置在下风侧，与井口保持一定距离，防止废气进入井内。

（7）在有限空间内开展明火作业、热熔焊接作业等动火工作，应采取连续机械通风措施，防止作业人员缺氧窒息。

（8）作业过程中严禁关闭出入口的门盖，限制最长连续作业时间，到期轮换。

（9）有限空间作业时必须派专人监护，监护人员应在有限空间外持续监护，能够与作业者进行有效的操作作业、报警、撤离等信息沟通，工作期间严禁擅离职守。

图 4-39　一种气体检测仪

（10）作业过程中，一旦检测仪报警或发生安全防护设备、个体防护装备失效或作业人员出现身体不适时，作业人员应立即撤离有限空间。未判明原因，消除隐患前，禁止继续开展作业。

（11）发生险情时，需严格按照应急预案进行救援和处置，救援人员应做好自身防护，配备应急救援防护设备设施，严禁盲目施救，以防事故扩大。工作结束后，确认撤场的人员人数与入场时一致。一旦发生有限空间作业事故，作业现场负责人应及时向本单位报告事故情况，在分析事发有限空间环境危害控制情况、应急救援装备配置情况以及现场救援能力等因素的基础上，判断可否采取自主救援以及采取何种救援方式。若现场具备自主救援条件，应根据实际情况采取非进入式或进入式救援，并确保救援人员人身安全；若现场不具备自主救援条件，应及时拨打 119 和 120，依靠专业救援力量开展救援工作，决不允许强行施救。受困人员脱离有限空间后，应迅速被转移至安全、空气新鲜处，进行正确、有效的现场救护，以挽救人员生命，减轻伤害。

6. 开展电缆试验有哪些安全注意事项？

答：开展电缆试验安全注意事项如下：

（1）电力电缆试验要拆除接地线时，应征得工作许可人的许可（根据调度员命令装设的接地线，应征得调度员的许可），方可进行，工作完毕后立即恢复。

（2）电缆耐压试验前，加压端应做好安全措施，防止人员误入试验场所。另一端应设置围栏并挂上警告标志牌。如另一端是上杆的或是锯断电缆处，应派人看守。

（3）电缆试验前后以及更换试验引线时，应对被试电缆（或试验设备）充分放电，作业人员应戴绝缘手套。

（4）电缆耐压试验分相进行时，另两相电缆应短路接地。若同一通道敷设有其他停运或未投运电力电缆，也应将其短路接地。

（5）电缆试验结束，应对被试电缆进行充分放电，并在被试电缆上加装临时接地线，待电缆尾线接通后方可拆除。

（6）电缆故障定点时，不应直接用手触摸电缆外皮或冒烟小洞。

7. 开展电缆施工作业有哪些安全注意事项？

答： 开展电缆施工作业安全注意事项如下：

（1）电缆施工前应先查清图纸，再开挖足够数量的样洞和样沟，查清运行电缆位置及地下管线分布情况。

（2）在电缆通道内不应使用大型机械开挖沟槽，硬路面面层破碎可使用小型机械设备，但应有专人监护，不得深入土层。若要使用大型机械设备时，应履行相应的报批手续。

（3）掘路施工应具备相应的交通组织方案，做好防止交通事故的安全措施。施工区域应用标准路栏等严格分隔，并有明显标记，夜间施工人员应佩戴反光标志，施工地点应加挂警示灯。挖到电缆保护层后，应由有经验的人员在场指导和监护方可继续进行。

（4）敷设电缆过程中，应有专人指挥，电缆移动时严禁用手搬动滑轮。

（5）移动电缆接头一般应停电进行。

（6）开断电缆前，必须与电缆图纸核对是否相符，并使用专用仪器确定作业对象电缆停电后，用电缆试扎装置扎入电缆芯后方可作业。

（7）开启高压电缆分支箱（室）门应两人进行，接触电缆设备前应验明确无电压并接地。高压电缆分支箱（室）内工作时，应将所有可能来电的电源全部断开。

（8）开启电缆井井盖、电缆沟盖板及电缆隧道人孔盖时应使用专用工具，同时注意所立位置，以免滑脱后伤人。开启后应设置标准路栏围起并有人看守。工作人员撤离电缆井或隧道后，应立即将井盖盖好，以免行人碰盖后摔跌或不慎跌入井内。

（9）电缆沟的盖板开启后，应自然通风一段时间，经气体检测合格后方可下井沟工作。电缆井内工作时，禁止只打开一只井盖（单眼井除外）。

8. 电缆敷设有哪些常见类型？

答： 按电缆通道的类型不同，常见的电缆敷设一般可分为直埋敷设、电缆沟（隧道、顶管）敷设、排管（非开挖定向钻）敷设、水底敷设等。

9. 电缆敷设有哪些常用的机具？

答： 电缆敷设机具是用以减轻人体的劳动强度和保持电缆线路应有的工程质量的机具，主要有以下几种：

（1）起重运输机械。包括汽车、吊车、自卸汽车等，用于各类设备、材料的装卸和运输。

（2）电力电缆盘放线支架和电力电缆盘轴。用以支撑和施放电力电缆盘，电力电缆盘放线支架的高低和电力电缆盘轴的长短视电力电缆质量而定。为了能将重几十吨的电力电缆盘从地面抬起，并在盘轴上平稳滚动，特制的电力电缆支架是电力电缆施工时必不可少的机具。它不但要满足现场使用轻巧的要求，而且当电力电缆盘转动时它应有足够的稳定性，不致倾倒。通常电力电缆支架的设计，还要考虑能适用于多种电力电缆盘直径的通用，电力电缆盘的放置，应使拉放方向与滚动方向相反。

（3）千斤顶。敷设时用以顶起电力电缆盘，千斤顶按工作原理可分为螺旋式和液压式牵引种类型。螺旋式千斤顶携带方便,维修简单,使用安全;起重高度为 110～200mm,可举开支架质量为 3～100t。液压式千斤顶起质量大,工作平稳,操作省力,承载能力大,自重轻,使用搬运方便;起重高度为 100～200mm,可举升质量为 3～320t。

(4)电动卷扬机。敷设电力电缆时用以牵引电力电缆端头,电动卷扬机起重能力大,速度可通过变速箱调节,体积小,操作方便安全。

(5)滑轮组。敷设电力电缆时将电力电缆放于滑轮上,以避免对电力电缆外护套的伤害,并减小牵引力。滑轮分直线滑轮和转角滑轮两种,前者适用于直线牵引段,后者适用于电力电缆线路转弯处。滑轮组的数量,按电力电缆线路长短配备,滑轮组之间的间距一般为 1.5～2m。

(6)牵引头和钢丝牵引网套。牵引头和钢丝牵引网套是敷设电力电缆时用以拖拽电力电缆的专用装备。电力电缆牵引头不但是电力电缆端部的一个密封套头,而且是在牵引电力电缆时将牵引力过渡到电力电缆导体的连接件。电力电缆钢丝牵引网套适用于电力电缆线路不长的线路敷设,因为用钢丝网套套在电力电缆端头,只是将牵引力过渡到电力电缆护层上,而护层的允许牵引强度较小,因此它不能代替电力电缆牵引头。

(7)防捻器。防捻器是牵引头(或网套)与牵引绳之间的连接器,其两侧可相对旋转以防止牵引绳因旋转打扭。在专用的电力电缆牵引头和钢丝牵引网套上,还装有防捻器,用来消除用钢丝绳牵引电力电缆时的扭转应力。因为在施放电力电缆时,电力电缆有沿其轴心自转的趋势,电力电缆越长,自转的角度越大。

(8)电力电缆盘制动装置。电力电缆盘在转动过程中应根据需要进行制动,以便在停止牵引后电力电缆继续滚动引起电力电缆弯折而造成的伤害。

(9)安全防护遮拦及红色警示灯。施工现场的周围应设置安全防护遮拦和警告标志,在夜间应使用红色警示灯作为警告标志。

10.电缆敷设的一般要求是什么?

答:电缆敷设的一般要求如下:

(1)电缆优先选择沿现状道路敷设,宜避开城市规划改造区、已规划待改造道路等区域。

(2)电缆需要穿越河流时,宜优先考虑利用交通桥梁或交通隧道敷设,其次考虑采用建设电缆专用桥、专用隧道或采用非开挖技术敷设等。

(3)供敷设电缆用的土建设施宜按电网远景规划并预留适当裕度一次建成,以减少重复施工对周边环境影响。

(4)110kV 及以上线路不宜采用电缆与架空线路的混合接线方式,如需采用,电缆线路段宜至少一端直接接入变电站。

(5)电缆敷设时的牵引力和侧压力、弯曲半径等应满足规程要求。电缆敷设和运行时的最小弯曲半径要求见表 4-11。

表 4-11 　　　　　　　　电缆敷设和运行时的最小弯曲半径要求

项目	35kV 及以下的电缆				66kV 及以上的电缆
	单芯电缆		三芯电缆		
	无铠装	有铠装	无铠装	有铠装	
运行时	20D	15D	15D	12D	20D
运行时	15D	12D	12D	10D	15D

注　1. D 为成品电缆实测外径。

　　2. 制造厂有规定的，按制造厂提供的技术资料的规定。

11. 电缆敷设后固定的要求是什么？

答： 安装在构筑物中的电缆，需要在电缆线路上设置适当数量的夹具把电缆加以固定，用以分段承受电缆的重力，使电缆护层免于受机械损伤。固定电缆时还应充分注意到电缆因负荷或气温的变化而热胀冷缩时所引起的热机械应力。在设计电缆的固定方式时，就要充分考虑如何将这种应力和应变控制在最小允许范围内。按照这个要求，敷设较大截面的电缆时，应根据整条电缆线路刚度一致的原则，采用挠性固定或刚性固定的方式。

挠性固定是沿平面或垂直部位的电缆线路成蛇形波（一般为正弦波形）敷设的形式，蛇形波幅的变化来吸收由于温度变化而引起电缆的伸缩。挠性固定允许电缆在受热膨胀时产生一定的位移，但要加以妥善地控制使这种位移。

刚性固定，即两个相邻夹具间的电缆在受到由于自重或热胀冷缩所产生的轴向推力后而不能发生任何弯曲变形。刚性固定时，导体的膨胀全部被阻止而转变为内部压缩应力，以防止在金属护套上产生严重的局部应力。因此，电缆线路在空气中敷设时，必须装设夹具使电缆不产生弯曲。

12. 电缆固定的注意事项是什么？

答： 电缆的固定一般从一端开始向另一端进行，切不可从两端同时进行，以免电缆线路的中部出现电缆长度不足或过长的现象，使中部的夹具无法安装。固定操作亦可从中间向两端进行，这种程序只有在电缆两端裕度较大时才允许。

对于高落差电缆，特别是竖井里固定夹具的安装必须从竖井底部开始向上进行，使电缆承受的重力逐步予以消除。这种操作方法要比由上而下容易得多，因为当下部安装好一只夹具后，借助于上部牵引机具调整好电缆的长度及蛇形波幅值，即可安装向上的第二个夹具，依次类推。如果由竖井口开始向下安装，当上部夹具安装固定后，上部的牵引机具即失去作用，使牵引机具以下的电缆固定产生困难。

固定夹具的安装一般由有经验的人员进行操作。最好使用力矩扳手，对夹具两边的螺栓交替地进行紧固，使所有的夹具松紧程度一致，电缆受力均匀。

其他还需注意事项有：

（1）敷设于桥梁支架上的电缆，固定时应采取防振措施，如采用砂枕或其他软质材料。

（2）使用于交流的单芯电缆或分相金属护套电缆在分相后的固定，其夹具不应有铁件构成磁的闭合通路；按正三角形排列的单芯电缆，每隔 1m 应用绑带扎牢。

（3）所有夹具的铁制零部件，除预埋螺栓外，均应采用镀锌制品。

13. 电缆附件安装的基本原理是什么？

答：电缆附件安装的过程，必然伴随破坏电缆本体本身的完整性。同时，电缆附件又是电缆功能的一种延续。因此，对于电缆本体的导体、半导电、绝缘、屏蔽及护层等各部分的性能要求，电缆附件也需满足。尤其是中间接头，我们某种程度上可以简单地认为中间接头的制作过程就是在恢复电缆的各层结构。

14. 电缆附件安装对人员有什么要求？

答：按照中国南方电网公司《35kV～500kV 电力电缆线路运行规程（试行）》规定，安装电缆附件的施工人员应经过专业训练并取得相应资格证书，在安装前须接受电缆附件技术交底，通过技能评估。电缆附件安装应按照工艺说明进行，并由厂家派专人全程开展安装工艺指导与监督，同时做好电缆附件安装记录和关键工序的拍照，安装记录应由厂家、安装人员与现场监理三方签字认可。

15. 典型电缆附件安装的流程是什么？

答：此处仅举三类典型附件安装工艺为例，详细的安装工艺流程应以规程和附件厂家的工艺说明书为准。

（1）110kV 电缆户外终端制作工艺流程：施工准备—开断电缆及电缆护套的剥切—电缆加热校直—屏蔽及绝缘处理—安装应力锥—压接出线杆—安装套管及金具—接地与密封收尾处理—质量验评—结束。

（2）110kV 电缆中间接头制作工艺流程：施工准备—开断电缆及电缆护套的剥切—电缆加热校直—屏蔽及绝缘处理—套入橡胶预制件及导体连接—带材绕包—外保护盒密封及接地处理—收尾处理—质量验评—结束。

（3）35kV 三芯电缆户外终端制作工艺流程：施工准备—剥外护套、铠装和内护套—电固定接地线，绕密封填充胶—缩冷缩分支手套、确定安装尺寸—剥铜屏蔽层、半导电层—剥线芯绝缘—安装终端、罩帽—压接接线端子、连接地线—收尾处理—质量验评—结束。

16. 开展电缆附件安装主要有哪些安全注意事项？

答：开展电缆附件安装安全注意事项如下：

（1）应保持现场环境洁净，应设防尘、防潮措施，一般应搭建工棚。

（2）应保持适当的湿度和相对湿度。附件厂家未提供的，一般将温度控制在 0～35℃，相对湿度控制于 70%及以下。安装电缆附件不得直接在雾、雨或大风环境中施工。

（3）电缆附件安装，应核对电缆相序并做好标记。

（4）电缆附件应具有产品合格证书、出厂试验合格，各配件均在有效期内。

（5）电缆本体质量合格、线芯良好无锈蚀、未进水，绝缘无杂质。

（6）电缆附件安装必须严格按产品工艺说明书规定尺寸进行剥切、定位、安装。

（7）需注意关键节点的工艺情况。如绝缘表面是否光滑、无划痕；半导电断口是否平齐、无台阶、无毛刺、无凹槽。

（8）电缆线路的交叉互联箱和接地箱箱体不得选用铁磁材料，固定牢固可靠，密封满足长期浸水的要求。

17. 电缆试验一般有哪些种类？

答：电缆试验按大类一般分为预防性试验和交接试验。预防性试验是在电缆运行和维护工作中，为了发现运行中设备的隐患，预防发生事故或设备损坏，对设备进行的检查、试验或监测，是保证电力系统安全运行的有效手段之一。交接试验是电力设备安装完毕后，为了验证电力设备的性能达到设计要求和满足安全运行的需要而做的电气试验。

18. 电缆交接试验有哪些内容和要求？

答：目前最常用橡塑绝缘电力电缆交接试验的内容和要求见表 4-12，试验电压和时间见表 4-13。

表 4-12　　　　　　　　常用橡塑绝缘电力电缆交接试验的内容和要求

序号	类别	项目	要　　求	验收方式
1	交接试验	绝缘电阻	（1）一般应大于 1000MΩ； （2）额定电压 0.6/1kV 电缆用 1000V 绝缘电阻表，0.6/1kV 以上电缆用 2500V 绝缘电阻表，6/6kV 及以上电缆也可用 5000V 绝缘电阻表	资料验收
2	交接试验	电缆外护套、内衬层绝缘电阻	（1）测量采用 500V 绝缘电阻表； （2）绝缘电阻不低于 0.5MΩ/km 且试验段绝缘电阻不小于 50MΩ	资料验收
3	交接试验	电缆外护套直流电压试验	（1）仅对单芯交流电缆进行，110kV 及以上单芯电缆外护套连同接头外保护层施加 10kV 直流电压，试验时间 1min，不应击穿，试验前后绝缘电阻值无明显变化； （2）为了有效试验，外护套全部外表面应接地良好	旁站见证
4	交接试验	电缆主绝缘交流耐压试验	（1）试验频率优选 20～300Hz，试验电压和时间符合相关规定； （2）不具备试验条件时可用施加正常系统相对地电压 24h 方法替代； （3）耐压试验前后应进行绝缘电阻测试，测得值应无明显变化	旁站见证
5	交接试验	相位核对	检查电缆线路的两端相位应一致，并与电网相位相符合	资料验收
6	交接试验	局部放电试验	（1）对于 35kV 及以下电缆线路，交接试验宜开展局部放电检测； （2）对于 66kV 及以上电缆线路，在主绝缘交流耐压试验期间应同步开展局部放电检测	旁站见证

表 4-13　　　　　　　　不同电压等级的试验电压和时间要求

额定电压 U_0/U（kV）	试验电压	时间（min）
18/30 及以下	$2U_0$	15（或 60）
21/35-64/110	$2U_0$	60
127/220	$1.7U_0$（或 $1.4U_0$）	60
190/330	$1.7U_0$（或 $1.3U_0$）	60
290/500	$1.7U_0$（或 $1.1U_0$）	60

19. 电缆预防性试验有哪些内容和要求？

答：表 4-14 中所列为目前最常用橡塑绝缘电力电缆预防性试验的内容、周期和要求。

表 4-14　　　　　常用橡塑绝缘电力电缆预防性试验的内容、周期和要求

序号	项目	周期	要求	备注
1	红外检测	（1）35kV、110kV 6个月； （2）220kV 3个月； （3）500kV 1个月	（1）具体按 DL/T 664—2016《带电设备红外诊断应用规范》执行； （2）测温周期可根据实际或运维策略动态调整	（1）用红外热像仪测量，对电缆终端接头和非直埋式中间接头进行。 （2）结合运行巡视进行，并记录红外成像谱图。 （3）已采取防火防爆措施不具备测试条件的中间接头可不进行。 （4）同隧道内不同电压等级电缆应同时进行检测
2	主绝缘绝缘电阻	新作终端或接头后	陆地电缆：一般应大于 1000MΩ； 海底电缆：35kV 应不小于 100MΩ，110kV 及以上应大于 500MΩ	（1）使用 2500V 及以上绝缘电阻表； （2）通过 GIS 地刀连板测试的不适用
3	主绝缘交流耐压试验	（1）大修新作终端或接头后 （2）必要时，如：怀疑有故障时	陆地电缆：推荐使用频率20Hz～300Hz谐振耐压试验。 35kV 电压等级使用 1.6U0 试验电压持续 60min； 110kV 电压等级使用 1.6U_0 试验电压持续 60min； 220kV 及以上电压等级使 1.36U_0 试验电压持续 60min。 海底电缆：具体要求应按照 DL/T 1278执行	（1）不具备试验条件或运行超过设计寿命时可用施加正常系统相对地电压 24 小时方法替代； （2）耐压试验前后应进行绝缘电阻测试，测得值应无明显变化； （3）有条件时同步开展局部放电检测
4	外护套绝缘电阻	6 年	每千米绝缘电阻值不低于 0.5MΩ	（1）采用 500V 绝缘电阻表； （2）35kV 电缆可不进行
5	局放测试	（1）110kV 电缆线路投运后 3 年内一次，运行 20 年后每 6 年一次； （2）220kV 电缆线路投运后 3 年内一次，之后每6年一次； （3）500kV 电缆线路每 3 年一次	（1）按 GB/T 3048.12 的要求进行局放检测，应无明显局部放电信号； （2）110kV、220kV 电缆带电局放检测如发现疑似信号应跟踪复测，有条件宜安排停电检测，必要时更换； （3）当电缆线路负荷较重期间应适当调整检测周期； （4）对运行环境差、设备陈旧及缺陷设备，要增加检测次数； （5）测试周期可根据实际或运维策略动态调整	（1）可在带电或停电状态下进行，可采用：高频电流、振荡波、超声波、超高频等检测方法。 （2）安装高频局放在线监测系统的可适当延长检测周期

注 针对运行超过设计寿命的电缆线路，应结合迁改、技改项目及故障抢修，取样电缆（含接头）开展寿命评估，根据评估结论采取措施，同时应加强设备状态评价，缩短局部放电、红外检测和接地环流测试项目周期。

20．电缆故障有哪些类型？

答：当交接试验、预防性试验发现电缆及附件试验不合格或出现异常时，当电缆存在问题不具备运行条件时，需对可能存在的故障点进行查找和修复、处理，确保电缆设备能够满足正常运行的要求。电缆故障的类型一般分接地、短路、断线、闪络及混合故障五种。

21．电缆故障查找的主要作业流程是什么？

答：一旦电缆发生故障后，测试人员一般需要选择合适的测试方法和合适的测试仪

器，按照一定测试步骤来寻找故障点。电力电缆故障查找一般分故障性质诊断、故障测距、故障定点三个步骤进行。

故障性质诊断过程，就是对电缆的故障情况作初步了解和分析的过程。首先，可使用绝缘电阻表测量相间及每相对地绝缘电阻、导体连续性来确定电缆故障的性质（类型）属于接地、短路、断线、闪络及混合故障中的哪一种，必要时对电缆施加不超过 DL/T 596《电力设备预防性试验规程》规定的试验电压以判定其是否为闪络性故障。然后根据故障绝缘电阻的大小对故障性质进行分类，再根据不同的故障性质选用不同的测距方法粗测故障距离，然后再依据粗测所得的故障距离进行精确故障定点，在精确定点时也需根据故障类型的不同，选用合适的定点方法。例如，对于比较短的电缆（几十米以内）也可以不测距而直接定点；但对长电缆来说，如果漫无目的地定点将会延长故障修复时间，进而可能会影响测试信心而放弃故障的查找。

同时还应注意，电缆线路发生故障时，应根据线路跳闸、故障测距和故障寻址器动作等信息，对故障点位置进行初步判断；并组织人员进行故障巡视，重点巡视电缆通道、电缆终端、电缆接头及与其他设备的连接处，确定有无明显故障点。如未发现明显故障点，应对所涉及的各段电缆使用绝缘电阻表或耐压设备进一步查找故障点。查出故障电缆段后，应将其与其他带电设备隔离，并做好满足故障点测寻及处理的安全措施。

22. 电缆故障测距的主要方法及基本原理是什么？

答： 电缆故障测距主要有电桥法、低压脉冲反射法和高压闪络法。

（1）电桥法。主要包括传统的直流电桥法、压降比较法和直流电阻法等几种方法。它是通过测量故障电缆从测量端到故障点的线路电阻，然后依据电阻率计算出故障距离；或者是测量出电缆故障段与全长段的电压降的比值，再和全长相乘计算出故障距离的一种方法。一般用于测试故障点绝缘电阻在几百千欧以内的电缆故障的距离。

（2）低压脉冲法。又称雷达法，是在电缆一端通过仪器向电缆中输入低压脉冲信号，当遇到波阻抗不匹配的故障点时，该脉冲信号就会产生反射，并返回到测量仪器。通过检测反射信号和发射信号的时间差，就可以测试出故障距离。该方法具有操作简单、测试精度高等优点，主要用于对断线、低阻故障（绝缘电阻在几百欧以下）进行测试，但不能测试高电阻故障和闪络性故障，而高压电缆中高阻故障较多。

（3）高压闪络法。该方法是通过高压信号发生器向故障电缆中施加直流高压信号，使故障点击穿放电，故障点击穿放电后就会产生一个电压行波信号，该信号在测量端和故障点之间往返传播，在直流高压发生器的高压端，通过设备接收并测量出该电压行波信号往返一次的时间和脉冲信号的传播速度相乘而计算出故障距离的一种方法。

23. 电缆故障精确定位的主要方法及基本原理是什么？

答： 电缆故障精确定位主要有音频感应法、声测法、声磁同步法和跨步电压法。

（1）音频感应法。此方法主要是用来探测电缆的路径走向。在电缆两相间或者相和金属护层之间（在对端短路的情况下）加入一个音频电流信号，用音频信号接收器接收这个音频电流产生的音频磁场信号，就能找出电缆的敷设路径；在电缆中间有金属性短路故障时，对端就不需短路，在发生金属性短路的两者之间加入音频电流信号后，音频信号接收器在故障点正上方接收到的信号会突然增强，过了故障点后音频信号会明显减弱或者消失，用这种方法可以找到故障点。这种方法主要用于查找金属性短路故障或距离比较近的开路故障的故障点（线路中的分布电容和故障点处电容的存在可以使这种较高频率的音频信号得到传输）。对于故障电阻大于几十欧姆以上的短路故障或距离比较远的开路故障，这种方法不再适用。

（2）声测法。该方法是在对故障电缆施加高压脉冲使故障点放电时，通过听故障点放电的声音放来找出故障点的方法。但由于外界环境一般很嘈杂，干扰比较大，有时很难分辨出真正的故障点放电的声音。

（3）声磁同步法。这种方法也需对故障电缆施加高压脉冲使故障点放电。当向故障电缆中施加高压脉冲信号时，在电缆的周围就会产生一个脉冲磁场信号，同时因故障点的放电又会产生一个放电的声音信号，由于脉冲磁场信号传播的速度比较快，声音信号传播的速度比较慢，它们传到地面时就会有一个时间差，用仪器的探头在地面上同时接收故障点放电产生的声音和磁场信号，测量出这个时间差，并通过在地面上移动探头的位置，找到这个时间差最小的地方，其探头所在位置的正下方就是故障点的位置。用这种方法定点的最大优点是：在故障点放电时，仪器有一个明确直观的指示，从而易于排除环境干扰；同时这种方法定点的精度较高（＜0.1m），信号易于理解、辨别。

（4）跨步电压法。通过向故障相和大地之间加入一个直流高压脉冲信号，在故障点附近用电压表检测放电时两点间跨步电压突变的大小和方向来找到故障点。这种方法的优点是可以指示故障点的方向，对测试人员的指导性较强；但此方法只能查找直埋电缆外皮破损的开放性故障，不适用于查找封闭性的故障或非直埋电缆的故障；同时，对于直埋电缆的开放性故障，如果在非故障点的地方有金属护层外的绝缘护层被破坏，使金属护层对大地之间形成多点放电通道时，用跨步电压法可能会找到很多跨步电压突变的点，这种情况在 10kV 及以下等级的电缆中比较常见。

24. 常见电缆接地系统有哪些组成部分？

答： 电缆接地系统由直接接地箱、保护接地箱、交叉互联箱、接地电缆、同轴电缆等构成。

（1）直接接地箱。较短的电缆线路，仅在电缆线路的一侧终端处将金属护套相互连接并经接地箱接地，不接地端金属护套通过保护箱和大地绝缘。

（2）保护接地箱。为了降低金属护套或绝缘接头隔板两侧护套间的冲击电压，应在护套不接地端和大地之间，或在绝缘接头的隔板之间装设过电压保护器。目前普遍使用氧化锌阀片保护器，保护器安装在交叉互联箱和保护箱内。

（3）交叉互联箱。较长的电缆线路，在绝缘接头处将不同相的金属护套用交叉跨越法相互连接，金属护套通过交叉互联箱换位连接。

（4）接地电缆（接地线）。接地电缆（接地线）在正常的运行条件下，应保持和护层同样的绝缘水平，即具有耐受 10kV 直流电压 1min 不击穿的绝缘特性。考虑高压电缆系统是采用直接接地系统，短路电流比较大，接地线应选用截面积 120mm^2 或以上的铜芯绝缘线。终端接地的要求：单芯电缆终端接地电阻应不大于 0.5Ω。

（5）同轴电缆。是指有两个同心导体，而导体又共用同一轴心的接地电缆。最常见的同轴电缆最内里由内层绝缘材料隔离的内导电铜线，在内层绝缘材料的外面是另一层环形网状导电体，然后整最外层由聚氯乙烯或特氟纶材料包住，作为外绝缘护套。

电力电缆线路中使用同轴电缆，主要用于电缆交叉互联接地箱和电缆金属护层的连接。由于同轴电缆的波阻抗远远小于普通绝缘接地线的波阻抗，与电缆的波阻抗相近，为减少冲击过电压在交叉换位连接线上的压降，避免冲击波的反射过电压，采用同轴电缆代替普通绝缘接地电缆。

25．电缆接地系统检修的内容及流程是什么？

答：当电缆接地系统出现故障时，需对其进行检修以保证电缆系统的正常运行。接地系统故障基本是通过试验发现的，一般需电缆线路停电开展。电缆接地系统检修的主要内容一般有，更换接地箱、更换接地电缆（同轴电缆）、修复外护套等。

（1）更换接地箱的主要步骤：

1）松开并抽出接地电缆，移除接地箱。

2）将接地箱固定在指定位置，按安装工艺要求插入接地箱，绕包防水带PVC带、封热缩套。

3）按要求恢复原线路金属护套的接地方式，确保接线的正确性。

（2）更换接地电缆（同轴电缆）的主要步骤：

1）拆除原接地电缆。

2）根据现场情况确认新装电缆长度、位置、相序、设备线夹压接角度。

3）将新的接地电缆用压接的方式接入金属护层的接地回路中。

4）安装同轴电缆时，需确保内外芯绝缘及内外芯分叉点的防水、绝缘性能。

（3）外护套修复的主要步骤：

1）刮去受损点两侧（各20cm）的石墨层，清洁护套表面。

2）依次半交叠缠绕绝缘自粘带2层、自粘防水带2层、PVC胶带1层。

26．电缆预防性试验及故障抢修有哪些常用工器具？

答：电缆预防性试验常用工器具一般有绝缘手套、套筒扳手、开口扳手、钢卷尺、警示桩、防水带、相序带、绝缘电阻表、围栏网、移动电源、线盘、故障定位电源、高压电桥、跨步电压知识仪、钳形电流表、安全带、气体检测仪、拧沟或撬棍、照明灯具、灭火器、接线盘、接线插板等。

27．开展电缆工程验收的目的是什么？

答：电缆工程的很多步骤属于隐蔽工程，为保证电缆工程的质量，确保电缆及其附属设施、附属设备的长期安全稳定运行，运维部门必须严格按照相关标准对新建电缆工程进行全过程的监控和各个环节的验收。只有各个环节按照标准进行检验合格后，电缆设备方可具备投运条件。

28．电缆工程验收有哪些主要内容？

答：电缆工程验收按时间顺序分一般分为中间验收和竣工验收，按内容分包括土建部分验收、电气部分验收、辅助设施验收、资料验收、交接试验验收等。

29．电缆工程土建部分验收有哪些主要内容？

答：土建部分验收的主要内容包括：

（1）外部通道。出入口、通风口、路径标志、终端场站防护措施、裕度井、电缆通道周边环境、通道周边施工情况等。

（2）内部通道。支架（吊架）、工井内壁、通道接地、支架接地、集水井、通道排水、电缆排管、桥架等。

（3）标识标牌。

30．电缆工程电气部分验收有哪些主要内容？

答：电气部分验收的主要内容包括：

（1）电缆本体，电缆本体外观、电缆固定、标识标牌等。

（2）电缆中间接头，电缆接头固定、电缆接地系统连接及固定、接头防火隔离措施。

（3）电缆终端，电缆平台固定情况、电缆终端固定及连接、避雷器固定及连接、支柱绝缘子固定及连接、引流线及金具、带电裸露部分的电气间隙、电缆接地系统连接及固定、电缆上杆塔段固定等。

31．电缆工程辅助设施验收有哪些主要内容？

答：辅助设施验收的主要内容包括：通风、照明、排水、动力照明、综合监控系统、防火设施、标识标牌等。

32．电缆工程资料验收有哪些主要内容？

答：电缆线路验收时应做好下列资料的验收和归档：

（1）电缆线路走廊以及城市规划部门批准文件。包括建设规划许可证、规划部门对于电缆线路路径的批复文件、施工许可证等。

（2）完整的设计资料，包括初步设计、施工图及设计变更文件、设计审查文件等。

（3）电缆线路（通道）沿线施工与有关单位签署的各种协议文件。

（4）工程施工监理文件、质量文件及各种施工原始记录。

（5）隐蔽工程中间验收记录和签证。

（6）施工缺陷处理记录及附图。

（7）电缆线路竣工图纸和路径图，比例尺一般为1:500，地下管线密集地段为1:100，管线稀少地段为1:1000。在房屋内及变电所附近的路径用1:50的比例尺绘制。由具有城市规划测量资质的单位采用城市坐标测量、编制电缆地下管线竣工图。平行敷设的电缆线路，必须标明各条线路相对位置，并标明地下管线剖面图。电缆线路如采用特殊设计，应有相应的图纸和说明。

（8）电缆敷设施工记录，应包括电缆敷设日期、天气状况、电缆检查记录、电缆生产厂家、电缆盘号、电缆敷设时的牵引力和侧压力记录、电缆敷设总长度及分段长度、施工单位、施工负责人等。

（9）电缆附件安装工艺说明书、装配总图和安装记录。

（10）电缆线路原始记录。电缆的长度、截面积、电压、型号、安装日期、电缆及附件生产厂家、设备参数，中间接头及终端头的型号、编号、各种合格证书、出厂试验报告等。

（11）电缆线路交接试验记录。

（12）单芯电缆线路接地系统安装记录、安装位置图及接线图。

（13）有油压的电缆线路应有供油系统压力分布图和油压整定值等资料，并有警示信号接线图。

（14）电缆设备开箱进库验收单及附件装箱单。

（15）一次系统接线图和电缆线路地理信息图。

33．开展电缆巡视的目的是什么？

答：运行单位应结合电缆线路所处环境、巡视检查历史记录及状态评价结果编制巡视检查工作计划。运行人员根据巡视检查计划开展巡视检查工作，收集记录巡视检查中发现的缺陷和隐患并及时登记。运行单位最终通过对巡视检查中发现的缺陷和隐患进行分析，及时安排处理，最终能确保电缆能够持续健康运行。

34．电缆巡视检查有哪些项目？

答：巡视检查分为日常巡视和特殊巡视。主要项目有电缆路径检查、电缆隧道巡视、电缆防外力破坏巡视、防风防汛巡视和污秽区检查。

35．电缆路径巡视的周期、要求和内容分别是什么？

答：电缆路径检查的周期为每 15 天一次，检查周期可根据实际或运维策略动态调整。电缆通过路径检查，主要包括对沿线各部件及通道环境进行检查。

（1）敷设于地下的电缆线路，应查看路面是否正常，有无开挖痕迹，沟盖、井盖有无缺损，线路标识是否完整无缺等；查看电缆线路上是否堆置瓦砾、矿渣、建筑材料、笨重物件、酸碱性排泄物或砌石灰坑、建房等。

（2）敷设于桥梁上的电缆，应检查桥梁电缆保护管、沟槽有无脱开或锈蚀，检查盖板有无缺损，检查固定附件有无变形、腐蚀情况；电缆专用桥架应检查围栏和防撞设施是否完好，基础有无变化，本体有无裂痕；对电缆伸缩装置应进行外观检查。

（3）检查电缆终端表面有无放电、污秽现象；终端密封是否完好，电缆终端是否有渗漏、缺油；终端绝缘管材有无开裂；套管及支撑绝缘子有无损伤。

（4）电气连接点固定件有无松动、锈蚀，引出线连接点有无发热现象；终端应力锥部位是否发热。

（5）有补油装置的交联电缆终端应检查油位是否在规定的范围之间；检查 GIS 筒内有无放电声响，必要时测量局部放电。

（6）检查接地线是否良好，连接处是否紧固可靠，有无发热或放电现象；必要时测量连接处温度和单芯电缆金属护层接地线电流，有较大突变时应停电进行接地系统检查，查找接地电流突变原因。

（7）电缆铭牌是否完好，相色标志是否齐全、清晰，电缆固定、保护设施是否完好等。

（8）检查电缆终端杆塔周围有无影响电缆安全运行的树木、爬藤、堆物及违章建筑等，检查终端场、构架是否完好。

（9）对电缆终端处的避雷器，应检查套管是否完好，表面有无放电痕迹，检查泄漏电流监测仪数值是否正常，并按规定记录放电计数器动作次数。

36．电缆隧道巡视的周期、要求和内容分别是什么？

答：电缆隧道检查周期为 35kV 及 110kV 每 6 个月一次、220kV 每 3 个月一次、500kV 每 1 个月一次，安装巡视机器人的隧道可适当降低人员巡视的频率，检查周期可根据实际或运维策略动态调整。

（1）电缆隧道对电缆及附件进行检查同隧道内不同电压等级电缆应同时进行检查。

（2）检查工井、隧道、电缆沟、竖井、电缆夹层、桥梁内电缆外护套与支架或金属构件处有无磨损或放电迹象，衬垫是否失落，电缆及接头位置是否固定正常，电缆及接头上的防火涂料或防火带是否完好；检查金属构件如支架、接地扁铁是否锈蚀。

（3）检查电缆隧道、竖井、电缆夹层、电缆沟内孔洞是否封堵完好，通风、排水及照明设施是否完整，防火装置是否完好；监控系统是否运行正常；对有积水的电缆隧道、电缆附井等，应定期进行排水、通风、清除坑道内淤泥杂物的工作。

（4）通过短路电流后应检查护层过电压限制器有无烧熔现象，交叉互联箱、接地箱内连接排接触是否良好。

（5）对电缆线路靠近热力管或其他热源、电缆排列密集处，应进行土壤温度和电缆表面温度监视测量，以防电缆过热。

37．电缆防外力破坏巡视的周期、目的和内容分别是什么？

答：防外力破坏检查应针对存在外力破坏隐患区段等情况于必要时开展，必要时还可派人值守或安装在线监测装置。主要内容有：

（1）运行单位应及时了解和掌握电缆线路通道内施工情况，查看电缆线路路面上是否有人施工，有无挖掘痕迹，全面掌控路面施工状态。

（2）运行人员应熟悉《电力法》《电力设施保护条例》及其实施细则和政府关于保护地下电缆的规定及公司防外力破坏工作的相关要求。

（3）运行单位应加强与政府规划、市政等有关部门的沟通，及时收集地区的规划建设、施工等信息，及时掌握电缆线路所处周围环境动态情况。

（4）运行单位应加大电缆线路防护宣传，提高公民保护电缆线路重要性的认识，结合实际组织召开防外力工作宣传会，督促施工单位切实执行有关保护地下管线的规定。

（5）允许在电缆线路保护范围内施工的，运行单位必须审查施工方案，制定安全防护措施，并与施工单位签订保护协议书，明确双方职责。施工期间，安排运行人员到现场进行监护，确保施工单位不得擅自更改施工范围。对于未经允许在电缆线路保护范围内进行的施工行为，运行单位应立即进行制止，并对施工现场进行拍照记录。

（6）当发现在线路保护范围内进行施工的工程已威胁电缆线路安全运行时，运行单位应立即制止施工，并采取临时措施保护电缆，进行拍照记录，并责令施工单位恢复电缆通道原状，同时向施工单位发出《隐患通知书》。对已造成经济损失的，通过保险索赔或法律途径，要求肇事单位赔偿。

（7）对于邻近电缆线路的施工，运行人员应对施工方进行交底，包括路径走向、埋设深度、保护设施等，并按不同电压等级要求，提出相应的保护措施。

（8）当电缆线路发生外力破坏时，应保护现场，留取原始资料，及时向有关管理部门汇报。

（9）对处于施工区域的电缆线路，应设置警告标志牌，标明保护范围，必要时可采用在线监控等技术手段加强监控。

（10）因施工必须挖掘而暴露的电缆，应由运行人员在场监护，并告知施工人员有关施工注意事项和保护措施。对于被挖掘而露出的电缆应加装保护罩，需要悬吊时，悬吊间距应不大于 1.5m。

（11）工程结束覆土前，运行人员应检查电缆及相关设施是否完好，安放位置是否正确，待恢复原状后，方可离开现场。

38. 电缆防风防汛巡视的周期、目的和内容分别是什么？

答： 电缆防风防汛工作应根据各地气候特征，于汛期和台风季节来临前完成巡视及隐患消除。主要内容有：

（1）雨季、台风来临之前，完成已发现隐患点的治理工作，开展对电缆桥、终端场、隧道等进行隐患排查工作，对存在隐患的危险点，制定提前采取防控措施。

（2）进入汛期后，每次强降雨或连续阴雨后对隐患点开展特巡，发现问题及时处理。

（3）检查电缆外部通道路面、井盖、盖板等是否存在下沉、破损、缺失，做好安全警示和防护。

（4）检查电缆井盖、通风口是否位于低洼易积水位置，做好防积水隔离。

（5）检查电缆终端场周围是否存在大棚、垃圾堆放点和广告飘带等容易被大风吹起的物体，发现此类立即采取应对措施。

39. 电缆污秽区检查的周期、目的和内容分别是什么？

答： 污秽区检查可结合污秽区特点和季节气候特征开展，主要内容包括：

（1）检查电缆终端及避雷器套管是否积污，套管表面有无放电痕迹。

（2）污闪季节来临前，完成清污等工作。

（3）结合线路停电对爬距不足的电缆终端、避雷器进行清扫，停电难度较大的可开展带电水冲洗。

（4）电缆终端和避雷器已喷涂防污闪涂料的可不清扫，但巡视需注意表面涂料有无脱落，防污闪涂料运行维护要求，参照 DL/T 627—2018《绝缘子用常温固化硅橡胶防污闪涂料》执行。

第九节　海底电缆作业

1. 为什么要开展海底电缆巡视？

答： 海底电缆巡视是为了让海底电缆运行人员充分掌握海缆各部件运行及海缆路由情况，及时发现设备隐患、缺陷和威胁海底电缆安全运行状况。

2．海底电缆巡视主要分为哪几类？其主要内容分别是什么？

答：海底电缆巡视主要分为定期巡视，故障巡视，特殊巡视，夜间、交叉和诊断性巡视，监察巡视。

（1）定期巡视是为保证海底电缆及附属设备正常运行、海缆保护区无危及海缆安全行为，及时发现设备运行或保护区存在的问题、异常所进行的周期性巡视，如图 4-40 所示。定期巡视周期也可根据海缆运行的具体情况确定，高气温、高负荷时应加强对海缆终端头的测温监视。定期巡视的范围为全部海缆、附属设备及海底电缆保护区。

图 4-40　海缆保护区现场巡视照片

（2）故障巡视是当海缆发生故障时进行的有目的性的故障点查找和探测。海缆运行管理单位发现海缆故障后应及时查找和探测海缆的故障点位置。

（3）特殊巡视是在气候变化明显、自然灾害、外力影响、保供电、大潮汛、系统异常运行和其他特殊情况下安排进行的有针对性的巡视。特殊巡视根据需要及时进行，特殊巡视的范围包括全部海缆、海缆部分缆段、海缆保护区或某附件等。必要时联合地方海事、渔政等政府部门开展联合执法巡视。

（4）夜间、交叉和诊断性巡视是根据运行季节特点、海缆的健康情况和环境特点确定重点的巡视。夜间、交叉和诊断性巡视根据运行情况及时进行，一般巡视全部海缆、海缆部分缆段、海缆保护区或某附件。

（5）监察巡视是海缆运行管理单位的领导或技术人员为了解海缆运行情况，检查指导海缆巡视人员的工作而进行的巡视。

3．海底电缆保护区巡视的主要内容包括哪些？

答：海底电缆保护区巡视的内容包括海域段巡视和登陆段巡视。

（1）海域段巡视是指使用船只在海底电缆保护区全区域进行巡视检查，及时发现保护区海域威胁海底电缆安全运行的海上作业活动，比如船只抛锚、拖锚等违法行为；布设定置网、拖网、捕捞、养殖等违规渔业作业；打桩、航道疏浚、采砂等海洋施工作业。

（2）登陆段巡视是指对海底电缆登陆段进行巡视检查，及时发现登陆段危及海底电缆安全运行的作业活动，比如重型车辆通行、机械开挖、工程施工等。

4．海底电缆保护区巡视工作对人员有哪些基本要求？

答：海底电缆保护区巡视工作对人员基本要求如下：

（1）作业人员具备必要的海上安全知识、专门的安全技术理论和实际操作训练，为作业人员配备必要的安全救生防护设备、办理人身意外伤害保险。

（2）作业人员须通过海事部门培训，取得《海上基本安全》证书。

（3）作业人员所持证书应在有效期限内使用。

（4）船舶操作驾驶人员应持证上岗，要了解、熟悉作业区情况，并熟知船舶航行设备，做到操作熟练，发现故障做到及时排除。

5．满足海底电缆保护区出海巡视的条件是哪些？

答：海底电缆保护区出海巡视时应满足如下条件：

（1）海面平均风力≤6级（阵风≤7级）；

（2）海面能见度≥100m；

（3）海上浪高≤1m；

（4）海事局交通管理中心未发布任何封航、停航信息；

（5）出海应使用抗风等级为6级及以上船只，船只经定期检验合格。

6．开展海缆保护区巡视工作有哪些常用的工器具？

答：开展海缆保护区巡视工作常用的工器具包括但不限于：船只（见图4-41）、航海用 GPS、执法记录仪、望远镜、宣传海图、数码相机、卫星电话、救生衣、记录工具、油性笔、个人工具、值班手机、高音喇叭、专用防护眼镜、防噪声耳罩及海上救生设备。

图4-41　南方电网公司首艘海缆运维船"南电监查01"

7．海缆保护区巡视作业中应遵循哪些安全规定？

答：应遵循以下规定：

（1）巡视人员需2人及以上。

（2）船只、船员应配救生器材方可开展巡视作业。

（3）定期巡视时船只航速不得超过8节。

（4）巡视人员应全程穿戴救生衣及其防护用品。

（5）巡视中出现不满足安全航行海况或船只设备故障时，应及时返航或拨打水上遇险急救电话"12395"寻求海上救助。

（6）非巡视人员登船前应接受水上交通安全教育，穿戴救生衣并由巡视人员陪同方可出海。

8．在有油火的海面，落水者如何采取救生措施？

答：在有油火的海面，求生者应将救生衣脱掉，并系在腰上，深吸一口气，在水面下向上风方向潜游。若需要换气时，应用手探出水面，向周围大面积地进行拨水动作，将水面油火拨开后，面朝下风换气，做深呼吸后，立即继续向上风方向潜游。游离油火海面后，再出水，将救生衣穿好。在自救过程中，采取一切措施避免油火进入人体的各个器官内，防止人体受到损伤。

9．在船上作业时主要有哪些安全注意事项？

答：在船上作业时主要的安全注意事项包括：

（1）人员应从指定的安全通道登（离）船。登（离）船舷梯或栈桥应做好防人员坠落措施，安置护栏、防坠网等防护设施。

（2）船只在行驶或施工作业状态下，未经船长同意，严禁非作业人员至船只前甲板或作业甲板（含放置卷扬机等设备甲板区域）活动。因工作需要确需前往船只甲板时，必须穿着救生衣、防滑鞋并佩戴安全帽。

（3）非作业人员禁止在拉紧的缆索、锚链附近及起重物下停留。

（4）人员禁止坐在船舷、栏杆、链索上，同时未经船长允许，禁止前往船舶机舱、油舱等封闭舱室。

（5）掌握船上警报内容和应变部署表，听到警报后，首先确认警报内容，然后按照应变部署表的要求，到达指定的集合地点集合，听从船上人员指挥进行应急。

10．开展海缆登陆段巡视作业主要有哪些安全注意事项？

答：开展海缆登陆段巡视作业主要应注意：

（1）优先选择低潮位期间，并在天气海况符合的条件下开展海缆登陆段巡视，巡视人员须穿着防滑鞋，不得爬上透水框架，不得下水游泳，不得触碰搁浅的海洋生物。

（2）未经海缆运维管理部门许可，不得在海缆登陆段进行任何形式的施工作业。

（3）海缆登陆段出现树木时，须立即进行清理，避免树木根须生长伤及海缆。

11．海缆终端日常巡视包含哪些内容？

答：海缆终端日常巡视检查内容有：

（1）终端内部无异常响声，外部无强烈放电声；

（2）瓷瓶套管部分，表面清洁、无损坏、无裂纹、无放电痕迹；

（3）均压环无松动、锈蚀、歪斜；

（4）引线、接头连接牢固、无断裂、断股、散股、烧伤痕迹及过热发红现象；

（5）接地系统良好，接地线完好、无断裂和锈蚀现象；

（6）终端金属外壳无破损、锈蚀现象，架构内外无鸟巢等杂物；

（7）充油海底电缆终端还应检查油管无渗漏油、无锈蚀现象。

12．海底电缆监控作业主要分为哪几类？其主要内容分别是什么？

答：海底电缆监控作业的主要分为海底电缆本体监控、海缆保护区监控和海缆登陆段监控。

（1）海底电缆本体监控是指使用海底电缆本体在线监测系统、海底电缆油泵系统等系统设备，对海底电缆状态进行监控，及时发现海底电缆温度、应力、油流、油压等状态指标异常情况，并进行现场操作处置或上报的作业。

（2）海缆保护区监控是指使用海底电缆路由监视系统，主要对海底电缆保护区过往船舶通航情况进行监视，及时发现海缆安全应急事件，并联合海事局或渔政大队进行干预处置的作业。

（3）海缆登陆段监控是指使用近岸段近岸视频监控系统对海底电缆登陆段人员机具活动情况进行监视，及时发现海缆安全应急事件，并联合地方派出所或边防海警进行归纳于处置的作业。

13．常见的海缆安全应急事件有哪些？

答：海缆安全应急事件包含但不限于海缆保护区内船舶发生疑似抛锚、抛锚、海上施工、搁浅、低速、抽沙和定置网或养殖渔业作业，以及海缆登陆段重型车辆通行、机械开挖等危及海缆安全行为。

14．应急事件现场处置的基本流程有哪些？

答：基于天气及现场海况不同，应急事件现场处置应使用符合海况条件的作业船舶。应急事件发生后，现场处置的基本流程包括：

（1）应急值班人员乘坐作业船舶赶往肇事现场（条件允许的，可以使用无人机飞抵现场进行处置）。

（2）抵达肇事现场后进行现场取证，记录肇事点坐标，并联合和海事、渔政等执法部门进行现场处置。

（3）对肇事船舶进行执法宣贯，并收集肇事船舶信息，发布隐患通知书。

（4）配合海事、渔政等执法部门对肇事船舶证件进行检查和记录。

（5）根据肇事情况，要求肇事船弃锚、反向起锚、驶离，情况严重的对肇事船进行查扣并拖带回指定码头、锚地。

15．油泵系统维护作业时需遵守哪些安全规定？

答：油泵系统维护作业时应遵守以下规定：

（1）需长期接触绝缘油、液压油的人员，须穿戴手套；

（2）禁止人员误从口、鼻摄入大量绝缘油、液压油；

（3）维护人员须熟悉油泵站维护手册，掌握油泵站系统原理；

（4）油泵系统出现管道渗油时，应采取措施减少渗漏，必要时关闭该管道的手动阀门，防止大面积渗漏。

16．航标检查维护有哪些注意事项？

答：航标检查维护的要求如下：

（1）巡检时须佩带备用灯器、太阳能面板、电池、电线、油漆等配件，以便发现问题及时更换维修，并保证所更换的备品参数与原件一致。

（2）检查电池箱通风状况，太阳能电池使用情况及电池接线是否牢固，测量开路电压和工作电流，清除电池头的氧化物及涂扫黄油保护等保养工作，必要时进行更换。

（3）检查清洁太阳能面板、接线盒和充电控制器。

（4）检查灯器的灯质、光源、日光阀和闪光器，以及擦拭透镜。如有问题及时维修，无法修复时须更换备用灯器，检查及更换灯器须确保灯光可视范围为 4 海里。

（5）检查电源线，如出现老化、氧化、磨损过多的情况，应更换新线。

（6）检查蓄电池电解液的高度和比重。

（7）检查航标本体涂色，发现涂色脱落严重，航标本体、灯架有损坏现象，应组织修复。

（8）校对标位，并做好记录。

17. 什么是海缆路由检测？

答：海缆路由检测是利用水下机器人、有源探测、声学、可视摄像、光纤探测技术等成熟技术对海底电缆运行环境进行全面检查，排查海缆保护的薄弱环节及海缆保护程度变化趋势，及时采取措施提高海缆保护水平，主要分为海缆路由埋深检测和海缆路由地形地貌检测。

18. 什么是海缆路由埋深检测？主要包括哪些内容？

答：海缆路由埋深检测是对海缆路由坐标和冲埋、抛石等水下工程防护情况检测的作业，主要内容包括：海缆路由坐标（含两侧登陆段）检测、海缆埋设深度检测、海缆路由障碍物摄像检测、海缆路由裸露/悬空/抛石石坝摄像检测、风险点定点检测。

19. 典型的海缆路由埋深检测技术及方法有哪些？

答：海缆路由埋深检测一般采用电磁感应法，即依靠两个相互对称、特点高度的磁感应线圈组靠近海缆本体，通过感应海缆本体的磁感应分布情况，分析测算海缆本体位置的方法，如图 4-42 所示。检测时根据不同的海域水深，需选用不同的技术装备，一般水深大于 13m 海域可使用水下机器人，如图 4-43 所示，搭载海缆管线仪贴近海缆本体进行检测；水深小于 20m 海域采用海缆管线仪固定在检测船等浮体上进行海缆检测。其中使用水下机器人进行埋深检测的方法主要步骤为：

（1）在海底电缆带电或停电加载检测信号的情况下，采用动力定位船、水下机器人、海缆管线仪、超短基线水下定位设备等配套装备。由水下机器人携带海缆管线仪在海底检测到海缆位置。

（2）利用超短基线水下定位设备进行高精度坐标定位，记录海缆位置坐标。

（3）利用管线仪测量海缆埋深坐标。

（4）利用水下机器人声呐、摄像头对海缆本体和工程防护设施外观进行声学、红外和可见光检测。

（5）作业过程中，动力定位船作为施工母船，在现场保持动力定位状态配合水下机器人作业，并记录作业情况。

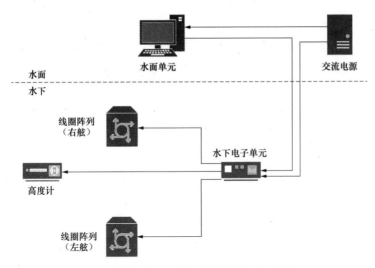

图 4-42　一种埋深检测电磁感应法示意图

图 4-43　南方电网公司首台海缆检测作业水下机器人

20．海缆路由地形地貌检测的主要内容是什么？作用有哪些？

答：海缆路由地形地貌检测的基本方式是走航连续检测。检测项目包括单波速测深、多波速测深、侧扫声呐测量、浅地层剖面测量，开展海底电缆路由障碍物情况、抛石保护石坝外观、铸铁套管外观的地形地貌测量，获取海底电缆路由全覆盖高精度地形地貌数据。

海缆路由地形地貌检测可以发现海缆裸露隐患、悬空缺陷，以及影响海缆安全的海底地貌、地物情况，同时，基于地形地貌检测数据的对比分析，可以发现海缆隐患缺陷分布情况，并预测本体安全风险隐患的发展趋势，建立海缆隐患缺陷库，为海底电缆运维策略的调整提供数据基础。

21．海缆维修的主要内容和步骤有哪些？

答：当海缆受到外力破坏，海缆本体受损甚至断裂时，需对海缆进行维修，才可恢复海缆的正常运行。海底电缆的维修主要涵盖以下步骤：前期调查、故障点定位、故障点的准确定位及打捞、故障点的清除、故障点的修复、修复后的测试、海缆的归位和后保护、资料的整理与归档等。

22．为什么要开展海底电缆保护宣传？宣传的主要内容包括哪些？

答：海底电缆敷设在茫茫大海中，在海底电缆运行阶段受损的事件概率中，超过90%的受损原因是过往船舶抛锚、拖锚。船舶在海面航行时，船长是无法目视看到水面下海底电缆存在的，只能从海图等其他方面去主动了解，这就导致了海底电缆安全面临着被动局面。因此，为了主动做好海底电缆的安全风险预控，须常态化、重点做好对过往船舶开展海底电缆保护宣传。

海底电缆保护宣传是针对海底电缆开展的电力设施保护宣传，是依照海底电缆保护有关法律法规，就海底电缆保护区范围、海底电缆安全运行重要性、海底电缆损坏后果、海底电缆保护禁止事项等为主要内容，利用发布海底电缆保护公告、电视电台媒体等形式，多层次面向社会和海上过往船只进行的专门宣传工作。海底电缆保护宣传工作内容包含发布海底电缆保护公告和开展海底电缆保护现场宣传两部分。

第十节　输电"九防"相关作业

1．什么是架空输电线路"九防"？

答：架空输电线路是电网的重要组成部分，其分布范围很广，经常受到复杂地理环境和气候环境的影响导致线路运行故障，直接影响线路的安全稳定运行。有针对性采取防治措施，防雷击、防鸟害、防污闪、防树障、防外力破坏、防山火、防风防汛、防覆冰工作称为架空输电线路九防。

2．进行架空输电线路防雷工作要求杆塔接地电阻检测的安全要求是什么？

答：架空输电线路杆塔接地电阻检测应在良好天气下进行，沿线出现雷雨天气时禁止测量接地电阻。杆塔接地电阻检测应由两人进行，一人操作，一人监护，可在线路带电的情况下进行。解开或恢复杆塔接地引下线时应戴绝缘手套，不得直接接触与地电位断开的接地引线。发现输电线路有系统接地故障时，不应测量接地网的接地电阻。确认接地绝缘电阻表接线正确，敷设接地绝缘电阻表探针和引线的工作人员已经远离探针，方可进行摇测杆塔接地电阻。重复测两次，取平均值乘以季节系数后与设计值比较，确定杆塔接地电阻是否合格，并做好记录。

3．架空输电线路防雷工作要求安装避雷器的原则是什么？

答：线路避雷器应用的主要原则如下：

（1）易击线路的变电站（发电厂）进线段或山区线路易击段，接地电阻不满足要求的杆塔，如改善接地电阻困难也不经济时，可安装线路避雷器。

（2）重要线路和单电源供电线路投运后发生过雷击闪络的杆塔，可安装线路避雷器。

（3）中雷区及以上地区全高100m及以上的高杆塔，经雷击风险评估为Ⅲ级及以上，可安装线路避雷器。

（4）投运后发生过两次雷击闪络故障的杆塔，宜安装线路避雷器。

（5）强雷区新建重要线路的山区段,如果已采取技术经济合理的降低接地电阻措施,经雷击风险评估仍为Ⅲ级的杆塔可安装线路避雷器，雷击风险评估仍为Ⅳ级的杆塔宜安装线路避雷器。

（6）除电缆终端塔外,线路避雷器宜选择带串联间隙的金属氧化物避雷器。

4．防雷工作要求安装线路避雷器时安全要求是什么？

答：防雷工作要求安装线路避雷器时安全要求是：

（1）办理工作许可手续。登塔、登杆前,工作负责人与工作人员双人采用"手指口诵"方式核对线路名称和杆塔编号、作业范围,确认现场线路与工作票相符高空作业人员使用工具包及防失手绳,较大的工器具固定在牢固的构件上,传递工器具、材料前要检查确认传递滑车及绳索绑扎良好。

（2）起吊避雷器,由高空作业人员将避雷器高压端挂板悬挂在导线联板处,检查避雷器各部件连接情况,确认良好后放松主牵引绳使避雷器垂直悬挂在导线正下方。地面作业人员拉动绝缘传递绳使得避雷器尾端计数器引线靠近塔身侧,然后在塔身合适位置安装好计数器及计数器引线,以方便观察到避雷器尾端计数器显示的数字。

（3）在进行高处作业时,除有关人员外,不准他人在工作地点的垂直下方及坠物可能落到的地方通行或逗留,防止落物伤人。

5．登塔检查架空输电线路避雷器的安全要求有哪些？

答：登塔检查架空输电线路避雷器的安全要求有：

（1）办理工作许可手续。

（2）登塔、登杆前,工作负责人与工作人员双人采用"手指口诵"方式核对线路名称和杆塔编号、作业范围,确认现场线路与工作票相符。

（3）在开展同塔双回、直流线路单极停电检修作业前,工作负责人与工作班成员一起核对线路名称、铁塔编号、极别、色标等,采用手指口诵法,确认现场工作线路与工作票相符。

（4）登塔、登杆前,工作人员穿戴好安全防护用品后,开展个人安全防护措施互检工作,检查确认安全带合格并正确佩戴。

（5）上塔（无防坠落导轨）过程中交替使用双保险安全带,安全绳必须打在主材上。

（6）工作负责人（监护人）全程监护登塔作业,发现未使用安全带行为时及时制止。

（7）登塔（有防坠落导轨）前,作业人员按照指示方向安装防坠器,将防坠器连接在佩戴者安全带的前胸扣环。

（8）安装好防坠器后,工作负责人（监护人）要对作业人员防坠器安装情况进行检查,确认方向向上,防止防坠器装反,失去安全保护。

（9）高空作业任何时候都不能失去安全带保护。

6．登塔检查线路避雷器时从架空地线/OPGW（裸露的接地引下线）附近通过的安全要求有哪些？

答：（1）在停电的输电线路的猫头塔、紧凑型塔的架空地线/OPGW（裸露的接地引下线）附近通过时,从铁塔结构内侧的塔材攀爬。

（2）在绝缘架空地线/OPGW（裸露的接地引下线）附近通过时，工作人员与绝缘架空地线/OPGW保持最小安全距离（220kV≥0.3m、500kV≥0.4m、800kV≥0.5m），若不能保证最小安全距离，用10kV或35kV接地棒将绝缘架空地线/OPGW（裸露的接地引下线）可靠接地后再通过。

7．雷雨季节是哪几个月？

答：雷雨季节是指每年的4月到9月。

8．杆塔接地电阻的要求值是多少？

答：架空输电线路杆塔工频接地电阻要求值见表4-15。

表4-15 　　　　　　　　架空输电线路杆塔工频接地电阻要求

土壤电阻率（Ω·m）	≤100	100～500	500～1000	1000～2000	＞2000
杆塔接地电阻（Ω）	7	10	15	20	25*

注　1. 变电站（发电厂）进线段杆塔工频接地电阻不宜高于10Ω。
　　2. 大跨越杆塔的接地电阻不应大于表中第一类接地电阻所列数值的50%，当土壤电阻率大于2000Ω·m时，不宜大于20Ω。
* 如土壤电阻率超过2000Ω·m，接地电阻很难降到25Ω时，可采用6～8根总长不超过500m的放射形接地体或连续伸长接地体，其接地电阻不受限制，必要时宜采用其他技术经济性更优的防雷措施。

9．什么是架空输电线路的耐雷水平？

答：雷击杆塔或地线、导线时，能引起绝缘闪络的最小临界雷电流幅值，耐雷水平包括反击耐雷水平和绕击耐雷水平。

10．反击闪络是什么？

答：反击闪络是指雷击架空输电线路杆塔顶部或邻近地线，雷电流经杆塔及其接地装置注入大地，引起塔身和横担电位升高，同时在相导线上产生感觉应过电压，当塔体电位、相导线感应过电压、相导线耦合电压及运行电压合成的电位差高至绝缘子串（绝缘间隙）两端电位差大于绝缘冲击放电电压时，就会发生绝缘闪络，这种闪络称为反击闪络。

11．绕击闪络是什么？

答：雷电绕过架空地线或杆塔直接击中导线，雷电流沿导线向两侧传播，在绝缘子串（绝缘间隙）上形成较高的过电压，当该电压大于绝缘冲击放电电压时，引起的绝缘闪络，这种闪络称为绕击闪络。

12．架空输电线路雷击风险评估标准是什么？

答：各电压等级输电线路雷击跳闸率基准参考值见表4-16。

表4-16 　　　　　　　　输电线路雷击跳闸率基准参考值

电压等级（kV）	110	220	500	±500	±800
基准参考值 S［次/（100km²·a）］	0.525	0.315	0.14	0.15	0.1

注　次/（km²·a）——次每平方公里每年；次/（100km·a）——次每百公里每年。

输电线路雷击风险等级划分见表4-17，输电线路及其杆塔的雷击风险等级宜控制在

Ⅱ级及以下。

表 4-17　　　　　　　　　　输电架空线路雷击风险等级划分标准

雷击风险等级	Ⅰ	Ⅱ	Ⅲ	Ⅳ
雷击风险程度	较低	一般	较高	严重
杆塔雷击跳闸率	$R_i<1.0\times S$	$1.0\times S\leq R_i<1.5\times S$	$1.5\times S\leq R_i<3.0\times S$	$R_i\geq 3.0\times S$
线路雷击跳闸率	$R<1.0\times S$	$1.0\times S\leq R<1.5\times S$	$1.5\times S\leq R<3.0\times S$	$R\geq 3.0\times S$

注　1. R_i表示线路第 i 基杆塔及其水平档距 S 范围内的雷击跳闸率（折算至年 40 雷暴日和每百公里长度下的指标），单位为：次/（100km·a）；
　　2. R 表示线路平均雷击跳闸率（折算至年 40 雷暴日和每百公里长度下的指标），单位为：次/（100km·a）。

13．架空输电线路的防雷击主要措施是什么？

答：防雷击主要措施：加强线路绝缘、减小地线保护角、改善接地装置、安装线路避雷器。

14．架空输电线路防雷击的保护角是指什么？

答：保护角是指通过地线的垂直平面与通过地线和被保护受雷击的导线的平面之间的夹角。

15．加强架空输电线路绝缘的标准是什么？

答：雷击风险等级为Ⅲ级、Ⅳ级的杆塔宜采取加强绝缘措施，其中 220kV 及以下同塔多回线路杆塔可采用差异化绝缘设计。在满足塔头间隙、导线风偏和导线对地距离要求的前提下，绝缘子（串）的有效绝缘长度相比国标（行标）中雷电过电压要求的绝缘长度增加值见表 4-18。

表 4-18　　　　一般线路雷击风险等级Ⅲ级和Ⅳ级的杆塔绝缘子（串）长度增加值

雷击风险等级	电压等级	回路形式	绝缘子（串）长度增加比例
Ⅲ	220kV 以上	—	加长 10%～15%
	220kV 及以下	单回	加长 10%～15%
		同塔双回	一回加长 15%左右，另一回不变
Ⅳ	220kV 以上	—	加长 20%
	220kV 及以下	单回	加长 20%
		同塔双回	一回加长 15%左右，另一回不变

16．减小地线保护角标准是什么？

答：对雷击风险等级为Ⅲ级、Ⅳ级的杆塔，保护角宜按表 4-19 选取。减小保护角后杆塔上两根地线之间的距离不应超过导线与地线间垂直距离的 5 倍。

表 4-19　　　　　　一般线路雷击风险等级Ⅲ级和Ⅳ级的杆塔保护角

电压等级（kV）	回路形式	地线保护角（°）
110	单回	≤10
	同塔多回	≤5

续表

电压等级（kV）	回路形式	地线保护角（°）
220	单回	≤10
	同塔多回	≤0
500	单回	≤5
	同塔多回	≤0

17. 线路雷击跳闸后上报分析报告，分析报告要提供主要内容是什么？

答：（1）线路雷击跳闸，巡视发现故障点后，要说明故障点杆塔的塔号、型号、绝缘子型号及数量、避雷线型号及保护角大小、杆塔本身有关参数以及杆塔所在位置（山顶、山腰、平地、丘陵）、遭雷击的位置是中相还是边相，如果是边相还要说明是上山侧还是下山侧以及估计的地面倾斜角。

（2）雷击杆塔地网接地电阻设计值、历年的接地电阻测量值及雷击故障后现场测试数据，前后各两基杆塔接地电阻的设计值及实际测量值、塔基土壤类型，计算雷击杆塔的实际反击防雷水平。

（3）至少提供杆塔远景及遭雷击的绝缘子数码照片各一张，远景照片要求能看到整个铁塔及周围地形情况。

（4）要清查线路故障统计资料，提供该杆塔历史雷击情况。

（5）雷击故障杆塔的接地电阻测试方法按照"三极法测量杆塔接地电阻标准化作业指导书"及 GB/T 17949.1—2000《接地系统的土壤电阻率、接地阻抗和地面电位测量导则 第1部分：常规测量》、DL 475—2017《接地装置工频特性参数测量导则》、DL/T 887—2004《杆塔工频接地电阻测量》进行。雷击故障杆塔应采用两种不同的方法或不同的原理、仪器进行测量（如三极法、钳表法等），当测量结果不一致时，应进行分析，取平均值作为杆塔接地电阻值，参与杆塔耐雷水平的计算。

（6）分析报告应包括故障简况、查找经过、处理情况、故障损失情况、原因分析、暴露问题、反事故措施、防雷设计资料等内容，应附雷电定位探测的雷电活动图或表格（如无雷电定位系统探测结果，须附气象部门的雷暴活动证明）。

18. 测量杆塔接地电阻三极法是什么？

答：测量杆塔接地电阻三极法是指由接地装置、电流极和电压极组成的三个电极测量接地装置接地电阻的方法。

19. 输电架空线路防雷工作目标是什么？

答：（1）降低输电线路的雷击跳闸率。

线路可接受的雷击跳闸率为：

500kV 交流线路 0.081～0.42 次/（100km·年）；

220kV 交流线路 0.25～0.95 次/（100km·年）；

110kV 交流线路 0.83～2.10 次/（100km·年）；

±500kV 直流线路 0.081～0.42 次/（100km·年 40 雷电日）以下。其中低值适用于平原，高值适用于山区和丘陵。

（2）减少雷击事故次数。减少 500kV 交流线路多相雷击故障，减少±500kV 直流线路双极雷击故障。避免雷击引起掉串、掉线等永久故障。

（3）提高线路雷击故障重合成功率，使线路雷击故障重合成功率不低于 80%。

（4）线路雷击故障点查找成功率 80% 以上。

20．少雷区、中雷区、多雷区和雷电活动特别强烈地区是指什么？

答：少雷区是指平均年雷暴日不超过 15 的地区；中雷区是指平均年雷暴日超过 15 但不超过 40 的地区；多雷区是指平均年雷暴日超过 40 但不超过 90 的地区；雷电活动特别强烈地区是指平均年雷暴日超过 90 的地区及根据运行经验雷害特殊严重的地区。

21．进行杆塔接地电阻测试周期是什么？

答：发电厂及变电站进线段线路 2km 每两年进行一次接地电阻的检测工作，其他线路杆塔每 5 年进行一次接地电阻的检测工作。

22．塔上安装鸟害防治装置工作中，确保人员的安全要求有哪些？

答：（1）办理工作许可手续。

（2）登塔、登杆前，工作负责人与工作人员双人采用"手指口诵"方式核对线路名称和杆塔编号、作业范围，确认现场线路与工作票相符高空作业人员使用工具包及防失手绳，传递工器具、材料前要检查确认传递滑车及绳索绑扎良好。

（3）工作人员穿戴好安全防护用品后，开展个人安全防护措施互检工作，检查确认安全带合格并正确佩戴。上塔（无防坠落导轨）过程中交替使用双保险安全带，安全绳必须打在主材上。

（4）工作负责人（监护人）全程监护登塔作业，发现未使用安全带行为时及时制止。登塔（有防坠落导轨）前，作业人员按照 UP 指示方向安装防坠器，将防坠器连接在佩戴者安全带的前胸扣环。

（5）安装好防坠器后，工作负责人（监护人）要对作业人员防坠器安装情况进行检查，确认 UP 方向向上，防止防坠器装反，失去安全保护。高空作业任何时候都不能失去安全带保护。

（6）杆塔作业应使用工具袋，较大的工具应固定在牢固的构件上，不准随便乱放。上下传递物件应用绳索拴牢传递，禁止上下抛掷。高空使用工具应采取防止坠落的措施。在进行高处作业时，除有关人员外，不准他人在工作地点的垂直下方及坠物可能落到的地方通行或逗留，防止落物伤人。

（7）作业结束后，塔上作业人员检查塔上、线上无遗留物后方可下塔。

23．输电架空线路鸟害的定义是什么？

答：鸟类在输电线路上进行排便、筑巢、飞行、啄食等活动时，引起输电线路设备损坏或造成输电线路跳闸、故障停运，即为输电线路的鸟害。

24．输电线路鸟害有几种类型？

答：输电线路鸟害可分为鸟粪类故障、鸟体短接类故障、鸟巢类故障、鸟啄类故障和其他类型的鸟害故障。

25．输电线路防鸟害的原则是什么？

答：鸟害故障防治应该根据鸟害风险分布图、历史涉鸟故障及运行经验，划分架空输电线路鸟害重点区域及主要防治故障类型，依据鸟害的类型配置不同的防鸟装置。当架空输电线路周围的鸟类分布以及地理环境发生变化时，应结合运行经验对鸟害的风险等级和防范措施进行调整。对于低风险输电线路区段可不安装防鸟装置，对于中风险输电线路区段应根据运行经验对重要的线路杆塔安装防鸟装置，对高风险输电线路区段每基杆塔应安装防鸟装置。

26．各类鸟粪故障及故障特征是什么？

答：鸟粪类故障是指鸟类在杆塔附近泄粪时，鸟粪形成导电通道，引起杆塔空气间隙击穿，或鸟粪附着于绝缘子上引起的沿面闪络，导致的架空输电线路跳闸。鸟粪类故障还可细分为鸟粪污染类故障和泄粪类故障。

（1）鸟粪污染类故障是指由于鸟粪附着在绝缘子表面，具有一定导电率的鸟粪在潮湿的环境下降低绝缘子的表面电阻，在工频电压作用下建立起局部电弧最终引起污闪跳闸。

（2）泄粪类故障是指大型鸟类泄粪时，高导电率且黏稠的长串粪便在下落时或延绝缘子向下流淌的过程中，短接绝缘子部分空气间隙，使电场畸变和外绝缘强度下降，导致空气击穿跳闸。

27．什么是鸟体短接类故障？

答：鸟体短接类故障是指鸟类身体使架空输电线路相间或者相对地间的空气间隙距离减少，导致空气击穿引起的架空输电线路跳闸。有时飞行中的鸟类直接以一定速度撞上导线或地线，鸟类也会因此而发生死亡，但并不一定引起线路跳闸。

28．什么是鸟巢类故障？

答：鸟巢类故障是指鸟类在杆塔上筑巢时较长的鸟巢材料减小或短接空气间隙，导致的输电线路跳闸。

29．什么是鸟啄类故障？

答：鸟啄类故障包括鸟类对木质杆塔和复合绝缘子的啄损，造成了木质杆塔和复合绝缘子的损坏。鸟啄复合绝缘子会使复合绝缘子端部芯棒大面积暴露而导致端部密封破坏，潮气会进入护套和芯棒界面，继而会在芯棒暴露处和潮气已进入护套和芯棒界面处产生局部放电或电弧放电，而使得芯棒产生电化学反应，若不及时处理甚至会发生复合绝缘子掉串的恶性事故。

30．什么是其他类型的鸟害故障？

答：由于杆塔上鸟巢的存在，使得蛇类会爬上杆塔捕食幼鸟和鸟蛋，并造成次生故障。

31．鸟害故障的特征有哪些？

答：故障月份：鸟害故障发生次数较多的月份是在 3～5 月，该时段正是鸟类繁殖和迁徙的活跃时间。

故障时段：鸟巢类故障在一天的凌晨及上午 7 点前后发生概率较大，而鸟粪类故障这主要发生在夜间和凌晨，该时段主要受鸟类活动习性所影响。

故障区域：大部分鸟害故障发生在河流、森林、农田附近区域，这些区域为绝大多数鸟类提供生存的必要物质条件。

电压等级：鸟巢类故障在鸟害故障中所占比例会随着电压等级的升高而降低，鸟粪类和鸟体短接类故障在鸟害故障中所占比例会随着电压等级的升高而升高。

重合闸特征：不论是鸟巢类故障还是鸟粪类故障，重合闸成功率都会随着电压等级的升高而升高。

故障杆塔特征：直线杆塔的鸟害故障率大于耐张杆塔，同电压等级下的同塔双回线路的鸟害故障率小于单回路杆塔，中相发生鸟害故障的概率最大。

32．不同涉鸟故障的故障区域有哪些特点？

答： 食物、水源、隐蔽度等是决定鸟类分布的关键因子也是划分风险等级的关键因素。由于鸟体短接类与鸟粪类故障主要涉及大型鸟类，鸟啄类与鸟巢类故障主要涉及中小型鸟类，因此他们的防治对策均不相同。

鸟啄类与鸟巢类故障出现的概率与距水系远近的相关性不大，而是与距农田远近关系较大。水田、溪流等地对中小型鸟类来说可以满足鸟类对水源、食物的需求且农田周边较高的树木较少，鸟类可以选择在较高且安全的杆塔上筑巢，不一定是大型的河流湖泊，即距农田远近是鸟啄类与鸟巢类故障分布的关键因素。

而对于鸟体短接类与鸟粪类故障，距离水系远近则表现出明显的相关性，但是距农田远近的相关性不大。此类故障主要涉及到大型鸟类，其主要食物来源于河流、湖泊中的鱼虾，但是人类活动较频繁的农田区域不适合大型鸟类的生存，即距水系远近是鸟体短接类与鸟粪类故障分布的关键因素。

33．鸟害防治装置的分类？

答： 鸟害防治装置的分类有以下三种：

（1）挡鸟类，主要为防鸟盒、防鸟挡板、防鸟刺、防鸟针板、防鸟罩、防鸟护套和防鸟拉线。

（2）引鸟类，主要为人工鸟巢和人工栖鸟架。

（3）驱鸟类，主要为旋转式风车反光镜、仿生等惊鸟装置和声、光、电等电子式驱鸟装置。

34．主要鸟害防治装置及性能特点是什么？

答： 主要鸟害防治装置及性能特点见表 4-20。

表 4-20　　　　　　　　　　　主要鸟害防治装置及性能特点

装置分类	装置名称	性能特点	劣势不足	适用鸟害故障类型
挡鸟类	防鸟刺	制作简单、安装方便，综合防鸟效果好	（1）不带收放功能的防鸟刺会影响常规检修工作。 （2）有些鸟类可能依托变形的防鸟刺筑巢	鸟粪类、鸟巢类
	防鸟挡板	适合宽横担大面积封堵	（1）造价较高、拆装不便。 （2）可能积累鸟粪，雨季造成绝缘子污染。 （3）不适用风速较高的地区	鸟粪类、鸟巢类

续表

装置分类	装置名称	性能特点	劣势不足	适用鸟害故障类型
挡鸟类	防鸟盒	使鸟巢较难搭建于封堵处	（1）制作尺寸不准确可能导致封堵缝隙。 （2）拆装不便。 （3）不适用 500（330）kV 及以上的线路	鸟粪类、鸟巢类
	防鸟针板	适合各类塔型，覆盖面积大	（1）造价较高，拆装不便。 （2）容易造成异物搭粘	鸟粪类
	防鸟罩	有一定防鸟效果，还可以提高绝缘子串防冰闪水平	（1）保护范围不足。 （2）不利于雨季绝缘子的自清洁	鸟粪类
	防鸟护套	增大绝缘强度，有一定的防鸟粪效果	（1）安装工艺复杂，一般需停电安装，造价较高。 （2）被包裹的金具检查不方便	鸟粪类、鸟巢类、鸟体短接类
	防鸟拉线	有效防止大鸟在杆塔上栖息，保护范围大，节省材料，安装简单，造价低廉	只能防护单回路杆塔中横担上平面，防鸟效果有局限性，耐张塔跳线串位置无法实施	鸟粪类
引鸟类	人工栖鸟台	环保性较好	（1）引鸟效果不稳定。 （2）部分产品防风能力差	鸟粪类、鸟巢类
	人工鸟巢	环保性较好	引鸟效果不稳定，主要适用于地势开阔且周围少高点的输电杆塔	鸟粪类、鸟巢类
驱鸟类	旋转式风车反光镜等惊鸟装置	使用初期有一定防鸟效果	（1）易损坏。 （2）随着使用时间延长，驱鸟效果逐渐下降	鸟粪类、鸟巢类、鸟体短接类、鸟啄类
	声、光、电等驱鸟装置	有一定防鸟效果，单台声、光驱鸟装置的保护范围较大	（1）在恶劣环境下长期运行后可靠性降低。 （2）故障后维修难度大。 （3）随着时间延长，驱鸟效果逐渐下降	鸟粪类、鸟巢类、鸟体短接类、鸟啄类

35. 架空输电线路防污闪的主要工作有哪些？

答：（1）运行线路调爬。输电设备外绝缘爬电比距不符合最新污区分布图时，应制订调爬计划并纳入防污特殊区段进行管控，在污闪易发期前完成调爬。

（2）防污闪涂料。喷涂防污闪涂料。运行巡视发现涂层出现起皮、脱落、龟裂等现象，应采取复涂等措施。

（3）辅助伞裙。加装辅助伞裙应按照 DL/T 1469《输变电设备外绝缘用硅橡胶辅助伞裙使用导则》的要求进行，重冰区绝缘子串不宜选用加装增爬裙防污闪措施。

（4）绝缘子清扫如图 4-44 所示。电力设备清扫要逐步做到由以盐密监测为指导，结合运行经验，合理安排清扫周期，提高有效性。清扫方式包括停电清扫和带电冲洗，以停电清扫为主，条件允许时可采用带电冲洗的方式。

（5）防污闪特巡和污秽在线监测。防污闪特殊巡检通常采用登塔巡检、红外检测、望远镜观测的方法来进行，特巡和夜巡时应详细记录存在爬电的具体位置和电弧长度。

以线路绝缘子盐灰密在线监测、绝缘子泄漏电流在线监测等为基础，结合天气趋势对电网、设备可能造成的影响进行危害辨识、风险评估，在每年的 11 月至次年 4 月试开展输电线路污秽预警工作。

图 4-44　绝缘子清扫

36. 清扫绝缘子时的安全要求有什么？

答：清扫绝缘子的安全要求主要有以下组织措施及技术措施：

（1）办理工作许可手续。

（2）登塔、登杆前，工作负责人与工作人员双人采用"手指口诵"方式核对线路名称和杆塔编号、作业范围，确认现场线路与工作票相符高空作业人员使用工具包及防失手绳，较大的工器具固定在牢固的构件上，传递工器具、材料前要检查确认传递滑车及绳索绑扎良好。

（3）工作人员穿戴好安全防护用品后，开展个人安全防护措施互检工作，检查确认安全带合格并正确佩戴。上塔（无防坠落导轨）过程中交替使用双保险安全带，安全绳必须打在主材上。

（4）工作负责人（监护人）全程监护登塔作业，发现未使用安全带行为时及时制止。登塔（有防坠落导轨）前，作业人员按照 UP 指示方向安装防坠器，将防坠器连接在佩戴者安全带的前胸扣环。

（5）安装好防坠器后，工作负责人（监护人）要对作业人员防坠器安装情况进行检查，确认 UP 方向向上，防止防坠器装反，失去安全保护。

（6）高空作业任何时候都不能失去安全带保护。在进行高处作业时，除有关人员外，不准他人在工作地点的垂直下方及坠物可能落到的地方通行或逗留，防止落物伤人。

（7）作业结束后，塔上作业人员检查塔上、线上无遗留物后方可下塔。

37. 架空输电线路防污闪工作管理目标是什么？

答：（1）降低输电线路污闪跳闸率。污闪跳闸率应控制在：500kV 及以上线路 0.05 次/（100km·年），110、220kV 线路 0.1 次/（100km·年）。

（2）杜绝电网大面积污闪停电事故。

38. 防污闪期如何规定？

答：防污闪期是指污闪季节对污秽区线路开展防污闪工作，实施防污闪措施的时期。规定为当年 12 月 1 日至次年 3 月底，具体时间各单位可根据实际情况调整并报公司备案。

39．污秽等级如何划分？

答：污秽等级是运行设备和新建、改建工程调整、配置外绝缘爬距的依据，应根据各地的污湿特征、运行经验并结合其表面污秽物质的盐密及灰密三个因素综合考虑划分，运行经验是划分现场污秽度等级三要素中起决定性作用的因素。高压架空线路的污秽等级划分标准及特征见表 4-21。

表 4-21 高压架空线路的污秽等级划分标准及特征

污秽等级	污 湿 特 征	盐密（mg/cm²）
a	大气清洁且离海岸 50km 以上的地区	≤0.03
b	大气轻度污染地区，工业区和人口低密聚集区，离海岸 10～50km 的地区。在污闪季节中干燥少雾（含毛毛雨）或雨量较多时	>0.03～0.06
c	大气中等污染地区，轻盐碱和炉烟污秽地区，离海岸 3～10km 地区，在污闪季节中潮湿多雾（含毛毛雨）但雨量较少时	>0.06～0.10
d	大气严重污染地区，重雾和重盐碱地区，近海岸盐场 1～3km 地区，工业与人口密度较大地区，离化学污源和炉烟污秽 300m～1500m 的较严重污秽地区	>0.10～0.25
e	大气特别严重污染地区，离海岸盐场 1km 以内，包括严重盐雾侵袭地区、离海岸 1km 以内的地区离化学污源和炉烟污秽 300m 以内的地区	>0.25～0.35

40．什么是盐密？

答：盐密是指在绝缘子一个给定表面（金属部件和装配材料不包括在此表面内）上为进行人工污秽试验而人工沉积的污秽物中的氯化钠（NaCl）量除以该表面的面积，单位为 mg/cm²。

41．什么是灰密？

答：灰密是指绝缘子一个给定表面上清洗下的不溶残留物的量除以该表面的面积，一般用 mg/cm² 为单位表示。

42．什么是现场污秽度？

答：现场污秽度是指在经过适当的积污时间后记录到的盐密/灰密或现场等值盐度的最大值。

43．什么是等值盐密？

答：等值盐密是指溶解在给定的去离子水中时与从绝缘子一个给定表面清洗下的自然沉积物有相同体积电导率的氯化钠（NaCl）的量除以该表面的面积，单位为 mg/cm²。

44．交流输电线路盐密监测布点要求有哪些？

答：110kV 及以上交流输电线路在城区、市郊原则上每 5～10km 选择一个测量点，远离城、镇的农田、山丘，原则上每 10～30km 选取一个点。交流系统每个污秽等级下的每个电压等级选择一条线路，每条线路选择该污秽等级下的一基杆塔设立系数测量点。每一个系数测量点一般应同时包括模拟盐密绝缘子、非带电系数绝缘子、饱和系数绝缘子和运行绝缘子。交流线路可不设饱和系数绝缘子。

45. 直流架空输电线路盐密监测布点要求有哪些？

答：直流线路系数测试点按照以下原则选取：每 60km 选择一基杆塔的两串（正、负极各一串）或一串（正极）运行瓷或玻璃绝缘子串设立盐密测试点，该测试点必须同时设置模拟盐密绝缘子、非带电系数绝缘子和饱和系数绝缘子。系数测试绝缘子宜均匀分布于各级污区，宜尽量靠近污源，复合绝缘子运行区段可只设置模拟盐密绝缘子。

46. 盐密检测周期如何规定？

答：盐密检测周期：年最大等值盐密测量的周期为 1 年，饱和等值盐密测量 3 至 5 年。

47. 何为爬电距离？

答：绝缘子正常承载运行电压的两部件间沿绝缘件表面的最短距离或最短距离的和。

48. 何为绝缘子的爬电比距？

答：绝缘子的爬电距离与该绝缘子上承载的最高运行电压之比，单位为 mm/kV。

49. 架空输电线路外绝缘配置原则是什么？

答：设备外绝缘配置，应符合污区等级的要求。

50. 何为爬电距离有效系数？

答：钟罩型、深棱型等防污型绝缘子的污耐受电压要高于普通型绝缘子，但污耐受电压提高的程度不一定与爬电距离成正比。爬电距离有效系数表示爬电距离的有效性，与绝缘子外形、污秽程度等因素有关。

51. 何为带电积污系数？

答：带电积污系数即同型式绝缘子带电所测盐密值与非带电所测盐密值之比。

52. 砍剪架空输电线路通道树木都有哪些安全要求？

答：（1）砍剪线路通道树木时对带电体的距离不符合规定，应采取停电或采用绝缘隔离等防护措施进行处理。

（2）在线路带电情况下，砍剪靠近线路的树木时，工作负责人必须在工作开始前，向全体人员说明：电力线路有电，人员、树木、绳索应与导线保持规定的安全距离。

（3）砍剪树木应有专人监护。待砍剪的树木下面和倒树范围内不准有人逗留，城区、人口密集区应设置围栏。

（4）风力超过 5 级时，不应砍剪高出或接近导线的树木。

（5）树枝接触或接近高压带电导线时，应将高压线路停电或用绝缘工具使树枝远离带电导线，采取措施之前人体不应接触树木。

（6）为防止树木倒落在导线上，应设法用绳索将其拉向与导线相反的方向。绳索应绑扎在拟砍断树段重心以上合适位置，绳索应有足够的长度，以免拉绳的人员被倒落的树木砸伤。

（7）上树前应检查树根牢固情况，上树时不应攀抓脆弱和枯死的树枝，不应攀登已经锯过或砍过的未断树木。

（8）砍剪树木时，应防止马蜂等昆虫或动物伤人，现场应配备防蜂、防毒蛇等药品。

（9）砍剪树木的高处作业应按要求使用安全带。安全带不准系在待砍剪树枝的断口附近或以上，具备高空车作业条件的，宜采用高空车进行辅助作业。

53．什么是架空输电线路树障隐患？

答：树障隐患是指由于架空输电线路保护区范围内的树木危及架空输电线路安全运行的情况，统称为树障隐患。按隐患的严重程度分为紧急、重大、一般三个等级，具体规定见表4-22。

表 4-22　　　　　　　　　架空输电线路树障隐患等级列表

隐患等级	电压等级（kV）	导线对树木最小垂直距离（m）	边导线距树木最小水平距离（m）
紧急	800	≤9	≤9
	500	≤7	≤7
	220	≤4.5	≤4
	110	≤4	≤3.5
	35	≤4	≤3.5
	10	≤0.7	≤1.5
重大	800	9＜距离≤12	9＜距离≤12
	500	7＜距离≤10	7＜距离≤10
	220	4.5＜距离≤7.5	4＜距离≤7
	110	4＜距离≤7	3.5＜距离≤6.5
	35	4＜距离≤7	3.5＜距离≤6.5
	10	0.7＜距离≤2	1.5＜距离≤3.7
一般	800	12＜距离≤18	12＜距离≤18
	500	10＜距离≤16	10＜距离≤16
	220	7.5＜距离≤13.5	7＜距离≤13
	110	7＜距离≤13	6.5＜距离≤12.5
	35	7＜距离≤13	6.5＜距离≤12.5
	10	2＜距离≤5	3.7＜距离≤5

注　±500kV 线路参照交流 500kV 线路执行。

54．什么是紧急树障隐患？

答：紧急树障隐患是指架空输电线路保护范围内的导线在最大弧垂或最大风偏时距树木最小距离≤规程规定导线对树木的最小安全距离值的情况。

55．什么是重大树障隐患？

答：重大树障隐患线路是指架空输电线路保护范围内的导线在最大弧垂或最大风偏时距树木最小距离≤规程规定导线对树木的最小安全距离值＋3m，且达不到紧急隐患标准的情况。

56．什么是一般树障隐患？

答：一般树障隐患是指架空输电线路保护范围内的导线在最大弧垂或最大风偏时距树木最小距离≤规程规定导线对树木的最小安全距离值＋9m，且达不到重大隐患标准的情况。

57．架空输电线路树障防控工作的工作目标是什么？

答：架空输电线路树障防控工作的工作目标是：

（1）杜绝因清障不及时造成树木对导线安全距离不够引起设备跳闸或事故；

（2）杜绝因清障处置不当引发社会敏感事件；

（3）杜绝因清障处置不当造成人员伤亡事故；

（4）杜绝新建线路带重大或紧急树障隐患投产；

（5）严防在线路通道保护范围内种植速生树木；

（6）严防大风或台风天气树木风偏导致对导线安全距离不够引起设备跳闸或事故。

58．发现树障隐患，巡视人员需迅速开展工作是什么？

答：巡视人员需迅速开展三项工作：

（1）判定隐患等级；

（2）摸清林木数量及林木所有者、土地所有者；

（3）做好图片和文字记录。

59．架空输电线路树障隐患控制措施是什么？

答：（1）巡视人员在发现紧急或重大树障隐患时应在现场检查或增设相应的电力设施保护标志、临时遮栏、警示带、警示牌，并拍摄可作为证据的现场照片。

（2）巡视人员在发现紧急或重大树障隐患当天找到当事单位（人），对当事单位（人）进行电力法律法规宣传教育，通过协商，争取当事人理解和支持，要求其停止继续危害电力设施行为，并向当事单位（人）发出《安全隐患整改通知书》或律师函。《安全隐患整改通知书》或律师函必须确保有效送达当事单位（人）。

60．架空输电线路树障隐患处理的期限是什么？

答：树障隐患处理必须按表4-23规定期限内落实完毕。

表4-23　　　　　　　　　　架空输电线路树障隐患处理的期限

隐患分级	隐患控制措施期限	隐患消除期限	备　　注
紧急树障隐患	1天	7天	所有树障隐患不论是否具备消除条件，都必须采取控制措施（发现立即消除的除外）
重大树障隐患	7天	30天	
一般树障隐患	30天	半年	

61．架空输电线路保护区是什么？

答：《电力设施保护条例》中规定：架空输电线路保护区是指导线边线向外侧水平延伸并垂直于地面所形成的两平行面内的区域，在一般地区各级电压导线的边线延伸距离如下：1～10kV，5m；35～110kV，10m；154～330kV，15m；500kV，20m。

在厂矿、城镇等人口密集地区，架空电力线路保护区的区域可略小于上述规定。但各级电压导线边线延伸的距离，不应小于导线边线在最大计算弧垂及最大计算风偏后的水平距离和风偏后距建筑物的安全距离之和。

62．如何做好架空输电线路防外力破坏措施？

答：（1）要全面清查输电线路通道内的违章建筑、违章施工工地、超高树木、道路修建、尾矿堆积和挖沙取土情况，摸清底数建立档案。

（2）针对大型机械施工、偷盗塔材、垃圾漂浮物、放风筝等不同外力破坏易发地段，结合清查工作全面摸清各类警示标志和防护设施的缺失情况，并补充完善。

（3）加强对重点地区、重点地段、重点设施、特殊时段的巡视、检查，做到早发现、早预防、早制止、早处理。

（4）进一步完善输配电线路防止外力破坏事故的应急机制和预案，明确各级人员职责，制订具体的线路隐患定性分级、问题汇报和应对措施。

（5）强化输配电线路巡视制度和巡视质量管理，加强对现场巡视人员的责任心教育和监督考核，明确各级人员责任要求，严格抓好落实。

（6）积极发动和组织群众开展护线工作，在偏远地区和外力破坏隐患重点区设立群众护线员，增强电力设施保护的群众基础，提高工作时效。通过采取上述措施，力求做到输电线路外破隐患的"可控、能控、在控"，充分保证输电线路的运行安全。

（7）通过使用智能化监测手段对杆塔被破坏现象进行提前预警和监控，及时发现违章施工作业中大型施工机械的外力破坏问题，大幅降低因外力破坏引起的停电事故，减少由此带来的经济损失。

63．上塔安装防外力破坏智能化监测系统的安全要求有哪些？

答：上塔安装防外力破坏智能化监测系统的安全要求有：

（1）办理工作许可手续。登塔、登杆前，工作负责人与工作人员双人采用"手指口诵"方式核对线路名称和杆塔编号、作业范围，确认现场线路与工作票相符高空作业人员使用工具包及防失手绳，较大的工器具固定在牢固的构件上，传递工器具、材料前要检查确认传递滑车及绳索绑扎良好。

（2）工作人员穿戴好安全防护用品后，开展个人安全防护措施互检工作，检查确认安全带合格并正确佩戴。上塔（无防坠落导轨）过程中交替使用双保险安全带，安全绳必须打在主材上。

（3）工作负责人（监护人）全程监护登塔作业，发现未使用安全带行为时及时制止。登塔（有防坠落导轨）前，作业人员按照 UP 指示方向安装防坠器，将防坠器连接在佩戴者安全带的前胸扣环。安装好防坠器后，工作负责人（监护人）要对作业人员防坠器安装情况进行检查，确认 UP 方向向上，防止防坠器装反，失去安全保护。

（4）高空作业任何时候都不能失去安全带保护。在进行高处作业时，除有关人员外，不准他人在工作地点的垂直下方及坠物可能落到的地方通行或逗留，防止落物伤人。

（5）作业结束后，塔上作业人员检查塔上、线上无遗留物后方可下塔。

64．外部隐患类别包括什么？

答：电力设施常见的外部隐患包括树障、建（构）筑物、飘挂物、外力破坏、山火、内涝与洪水冲刷、地质灾害等。

65．外力破坏基本定义是什么？

答：是指因外界人为因素导致输配电线路不安全状态，造成输配电线路设备、设施损坏，线路跳闸或停运等行为，主要包括：在线路保护区内违章施工、违章建筑、物品堆放、异物、偷盗、外力冲撞等（不含山火和树障）。

66．外力破坏隐患分为几个等级？各个隐患等级有何区别？

答：按严重程度可分为Ⅰ级重大隐患、Ⅱ级重大隐患和一般隐患三个等级。

（1）Ⅰ级重大隐患：是指对输配电线路安全稳定运行威胁较大，可能导致电力事故发生的外力破坏隐患。

（2）Ⅱ级重大隐患：是指对输配电线路安全稳定运行威胁较大，可能导致一、二级事件发生的外力破坏隐患。

（3）一般隐患：是指尚未达到重大隐患的其他外力破坏隐患。

67．架空电力线路保护区是指什么？

答：架空电力线路保护区是指导线边线向外侧水平延伸并垂直于地面所形成的两平行面内的区域。在一般地区各级电压导线的边线延伸距离见表 4-24。

表 4-24 架空电力线路保护区范围

电压等级（kV）	10	35	110	220	500	±500	±800
边导线延伸距离（m）	5	10	10	15	20	20	25

68．架空输电线路防外力破坏的工作目标是什么？

答：（1）杜绝发生因外力破坏导致运行线路停电的电力事件；

（2）严防同一隐患点重复发生外力破坏事故事件；

（3）严防因外力破坏导致运维单位负有责任的电力事故事件。

69．架空输电线路设备运维单位的防外力破坏基本职责是什么？

答：（1）电力设施外部隐患排查、治理及检查问题整改的责任主体。

（2）负责开展电力设施外部隐患的排查及动态更新，制定管控措施。

（3）协调政府部门等开展外部隐患处置。

70．架空输电线路防外力破坏工作的指导思想是什么？

答：以"转变观念，关口前移，将防护工作纳入日常管理，完善内外部联动工作机制，加大宣传力度，加大技防建设"为核心，坚持"安全第一、预防为主、综合治理"的方针，确保电网安全稳定运行。

71．如何完善架空输电线路防外力破坏的技防措施？

答：（1）推进先进、有效技防成果应用，降低输配电线路发生外力破坏的概率；

（2）根据线路实际采用防盗螺栓、防攀爬、防撞等措施；

（3）针对化学污染严重的区段，可采用防腐型导线和铝包钢线，严格控制防腐工艺；

（4）针对偷盗严重或施工的区段，拉线可采用环氧树脂包裹，安装视频监控、入侵报警等；

（5）针对采空区附件杆塔，可设置沉降观测点进行监测；

（6）针对车辆、机械频繁通行的区段，杆塔基础应增加连梁补强措施，可设置橡胶圈、抗撞桶、防撞墩等缓冲设施；

（7）针对海底电缆，可采用海缆在线监视系统等技术防控手段。

72. 架空输电线路防山火工作现场应收集哪些信息？

答：（1）线路情况：导线对地距离、导线对树冠距离、植被情况如草地、灌木、林木的相关参数（叶类、枝叶是否富含油性、植被厚度等）

（2）山火信息：山火发展情况、火苗高度、蔓延速度、面积等。

（3）地理信息：坐标、坡度，坡向；是否有河流、公路、防火带等阻断。

（4）救火情况：救火队性质、规模以及救火进度等。

（5）有关线路防火的其他情况。

73. 防山火工作准备阶段中有哪些工作？

答： 防山火工作准备阶段中应建立联动机制、建立预警机制、开展防火宣传、加强隐患点管理、获取炼山信息、开展人员防山火技能培训、备足现场处置装备等工作。

74. 防山火工作实施阶段中有哪些工作？

答： 防山火工作实施阶段中应开展防山火特巡、开展火情监测、规范线路野外作业用火、加强计划炼山现场监控等工作，特殊时期开展特巡、蹲守以及值班等工作。

75. 防山火工作总结阶段中有哪些工作？

答： 防山火工作实施阶段中应编写线路防山火工作总结、对架空输电线路山火特殊区段进行动态修订、巩固联动机制成果、开展科技防控手段研究。

76. 如何建立防山火联动机制？

答：（1）与沿线各县市级气象部门联系，签订气象信息服务协议，提供每天天气象情况及山火等级，以及一周的天气预报信息；在高火险等级时准确、及时提供沿线指定区域的气象预警信息。

（2）与政府各级防火管理机构的联系，充分与沿线当地公安部门、防火办、林业站、村委会、学校等方面进行沟通，与当地林业部门签订联动协议，互相通报火情，共享火情信息；及时更新联系人和通信联络方式，建立工作联动机制。

（3）按照"片、段、点"分层落实责任的思路，建立以班组管理责任片区、护线员管理责任段、临时护线员监视局部重点区域的监测预警体系。

（4）构建群众护线员网络。充分与线路沿线村庄村委会、护林员、群众沟通建立友好关系，建立火情汇报网；必要时成立护线小组，作为森林火灾危险点处理、山火时现场处置、火情汇报、防火宣传等防火工作的外部重要资源。

（5）与沿线供电所建立联动机制。充分利用系统内部属地资源，调动各乡镇供电所与当地林业站、村委会建立森林火灾信息互通机制，沿线供电所获取森林信息后，及时向所属上级调度、架空输电线路运维部门汇报森林火灾位置，主动参与输电网森林火灾的信息汇报及现场处置工作。

77．如何开展架空输电线路火情监测？

答：（1）通过人工地面巡视发现火情。护线员、班组员工结合每月的正常巡视、特殊时期的特巡等进行山火巡视监测，必要时就近值守蹲点监控。其主要任务有：进行森林防火宣传，进行电力法和山火对线路造成危害宣传，制止线路附近的违规违章用火，发现火情立即向当地林业防火办报警，及时向班组汇报，做好现场监控，随时汇报现场火情信息，结合现场实际情况做出合理处置。

（2）通过沿线群众发现火情。充分利用群众护线员的区位和人际关系优势，发动沿线群众主动汇报山火信息。可采取有奖举报形式，发挥沿线群众举报火情的积极性。

（3）由当地防火部门通知，获得火情信息。与当地防火部门做好火情信息的动态传递和交换工作，确保信息及时、准确、全面。及时、主动向森林防火部门了解计划炼山计划，提前做好防控工作安排。

（4）加大科技投入，利用高科技手段发现山火。充分利用技术手段建立输电设备森林火灾预警系统，采用遥感卫星热点监测技术、山火实时监测技术、直升机/无人机巡视等先进技术，与森林火灾监测网络互为补充，建立火情与设备的关联关系，实现对火情的及早发现和准确判断。可在森林火灾易发区段和架空输电线路防火重点区段（如 500kV 以上线路交叉跨越点、同走廊平行区段、同塔双回线路等），应加大对火灾监测终端的配置，加密布点，定期进行检测、调试，确保进入森林防山火期后能够正常运行。

（5）建立调度机构火情应急处置机制：调度、方式、继电等相关专业定岗、定人待命，熟悉应急处置预案，积极响应火情信息，实时跟进，动态分析山火对电网造成的影响及存在的安全风险，优化处置程序，果断处理应急状况。

78．架空输电线路防山火工作目标是什么？

答：（1）杜绝在森林火灾现场处置过程中发生人身死亡事故；

（2）杜绝因树木对导线距离不够放电、线路运维施工违章用火造成森林火灾；

（3）严防因森林火灾造成影响系统稳定的事件或电网事故，尽最大限度降低对电网稳定及用户的影响；

（4）严防计划炼山造成线路故障。

79．架空输电线路防山火期是哪几个月？

答：南方区域的防山火期一般为每年 10 月 1 日至翌年 4 月 30 日。

80．架空输电线路防山火工作总体分为哪几个阶段？

答：架空输电线路防山火工作总体分为"准备、实施、总结"三个阶段。

81．什么是架空输电线路山火特殊区段？

答：指架空输电线路通道内存在树木和植被，这些植被一旦发生山火，将造成导线对树冠、相间或导地线间放电。架空输电线路山火特殊区段分为一般隐患、重大隐患、紧急隐患区段。

82．森林火险预警分为哪几级？

答：根据森林火险天气条件、林内可燃物易燃程度及林火蔓延成灾的危险程度，气象部门将森林火险气象等级分为五级制：一级为难以燃烧的天气可以进行用火；二级为不易燃烧的天气，可以进行用火，但可能走火；三级为能够燃烧的天气，要控制用火；四级为容易燃烧的高火险天气，林区应停止用火；五级为极易燃烧的最高等级火险天气，要严禁一切野外用火。

83．森林火险预警信号划分为哪几个等级？

答：森林火险预警信号划分为三个等级，依次为黄色、橙色和红色，同时以中英文标志，分别代表三级森林火险（中度危险）、四级森林火险（高度危险）、五级森林火险（极度危险）。

84．黄色预警信号含义是什么？

答：三级森林火险，未来24h气象条件导致林内可燃物较易点燃，较易蔓延，具有中度危险。

85．橙色预警信号含义是什么？

答：四级森林火险，未来24h气象条件导致林内可燃物容易点燃，易形成强烈火势快速蔓延，具有高度危险。

86．红色预警信号含义是什么？

答：五级森林火险，未来24h气象条件导致林内可燃物极易点燃，且极易迅猛蔓延，扑火难度极大，具有极度危险。

87．防火特殊时期是指什么？

答：防火特殊时期是指天气在三级及以上森林火警等级时期，以及清明节期间均为防火特殊时期，应结合实际做好重点防护。

88．防山火工作指导思想指的是什么？

答：（1）坚持"安全第一、预防为主、综合治理"的工作方针，遵循"群防群治、科学应对"的防控思路，建立"政企联动、群防群治"的长效机制；采取"密切监测火情、及时报告火情、适时调整方式、减少跳闸冲击"等措施，细化分解各层级工作任务，落实岗位责任，保证工作到位，最大限度减少森林火灾引发线路跳闸，确保电网安全稳定运行。

（2）以风险管控为导向，充分应用风险管控技术，就森林火灾对架空输电线路及电网的影响进行危害辨识、风险分析，对架空输电线路森林火灾隐患及其危害进行风险评估，明确重点管控范围、设备，根据评估结果，落实分层、分级防控措施。

（3）充分利用技术手段建立输电设备森林火灾预警系统，采用遥感卫星热点监测技术、山火在线监测技术、直升机/无人机巡视等先进技术，与森林火灾监测网络互为补充，建立火情与设备的关联关系，实现对火情的及早发现和准确判断。

（4）建立完善架空输电线路森林火灾现场处置体系，做到架空输电线路森林火灾信息传递流畅、响应快速、措施到位、应对充分，最大限度降低森林火灾对电网的影响。

（5）加强架空输电线路森林火灾知识培训和演练，提高员工防火安全意识和技能水平。

89．如何开展防山火宣传工作？

答：（1）与政府开展联合宣传。与当地政府部门进行联合宣传，规范群众野外用火行为，制订完善以野外用火管理为主要内容的村规民约、火灾联防公约等。可灵活利用报纸、电视、网络、电信等传媒工具，采用发放、张贴宣传单、围裙、制作护线宣传挂历、发放宣传环保袋或利用宣传车、通过移动通信公司向重点人群发送森林防火手机短信、流动宣传车等宣传方式。

（2）自主开展沿线群众宣传。对责任区范围内进行宣传，并充分发挥护线员的作用，重点做好对责任区内的沿线群众做好宣传。班组积极与沿线的镇防火办、林业站、村委会、学校等方面的沟通联系；同时，积极落实相关宣传措施和手段，采取形式多样的宣传方式，发动群众参与保护电力设施工作，让沿线群众了解山火给线路带来的危害，提高群众自觉维护电网安全的积极性，达到群防群治的目的。

90. 架空输电线路野外用火有哪些要求？

答： 严禁吸烟、严禁烧地、严控生产性用火、严禁在野外烧火做饭、严禁其他野外用火。

91. 防风防汛隐患排查有哪些要点？

答：（1）杆塔是否倾斜（对于转角塔内倾情况需重点检查），塔材是否受损，拉线是否缺失或松弛。

（2）基础是否存在不均匀沉降，护坡、挡土墙、排水沟、巡视检修通道等防洪设施是否存在损坏情况。对不能及时处置的滑坡等情况，汛期来临前是否采取对滑坡部位覆盖防雨薄膜、对杆塔加装拉线等临时措施。

（3）杆塔上边坡是否存在影响杆塔安全的危石、是否存在有可能发生滑坡的土体；杆塔下边坡是否存在滑坡、泥石流等地质灾害隐患，杆塔周边植被是否存在覆盖不良等情况。

（4）线路附近是否存在可能对边坡或杆塔产生影响的施工、爆破等作业行为，是否采取防范措施。

（5）通道内交叉跨越及树木是否存在风偏不满足要求情况，超高树木及附近的漂浮物是否得到了及时清理。

（6）气象在线监测装置是否正常运行。

（7）根据当地国土、气象部门发布的地质灾害评估报告，杆塔是否处于受影响区域。

92. 架空输电线路边坡隐患现场排查内容有哪些？

答：（1）查看坡顶线与最近基础距离、坡比、坡高；

（2）查看基础型式（基础型式、埋深）、直线还是转角塔；

（3）查看滑坡面或塌方面方位（距哪个腿最近、方位）；

（4）查看地质情况（现场岩、土性），查看地表有无明显的水土流失，是否存在冲沟，是否存在水土流水造成的土体裸露和植被破坏；

（5）查看现场排水沟是否完整、流水是否顺畅，排水沟出水口是否低于塔基，是否能够将汇集的地表水排离塔位；

（6）查看塔基范围及基础周边 20m 范围内有无地表张拉裂隙，如有裂隙，需记录裂隙长度及宽度、分布规律、是否贯通等；

（7）查看基础和铁塔有无明显的位移及变形；

（8）查看塔基范围内有无施工遗留的余土堆积，余土是否阻碍排水。

93．每年汛期起止时间是什么时候？

答：一般来说，全国大部分区域每年的汛期自 5 月 1 日起至 10 月 31 日止。

94．什么是Ⅰ类风区和Ⅱ类风区？

答：Ⅰ类风区指的是输电线路 30 年一遇基本风速 $v \geqslant 35\text{m/s}$、50 年一遇基本风速 $v \geqslant 37\text{m/s}$ 的地区。Ⅱ类风区指的是输电线路 30 年一遇基本风速 $v \geqslant 33\text{m/s}$ 且 $v < 35\text{m/s}$、50 年一遇基本风速 $v \geqslant 35\text{m/s}$ 且 $v < 37\text{m/s}$ 的地区。

95．滑坡指的是什么？

答：滑坡指斜坡上的土体或者岩体，受河流冲刷、地下水活动、雨水浸泡、地震及人工切坡等因素影响，在重力作用下，沿着一定的软弱面或者软弱带，整体地或者分散地顺坡滑动的自然现象。

96．塌方指的是什么？

答：塌方是指建筑物、山体、路面、矿井在自然力非人为的情况下，出现塌陷下坠的自然现象。多数因地层结构不良，雨水冲刷或修筑上的缺陷，道路、堤坝等旁边的陡坡或坑道，隧道的顶部突然坍塌。

97．防风防汛薄弱点和防风防汛隐患点分别指的是什么？

答：防风防汛薄弱点指的是根据排查原则梳理出的防风防汛能力不足够、现场需重点关注的输电线路区段。防风防汛隐患点指的是防风防汛巡视、检查工作中发现的可能对输电线路安全运行造成威胁、存在安全隐患的区段。

98．确定线路防风薄弱点应该遵循什么原则？

答：（1）低于风速分布图防风能力 4m/s 以上的线路区段；

（2）Ⅰ、Ⅱ类风区中，不满足风速分布图配置要求且杆塔水平档距利用率超过 90% 的 110kV、220kV 线路区段；

（3）Ⅰ类风区中耐张段长度超过 3km 的区段；

（4）Ⅰ、Ⅱ类风区中，前后档距相差 1 倍以上、且杆塔水平档距利用率超过 85% 的直线杆塔；

（5）Ⅰ、Ⅱ类风区中，经防风偏能力校核不满足要求的线路杆塔。

99．防风防汛重点区段划分一般遵循哪些原则？

答：防风防汛重点区段可包含但不限于以下方面，由运行单位结合实际确定：

（1）漂浮物多发区。周边存在大量临时棚架类建筑物、农用地膜、彩带、宣传标语、放风筝行为等的输电线路区段；

（2）洪水冲刷区段与滑坡沉降区。杆塔已修筑或需要修筑排水沟、挡土墙、护坡等设施的输电线路区段，以及处于河床冲刷区或附近的杆塔的输电线路区段；

（3）微气象区。位于因地形地貌、植被覆盖、土壤类型、周围环境等差异形成的局部特殊气象条件下的输电线路区段；

（4）排查出的防风薄弱点和隐患点，原则上应列为防风防汛重点区段。

100．防风防汛重点区段的巡视重点有哪些？

答：（1）漂浮物多发区。导线、避雷线、塔身横担、绝缘子串上是否存在风筝或其他异物悬挂；线路防护区是否存在气球、孔明灯、宣传条幅、塑料薄膜等易飘物。

（2）微气象区。杆塔拉线是否松脱、杆塔本体是否倾斜；杆塔基础附近是否出现裂缝；导地线横担连接处螺丝是否松动；导地线及跳线是否出现大幅度跳跃和舞动。

（3）洪水冲刷区与滑坡沉降区。杆塔基础上、下边坡稳定情况；基础附近是否存在泥土冲刷掏空现象；基础附近是否存在地质裂缝；杆塔截、排水设施是否完备。

101．架空输电线路防风偏的主要措施有哪些？

答：防风偏的主要措施如下：

（1）规划 N 模块塔型；

（2）防止 V 串掉串的优化措施；

（3）加装防风拉线；

（4）加装重锤；

（5）优化绝缘子型式，开发新一代防风偏绝缘子。

102．架空输电线路防汛工作现场检查的主要内容有哪些？

答：（1）杆塔基础的护坡是否损坏，排水沟是否损坏或堵塞；

（2）杆塔上边坡是否存在影响杆塔安全的危石；

（3）杆塔附近由于新建道路等可能对边坡产生一定影响的；

（4）上年度汛期后治理完的项目。

103．架空输电线路防风偏校验公式内容有什么？

答：（1）计算原理说明。防风偏校核公式分为耐张塔跳线风偏计算和直线塔悬垂串风偏计算两类，每一类的计算均编写了计算公式，耐张串及悬垂串的风偏角 θ 计算原理如图 4-45 所示。

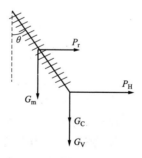

图 4-45　风偏角计算原理示意图

计算公式如下：

$$\tan\theta=\frac{绝缘子串水平风荷载+导线水平风荷载}{绝缘子串自重+重锤重量+导线自重}=\frac{\dfrac{1}{2}P_{\mathrm{r}}+P_{\mathrm{H}}}{\dfrac{1}{2}G_{\mathrm{m}}+G_{\mathrm{C}}+G_{\mathrm{V}}}$$

$$P_{\mathrm{H}}=\alpha\,P_{\mathrm{o}}\,\mu_{\mathrm{z}}\,\mu_{\mathrm{sc}}\beta_{\mathrm{c}}\,d\,L_{\mathrm{H}}\,B\,\sin^2\delta$$

$$P_r = P_o \, \mu_z \, B \, A_I$$

式中　G_m ——绝缘子串自重，N，可由绝缘子串图查得（下同）；

　　　G_C ——重锤自重，N，由绝缘子串图查得；

　　　G_V ——导线自重，N，由导线参数表查得；

　　　P_H ——跳线风荷载，N；

　　　P_r ——绝缘子串风压，N。

（2）计算工况说明。一般情况下按 10min 平均风速进行计算，工频风速取工程设计的 10m 高 10min 平均最大风速，风压不均匀系数取 1.4，风压高度变化系数幂指数取 0.30。

（3）导线风压计算说明。

计算公式如下：

$$P_H = \alpha \, P_o \, \mu_z \, \mu_{sc} \beta_c \, d \, L_H \, B \, \sin^2\delta$$

$$P_o = \frac{1}{2}\rho v^2 = \frac{v^2}{1600}$$

式中　P_H ——垂直于导线方向的水平风荷载值，kN；

　　　P_o ——导线基准风压标准值，kN/m²；

　　　α ——风压不均匀系数，具体见表 4-25。

表 4-25　　　　　　　　　　风 压 不 均 匀 系 数 α

风速 v（m/s）	<20	$20{\leqslant}v{<}27$	$27{\leqslant}v{<}31.5$	$\geqslant31.5$
计算杆塔荷载	1.00	0.85	0.75	0.70
设计杆塔（风偏计算用）	1.00	0.75	0.61	0.61

注　对跳线计算，α 宜取 1.4；悬垂串计算根据实际值选取。

（4）档中风偏校核方法。输电线路边导线附近存在山体、建构筑物、树木等，档中导线需根据最大风情况或覆冰情况进行最大风偏校验，以满足净空距离要求。

最大弧垂 f_m，一般出现在档距中间位置，可从断面图上量取，也可通过公式计算。即

$$f_m = \frac{l^2 g}{8T\cos\varphi} = \frac{l^2\gamma}{8\sigma_0\cos\varphi}$$

式中　l ——档距，m，从断面图或者明细表查得；

　　　g ——导地线单位长度自重力，N/m，一般从综合图导地线特性表查得；

　　　T ——架空线水平张力，N，从综合图导地线特性表查得；

　　　φ ——高差角，°，从前后侧导地线挂点高差和档距求得；

　　　γ ——导地线比载，N/（m·mm²），从综合图导地线特性表查得；

　　　σ_0 ——导地线各点的水平应力，N/mm²，从综合图导地线特性表查得。

（5）任意点弧垂 f_x，可从断面图上量取，也可通过公式计算。即

$$f_x = \frac{4x}{l}\left(1 - \frac{x}{l}\right)f_{max}$$

式中　x ——与一侧杆塔的水平距离，m；

　　　l ——档距，m，从断面图或者明细表查得；

f_{max} ——最大弧垂，m，从断面图量取或公式计算。

档中风偏校核方法：线路边导线对山体、建构筑物、树木的最大风偏校核，需通过断面图绘制风偏图，按照规程规范要求校核安全净距。

104．线路融冰作业有什么安全要求？

答：（1）融冰作业前，应确认待融冰线路（含导线、地线、OPGW 光缆）及有关装置对塔身等接地体的距离满足融冰电压不击穿的安全要求。

（2）融冰的导线或地线位于杆塔同一侧垂直排列时，应先融上层，后融下层。

（3）装设好导线与地线之间的连接线后，应拆除导线接地线，并拉开地线接地开关。

（4）未合接地开关（挂接地线）前，不得徒手碰触架空地线引下线、连接电缆、接地开关、电缆头等裸露的电气部位。

（5）操作杆塔上的接地开关或装、拆连接线时，应戴绝缘手套，使用绝缘操作杆。

（6）裸露的连接线应盘卷放置在绝缘架上，用绝缘护套包好，悬空放置，不能与塔材接触。

（7）登塔、登杆前，工作人员穿戴好安全防护用品后，开展个人安全防护措施互检工作，检查确认安全带合格并正确佩戴。上塔（无防坠落导轨）过程中交替使用双保险安全带，安全绳必须打在主材上。工作负责人（监护人）全程监护登塔作业，发现未使用安全带行为时及时制止。登塔（有防坠落导轨）前，作业人员按照 UP 指示方向安装防坠器，将防坠器连接在佩戴者安全带的前胸扣环。安装好防坠器后，工作负责人（监护人）要对作业人员防坠器安装情况进行检查，确认 UP 方向向上，防止防坠器装反，失去安全保护。高空作业任何时候都不能失去安全带保护。

（8）作业人员手动操作输电线路融冰接线装置前，先用 10kV 或 35kV 接地棒将融冰接线装置与绝缘架空地线/OPGW 连接处可靠接地后，工作人员戴绝缘手套操作融冰接线装置。

（9）现场观测人员利用红外测温仪实时监控地线温升情况，并做好红外测温记录，当覆冰明显掉落或设备异常时，立即通知线路融冰负责人。

（10）融冰线路地线脱冰范围内不得有人逗留。

（11）现场作业人员注意防寒保暖，穿防寒服。

105．输电线路融冰现场作业的工作流程是什么？

答：电线路融冰现场作业的工作流程：

（1）融冰接线。登塔—挂地线接地线—拉开地线接地开关—拆除地线接地线—下塔合上融冰接线刀闸—终结工作：工作负责人电话通知线路融冰负责人："××线××塔"地线融冰接线工作已经完成，地线接地开关已拉开；接地线已拆除，人员已全部撤离现场，线路具备通流条件。现场工作负责人与线路融冰负责人办理工作票终结手续。融冰装置示意如图 4-46 和图 4-47 所示。

（2）在现场开展红外测温：现场观测人员利用红外测温仪实时监控地线温升情况，

并做好红外测温记录，当覆冰明显掉落或设备异常时，立即通知线路融冰负责人。

（3）拉开融冰接线刀闸—登塔—挂地线接地线—合地线接地开关—拆除地线接地线—下塔—终结工作。

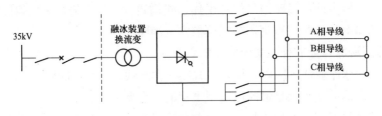

图 4-46　直流融冰装置示意图

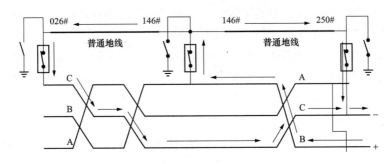

图 4-47　地线融冰装置示意图

106. 线路融冰作业组织模式是什么？

答：线路融冰作业组织模式，一般来说，分为工作组指挥模式和调度员指挥模式。

（1）工作组指挥模式：是指将覆冰线路停电后，将线路两侧调度管辖的厂站接地开关（临时接地线）、融冰装置网侧断路器及相关接地开关的调度操作权，移交给融冰工作组自行负责并开展融冰作业。

（2）调度员指挥模式：是指值班调度员根据现场融冰作业过程需要，具体负责指挥调度管辖范围设备的所有操作，包括线路停复电、融冰装置投切、接地开关（临时接地线）等安全措施的操作。现场由融冰工作负责人负责协调和开展具体融冰作业。

107. 线路融冰作业的工作组指挥模式包括哪些工作？

答：（1）设备运维单位应根据线路融冰情况，制定详细、科学、完整的融冰工作方案，包括组织措施、技术措施和必要的保障措施等，并应履行相应的审批手续。

（2）融冰作业中若出现情况异常，与融冰工作方案不相符合时，应立即停止作业，待研究、处理并重新履行工作方案审批手续后，可继续作业。

108. 线路融冰作业的调度员指挥模式包括哪些工作？

答：（1）导线或地线融冰作业应办理相应的第一种工作票。在线路上搭接、短接融冰装置或于末端短接作业，应办理线路第一种工作票；在厂站设备上搭接、短接融冰装置或线路末端短接作业，应办理厂站第一种工作票。

（2）融冰作业前的搭接、短接工作及融冰作业后的拆除恢复工作应分别办理第一种工作票。

（3）地线分段融冰作业，应逐段按序办理线路第一种工作票。

109．线路融冰作业的技术措施的要求是什么？

答：应将待融冰线路进行停电；导线或地线搭接、短接等作业前，在待融冰段线路两端应分别验电；确认停电后合接地开关或挂接地线。

110．架空输电线路的覆冰期一般是什么时候？

答：架空输电线路的覆冰期一般为每年 12 月 1 日起至次年的 3 月。

111．架空输电线路为什么会覆冰？

答：形成覆冰层的原因是在架空线路上附着水滴，当气温下降时，这些水滴便凝结成冰，而且越结越厚。

112．架空输电线路覆冰有什么危害？

答：架空输电线路覆冰危害有：

（1）引起闪络；

（2）引起断线、断股；

（3）杆塔倒塌、变形及横担损坏；

（4）绝缘子及金具损坏；

（5）对跨越物的危害；

（6）对电力系统载波通信的影响。

113．按照形成条件覆冰分为哪几类？

答：按照形成条件覆冰分为雨凇、雾凇、混合凇、湿雪、冻雨。

114．哪些地形对架空输电线路覆冰影响程度最大？

答：风口、垭口、山脊和分水岭等微地形对输电线路覆冰影响程度最大。

115．什么是保线电流？

答：保线电流是指保持导线温度在冰点以上使导线不覆冰所需的最小电流，保线电流通过导线产生的热量与对流辐射散热消耗热量平衡。

116．在融冰的短时间内应同时满足哪两个条件的最大电流？

答：在融冰的短时间内应同时满足以下两个条件的最大电流：

（1）使得导线表面温度不超过设计规程所允许的最高温度，钢芯铝绞线和钢芯铝合金绞线为 70℃，铝包钢芯铝绞线和铝包钢绞线 80℃。

（2）不超过融冰回路所有设备的最大通流能力。

117．什么是覆冰比值？

答：覆冰比值指线路实际观测到的导地线覆冰厚度（人工观冰数值或覆冰监测系统监测数值），与线路导地线设计覆冰厚度的比值。

118．人工观冰点设置应遵循哪些原则？

答：（1）根据最新冰区分布图，结合运行管理经验，选择中、重冰区区段，历年覆冰最严重区段，微地形气象区段（如风口、垭口等），海拔较高处和处于轻中重冰区交界处，线路或附近线路曾经出现过因覆冰发生倒塔、断线的区段杆塔作为人工观冰点。

（2）原则上冰区线路每 50km 应设置不少于一个观冰点，观冰点的设置尽可能覆盖管辖线路区域，不能出现观冰盲区。

（3）保底电网、重要线路尤其是防冰重点区段，应适当增加人工观冰点。

（4）应根据气象发展趋势对观冰点进行调整，并按调整后的观冰点开展人工观冰工作。

（5）人工观冰点应结合覆冰监测系统终端的分布进行设置，覆冰期人员难以到达的区段，可仅通过覆冰监测系统终端进行观冰。

119．如何确定架空输电线路防冰重点区段？

答：冰区架空输电线路的薄弱区段，以及重要线路处于中、重冰区的区段为防冰重点区段。

120．模拟导线监测点设置应遵循哪些原则？

答：模拟导线监测点设置应遵循以下原则：

（1）安装模拟覆冰导线杆塔位置的选择，应根据线路冰区划分及历年线路覆冰的运行经验，安装的塔位点应能反映附近线路覆冰的普遍状况，并充分考虑微地形气候对杆塔覆冰的影响。

（2）模拟导线观冰监测点位置，要考虑覆冰时的交通条件，宜选择交通条件较好、覆冰季节人员可以到达的铁塔，以便覆冰后能每天及时截取冰样。

（3）冰区线路宜不超过 50km 设置一个模拟导线观冰监测点，同一走廊的线路，模拟导线观冰监测点可适当减少。

（4）对覆冰重点区段应根据实际考虑增加设置覆冰模拟导线。

121．覆冰检测模拟电线的架设方法及要求？

答：（1）模拟电线宜选在易覆冰区域，应悬挂在铁塔的迎风侧，并与线路方向一致。

（2）悬挂模拟电线的铁塔附近应空旷开阔，气流通畅。

（3）模拟电线悬挂高度一般为 2.0m 左右，电线长度大于 4.0m。若受地面树木影响时，应提高悬挂高度，避免树木对气流的影响。

（4）在条件允许的地段，模拟电线也可以顺着线路方向悬挂在树干上，悬挂高度视现场实际情况确定。

（5）模拟电线架设时，应采取必要的防盗措施。

（6）在覆冰观测期间，应使用人字梯登高进行观冰。

122．架空输电线路融冰的启动条件有哪些？

答：当线路覆冰达到以下条件时，具备融冰条件的线路应及时向调度部门申请融冰：

（1）线路覆冰比值超过 0.5，且预计未来 3 天线路所处地区天气持续符合覆冰条件时。

（2）同时满足以下三个条件时：中、重冰区线路覆冰比值超过 0.4；在线监测系统每 8h 内覆冰厚度增加超过 5mm 或人工观冰 24h 内覆冰厚度增加超过 7mm；预计未来 3 天线路所处地区天气持续符合覆冰条件。

（3）对往年覆冰速度较快的特殊线路，以及设计覆冰厚度较最新的冰区分布图偏小 30%及以上的线路，当其线路覆冰比值超过 0.3，且预计未来 3 天线路所处地区天气持续符合覆冰条件时。

123．如何消除导线上的覆冰？

答：（1）电流溶解法。可采用增大负荷电流，或者用特设变压器或发电机供给与系统断开的覆冰线路的短路电流。

（2）机械除冰法：用绝缘杆敲打脱冰；用木制套圈脱冰；用滑轮除冰器脱冰。

124．导地线悬挂高度对覆冰有何影响？

答：导线悬挂高度越高，覆冰越严重，因空气中液态水含量随高度的增加而升高。风速越大、液态水含量越高，单位时间内向导线输送的水滴九越多，覆冰也越严重。因此，覆冰随导地线悬挂高度的升高而增加。

125．测量覆冰密度有哪几种方法？

答：主要有长短径法、周长法和横截面积法。

附录A 应 急 处 置

心肺复苏操作步骤见表 A-1。

表 A-1 心 肺 复 苏 操 作 步 骤

步骤	具 体 操 作
1. 症状识别	(1) 现场风险评估。确认现场及周边环境安全，避免二次伤害的发生。 (2) 判断伤员意识。拍打患者肩部并大声呼叫（例如，先生怎么了），观察患者有无应答。 (3) 判断生命体征。听呼吸看胸廓，观察患者有无呼吸和胸廓起伏；在喉结旁两横指或颈部正中旁三横指处，用食指和中指两指触摸颈动脉，观察有无搏动。以上操作要在 10s 内完成。如发现患者出现意识丧失，且无呼吸无脉搏，应立即进行心肺复苏
2. 拨打 120 急救	(1) 遇到这种情况不要慌张，立即进行以下处理。大声呼喊旁人帮忙拨打急救电话 120，并设法取得 AED（自动体外除颤器）； (2) 若旁边无人时，需先对患者行心肺复苏术，与此同时拨打急救电话 120，电话可开免提，以避免影响心肺复苏术的操作
3. 实施步骤及注意事项	(1) 胸外按压。 1) 放置患者于平整硬地面。将患者放置于平整硬地面上，呈仰卧位，其目的是保证进行胸外按压时，有足够按压深度。 2) 跪立在患者一侧，两膝分开，与肩同宽。 3) 开始胸外按压。找准正确按压点，保证按压力量、速度和深度。 ①找准正确按压点：找准患者两乳头连线的中点部位（胸骨中下段），右手（或左手）掌根紧贴患者胸部中点，双手交叉重叠，右手（或左手）五指翘起，双臂伸直。 ②保证按压力量、速度和深度：利用上身力量，用力按压 30 次，速度至少保证 100～120 次/min，按压深度至少 5～6cm。按压过程中，掌根部不可离开胸壁，以免引起按压位置波动，而发生肋骨骨折。 (2) 开放气道。按压胸部后，开放气道及清理口鼻分泌物。 1) 仰头抬/举颏法开放气道：用一只手放置在患者前额，并向下压迫，另一只手放在颏部（下巴），并向上提起，头部后仰，使双侧鼻孔朝正上方即可。 2) 清理口腔分泌物：将患者头偏向一侧，看患者口腔是否有分泌物，并进行清理；如有活动假牙，需摘除。 (3) 人工呼吸。进行口对口人工呼吸前，一定要保证自身安全，在患者口部放置呼吸膜进行隔离，若无呼吸膜，可以用纱布、手帕、一次性口罩等透气性强的物品代替，但不能用卫生纸巾这类遇水即碎物品代替。用手捏住患者鼻翼两侧，用嘴完全包裹住患者嘴部，吹气两次。每次吹气时，需注意观察胸廓起伏，保证有效吹气，并松开紧捏患者鼻翼的手指；每次吹气，应持续 1～2s，不宜时间过长，也不可吹气量过大
4. AED 使用	(1) 当取得 AED（自动体外除颤器）后，打开 AED 电源，按照 AED 语音提示，进行操作； (2) 根据电极片上的标示，将一个贴在右胸上部，另一个贴在左侧乳头外缘（可根据 AED 上的图片指示贴）； (3) 离开患者并按下心电分析键，如提示室颤，按下电击按钮； (4) 如一次除颤后未恢复有效心率，立即进行 5 个循环心肺复苏，直至专业医护人员赶到

注 以上步骤按照 30:2 的比例，重复进行胸外按压和人工呼吸，直到医护人员赶到；30 次胸外按压和 2 次人工呼吸为一个循环，每 5 个循环检查一次患者呼吸、脉搏是否恢复，直到医护人员到场。当进行一定时间感到疲累时，及时换人持续进行，确保按压深度及力度。

有人触电时，确定潜在的事故或紧急情况下对其进行控制，为防止或减少人员伤亡和财产损失，产生不利影响特制定以下措施，具体见表 A-2。

表 A-2 高 压 触 电 应 急 措 施

序号	应 急 措 施
1	第一发现人首先切断电源，将触电者和带电部位分开。若触电者触电后未脱离电源，立即电话通知有关部门拉闸停电并拨打急救电话 120，或穿戴绝缘手套、绝缘靴，使用相应等级的绝缘工具协助触电者脱离电源。触电者脱离电源后迅速检查其伤情，在救护车到来之前，对触电者进行紧急救护
2	及时报告本单位负责人，将触电者抬到平整场地，进行心肺复苏。在触电者未脱离电源前，切勿直接接触触电者，切勿用潮湿物体搬动触电者，切勿使用金属物质或潮湿的工具拨动带电体或触电者
3	若触电者昏迷无呼吸脉搏，应立即进行心肺复苏，步骤如下：开放气道、胸外按压、人工呼吸（胸外按压和人工呼吸次数比例为 15:2），直至医院救护人员到来
4	拨打 120 急救电话，请求急救，并由专人负责对 120 急救车的引导工作
5	观察、检查与触电相邻部位的电器，设备等是否存在隐患
6	协助 120 急救人员，做些力所能及的工作

注 1. 在救护触电者期间择机报告上级。

2. 若触电者有皮肤灼伤，用剪刀小心剪开灼伤处衣物，在灼伤部位覆盖消毒纱布或清洁布，并用绷带或布条包扎。

有人触电时，确定潜在的事故或紧急情况下对其进行控制，为防止或减少人员伤亡和财产损失，产生不利影响特制定表 A-3 的措施。

表 A-3 低 压 触 电 应 急 措 施

序号	应 急 措 施
1	立即切断电源，若无法及时找到电源或因其他原因无法断电，可用干燥的木棍、橡胶、塑料制品等绝缘物体使触电者脱离带电体，或站在木凳、塑料凳等绝缘物体上设法使触电者脱离带电体
2	立即电话通知有关部门拉闸停电并拨打急救电话 120，请求急救，并由专人负责对 120 急救车的引导工作
3	触电者脱离电源后迅速检查其伤情，在救护车到来之前，对触电者进行紧急救护
4	及时报告本单位负责人，将触电者抬到平整场地，进行心肺复苏。在触电者未脱离电源前，切勿直接接触触电者，切勿用潮湿物体搬动触电者，切勿使用金属物质或潮湿的工具拨动带电体或触电者
5	若触电者昏迷无呼吸脉搏，应立即进行心肺复苏，步骤如下：开放气道、胸外按压、人工呼吸（胸外按压和人工呼吸次数比例为 15:2），直至医院救护人员到来
6	若触电者有皮肤灼伤，用剪刀小心剪开灼伤处衣物，在灼伤部位覆盖消毒纱布或清洁布，并用绷带或布条包扎，勿涂抹药膏

注 1. 在救护触电者期间择机报告上级。

2. 若触电者有皮肤灼伤，用剪刀小心剪开灼伤处衣物，在灼伤部位覆盖消毒纱布或清洁布，并用绷带或布条包扎。

高处坠落应急措施见表 A-4。

表 A-4   高 处 坠 落 应 急 措 施

流程	应 急 措 施
1. 事故快报	及时报告上级现场情况。当发生高空坠落事故时，现场的第一发现人立即报告管理人员，说明发生事故地点、伤亡人数，并全力组织人员进行救护
	立即拨打 120 求救，并说明受伤人数、事故发生地点及现场人员受伤等基本情况。在救护车到来之前，对伤者进行紧急救护
	指定专人对接 120 急救人员，减少时间消耗，避免延误抢救时间
2. 现场应急救护	应急人员到事故发生现场，排除事故发生地隐患，减少事故导致的次生灾害
	若伤者清醒，能够站起或移动身体，使其躺下用平托法转移到担架（或硬质平板）上，并送往医院做进一步检查（某些内脏损伤的症状具有延后性）
	若伤者失血，应立即采取包扎、止血急救措施，防止伤者因大量失血造成休克、昏迷
	若伤者出现颅脑损伤，用消毒纱布或清洁布等覆盖伤口，并用绷带或布条包扎。昏迷的必须维持其呼吸道通畅，清除口腔内异物，使之平卧，并使面部偏向一侧，以防舌根下坠或呕吐物流入造成窒息
	若伤者昏迷无呼吸脉搏，应立即进行心肺复苏：开放气道、胸外按压、人工呼吸（胸外按压和人工呼吸次数比例为 15:2），直至医院救护人员到来
	严禁随意搬动伤者，禁止一人抬肩一人抬腿的搬运法，防止拉伤脊椎造成永久伤害，导致或加重伤情

注   1. 若无呼吸脉搏，先观察创口，若出血量大，优先包扎止血，否则优先进行心肺复苏。

      2. 平托法即在伤者一侧将小臂伸入伤者身下，并有人分别托住头、肩、腰、胯、腿等部位，同时用力，将伤者平稳托起，再平稳放在担架上。

      3. 在救护伤者期间择机报告上级。

物体打击应急措施见表 A-5。

表 A-5   物 体 打 击 应 急 措 施

流程	应 急 措 施
1. 事故快报	及时报告上级现场情况。当发生物体打击人身伤亡事故时，现场的第一发现人立即报告管理人员，说明发生事故地点、伤亡人数，并全力组织人员进行救护
	立即拨打 120 求救，并说明受伤人数、事故发生地点及现场人员受伤等基本情况。在救护车到来之前，对伤者进行紧急救护
	指定专人对接 120 急救人员，减少时间消耗，避免延误抢救时间
2. 现场应急救护	应急人员到事故发生现场，排除事故发生地隐患，减少事故导致的次生灾害
	若伤者清醒，能够站起或移动身体，使其躺下用平托法转移到担架（或硬质平板）上，并送往医院做进一步检查（某些内脏损伤的症状具有延后性）
	若伤者失血，应立即采取包扎、止血急救措施，防止伤者因大量失血造成休克、昏迷
	若伤者出现颅脑损伤，用消毒纱布或清洁布等覆盖伤口，并用绷带或布条包扎。昏迷的必须维持其呼吸道通畅，清除口腔内异物，使之平卧，并使面部偏向一侧，以防舌根下坠或呕吐物流入造成窒息
	若伤者昏迷无呼吸脉搏，应立即进行心肺复苏：开放气道、胸外按压、人工呼吸（胸外按压和人工呼吸次数比例为 15:2），直至医院救护人员到来
	严禁随意搬动伤者，禁止一人抬肩一人抬腿的搬运法，防止拉伤脊椎造成永久伤害，导或加重伤情

注   1. 若无呼吸脉搏，先观察创口，若出血量大，优先包扎止血，否则优先进行心肺复苏。

      2. 平托法即在伤者一侧将小臂伸入伤者身下，并有人分别托住头、肩、腰、胯、腿等部位，同时用力，将伤者平稳托起，再平稳放在担架上。

      3. 在救护伤者期间择机报告上级。

高温中暑应急措施见表 A-6。

表 A-6 高温中暑应急措施

流程	应 急 措 施
1. 事故快报	及时报告上级现场情况。当发生高温中暑人身伤亡事故时，现场的第一发现人立即报告管理人员，并说明发生事故地点、伤亡人数，并全力组织人员进行救护
	立即拨打 120 求救，并说明受伤人数、事故发生地点及现场人员受伤等基本情况。在救护车到来之前，对伤者进行紧急救护
	指定专人对接 120 急救人员，减少时间消耗，避免延误抢救时间
2. 现场应急救护	应急人员到事故发生现场，排除事故发生地隐患，减少事故导致的次生灾害
	尽快脱离高温环境，将中暑患者转移至阴凉处
	使患者平躺休息，垫高双脚增加脑部血液供应。若患者有呕吐现象，应使其侧卧以防止呕吐物堵塞呼吸道
	解开患者衣物（应考虑性别差异和尊重隐私），使用扇风和冷水反复擦拭皮肤等方式进行降温。若患者持续高温或中暑症状不见改善，应尽快送至医院治疗
	给患者补充淡盐水，或饮用含盐饮料以补充水和电解质（切勿大量饮用白开水，否则可能导致水中毒）

注 水中毒即出现中暑症状时，人身体已通过汗液排出大量的钠，若短时间内大量饮用淡水，会进一步稀释血液中的钠，导致低钠血症，水分渗入细胞使之膨胀水肿，若脑细胞发生水肿，颅内压增高，有可能会造成脑组织受损，出现头晕眼花、呕吐、虚弱无力、心跳加快等症状，严重者会发生痉挛、昏迷甚至危及生命。

溺水应急措施见表 A-7。

表 A-7 溺水应急措施

流程	应 急 措 施
1. 事故快报	及时报告上级现场情况。当发生溺水人身伤亡事故时，现场的第一发现人立即报告管理人员，并说明发生事故地点、伤亡人数，并全力组织人员进行救护
	立即拨打 120 求救，并说明受伤人数、事故发生地点及现场人员受伤等基本情况。在救护车到来之前，对伤者进行紧急救护
	指定专人对接 120 急救人员，减少时间消耗，避免延误抢救时间
2. 现场应急救护	1. 溺水自救 （1）保持冷静，不要在水中挣扎，争取将头部露出水面大声呼救，如头部不能露出水面，将手臂伸出水面挥舞，吸引周围人员注意来营救。 （2）采用仰体卧位（又称"浮泳"），头后仰，四肢在水中伸展并以掌心向下压水增加浮力；嘴向上，尽量使口鼻露出水面呼吸，全身放松，呼气要浅，吸气要深（深吸气时人体比重可降至比水略轻而浮出水面）；保持用嘴换气，避免呛水，尽可能保存体力，争取更多获救时间 2. 溺水救人 （1）迅速向溺水者抛掷救生圈、木板等漂浮物，或递给溺水者木棍、绳索等助其脱险（不会游泳者严禁直接下水救人）。 （2）下水救援时，为防止被溺水者抓、抱，应绕至溺水者背后，用手托其腋下，使其口鼻露出水面，采用侧泳或仰泳方式拖运溺水者上岸。 （3）上岸后若溺水者有呼吸、脉搏，立即进行控水：清除溺水者口鼻异物，保持呼吸道通畅，并使其保持稳定侧卧位，使口鼻能够自动排出液体。 （4）若溺水者昏迷无呼吸、脉搏，立即拨打急救电话 120，在救护车到来之前，对伤者进行紧急救护（如人手充裕，可在救护的同时安排人员拨打急救电话）。

续表

流程	应 急 措 施
2. 现场应急救护	（5）清理其口鼻异物并进行心肺复苏：开放气道、胸外按压、人工呼吸（胸外按压和人工呼吸次数比例为 15:2）

注 溺水者死因往往不是呛水太多，而是反射性窒息（即干性溺水，落水后因冷水刺激或精神紧张等原因导致喉头痉挛，没有呼吸动作，空气和水都无法进入），所以若溺水者无呼吸、脉搏，立即进行心肺复苏，无需控水。

灼伤现场应急处理措施见表 A-8。

表 A-8　　　　　　　　　　　　　　灼伤现场应急处理措施

流程	应 急 处 理 措 施
1. 事故快报	及时报告上级现场情况。当发生灼伤事故时，现场的第一发现人立即报告管理人员，并说明发生事故地点、人员伤亡情况，并全力组织人员进行救护
	立即拨打 120 求救，并说明受伤人数、事故发生地点及现场人员受伤等基本情况。在救护车到来之前，对伤者进行紧急救护
	指定专人对接 120 急救人员，减少时间消耗，避免延误抢救时间
2. 现场应急救护	发生灼烫事故后，迅速将烫伤人脱离危险区进行冷疗伤，面积较少的烫伤应用大量冷水清洗，大面积烫伤的要立即拨打 120 送到医院紧急救治
	发生灼烫事故后，如小面积烫伤，应马上用清洁的冷水冲洗 30min 以上，用烫伤膏涂抹在伤口上，同时送医院治疗。如大面积烫伤，应马上用清洁的冷水冲洗 30min 以上，同时，要立即拨打 120 急救，或派车将受伤人员送往医院救治
	衣服着火应迅速脱去燃烧的衣服，或就地打滚压灭火焰或用水浇，切记站立喊叫或奔跑呼救，避免面部和呼吸道灼伤
	高温物料烫伤时，应立即清除身体部位附着的物料，必要时脱去衣服，然后冷水清洗，如果贴身衣服与伤口粘连在一起时，切勿强行撕脱，以免伤口加重，可用剪刀先剪开，然后将衣服慢慢地脱去
	当皮肤严重灼伤时，必须先将其身上的衣服和鞋袜小心脱下，最好用剪刀一块块剪下。由于灼伤部位一般都很脏，容易化脓溃烂，长期不能治愈，因此，救护人员的手不得接触伤者的灼伤部位，不得在灼伤部位涂抹油膏、油脂或其他护肤油。保留水泡皮，也不要撕去腐皮，在现场附近，可用干净敷料或布类保护创面，避免转送途中再污染、再损伤。同时应初步估计烧伤面积和深度
	动用最便捷的交通工具，及时把伤者送往医院抢救，运送途中应尽量减少颠簸。同时，密切注意伤者的呼吸、脉搏、血压及伤口的情况

注 1. 对烫伤严重的应禁止大量饮水防止休克。

　　2. 对呼吸道损伤的应保持呼吸畅通，解除气道阻塞。

　　3. 在救援过程中发生中毒、休克的人员，应立即将伤者撤离到通风良好的安全地带。

　　4. 如果受伤人员呼吸和心脏均停止时，应立即采取人工呼吸。

　　5. 在医务人员未接替抢救之前，现场抢救不得放弃现场抢救。

火灾逃生应急措施见表 A-9。

表 A-9　　　　　　　　　　　　　　火 灾 逃 生 应 急 措 施

流程	应 急 措 施
1. 事故快报	及时报告上级现场情况。当发生火灾事故时，现场的第一发现人立即拨打火警电话 119 报警并报告上级，并说明发生事故地点、人员伤亡情况，并全力组织人员进行救护
	指定专人对接 119 应急救援人员，减少时间消耗，避免延误抢救时间

续表

流程	应 急 措 施
2. 现场应急救护	发现火情后立即启动附近火灾报警装置，发出火警信号
	火势较小，尝试利用就近的灭火器材（消防设施）尽快扑灭
	灭火要点： （1）电器、电路和电气设备着火，先切断电源再灭火。 （2）精密仪器着火宜采用二氧化碳灭火器灭火。 （3）燃气灶、液化气罐着火，先关闭阀门再灭火；若阀门损坏，用棉被、衣物浸水后覆盖灭火；切不可将着火的液化气罐放倒在地上，否则可能发生爆炸。 （4）炒菜油锅着火，关闭燃气阀门或切断电磁炉等电器电源，使用锅盖覆盖，或用棉被、衣物浸水后覆盖灭火，切不可浇水灭火，否则可能发生爆燃
	火势较大、无法控制、无法判明或发展较快时，迅速逃离至安全地带，并逃生时应佩戴消防自救呼吸器或用湿毛巾捂住口鼻，同时压低身姿，按安全出口指示沿墙体谨慎前行，逃生过程禁乘电梯，不要贸然跳楼

注　报警时要说明火灾地点、火势大小、燃烧物及大约数量和范围、有无人员被困、报警人姓名及电话号码。

食物中毒应急措施见表 A-10。

表 A-10　　　　　　　食 物 中 毒 应 急 措 施

流程	应 急 措 施
1. 事故快报	及时报告上级现场情况。当发生食物中毒时，现场的第一发现人立即拨打 120 急救电话并报告上级，并说明发生事故地点、人员伤亡情况，并全力组织人员进行救护
	指定专人对接 120 应急救援人员，减少时间消耗，避免延误抢救时间
2. 现场应急救护	立即停止食用可疑食品，进行紧急救护
	大量饮用洁净水来稀释毒素
	若患者意识清醒，可用筷子或手指向其喉咙深处刺激咽后壁、舌根进行催吐，服用鲜生姜汁或者较浓的盐开水也可起到催吐作用
	若患者昏迷并有呕吐现象，应使其侧卧以防止呕吐物堵塞呼吸道
	若患者出现抽搐、痉挛症状，用手帕缠好筷子塞入口中，防止咬破舌头
	若患者进食可疑食品超过两小时且精神状态仍较好，可服用适量泻药进行导泻

注　1. 报告上级并及时送患者就医，用塑料袋留存呕吐物或大便，一并带去医院检查。
　　2. 对可疑食品进行封存、隔离，向当地疾病预防控制机构和市场监督管理部门报告。

电梯事故应急措施见表 A-11。

表 A-11　　　　　　　电 梯 事 故 应 急 措 施

事故情形	应 急 措 施
1. 电梯运行速度不正常	立即按下低于当前楼层的所有楼层按钮，预防电梯失控下坠
	将背部紧贴电梯内壁，双腿微弯并提起脚尖，以缓冲电梯失控后造成的纵向冲击，保护脊椎
	若电梯内有扶手，握紧扶手固定身体位置；若电梯内没有扶手，双手抱颈保护颈椎
2. 受困电梯内	保持冷静，勿轻易强行开门爬出，以防爬出过程中电梯突然开动造成伤害
	立即通过电梯内警铃、对讲机或手机与外界联系寻求救援
	若无法联系外界，则大声呼救或间歇性拍打电梯门进行求救

续表

事故情形	应 急 措 施
3. 电梯门夹人	稳定被夹人员情绪，并立即联系物管人员使用电梯钥匙开门，同时寻找大小合适的坚硬物体插入夹缝，防止被夹空间继续缩小
	若电梯钥匙无效，寻找撬棍、铁管、大扳手等结实工具尝试扩张被夹处来解救被夹人员
	及时拨打急救电话 120 和火警电话 119 寻求救援和帮助
4. 电梯运行中发生火灾	立即在就近楼层停靠，迅速逃离
	及时拨打火警电话 119 报警

道路交通安全救助措施见表 A-12。

表 A-12　　　　　　　　　　道路交通安全救助措施

事故情形	救 助 措 施
车辆自燃着火	立即靠边停车，熄火，开启双闪灯，设置警告标志
	若车辆仅冒烟无明火，可将引擎盖打开，使用干粉或二氧化碳灭火器灭火，灭火过程人员应站在上风向，避免吸入粉尘或二氧化碳气体
	若火势较大，则禁止打开引擎盖，人员立即撤离至安全位置，同时拨打火警电话 119，并报告上级
	指定专人对接 119 应急救援人员，减少时间消耗，避免延误抢救时间
车辆涉水	严禁盲目涉水，安全涉水深度应低于车轮半高
	切至低速挡，利用发动机输出大扭矩越过水中可能的障碍
	低速通过，避免推起过高水墙灌入车内；与其他涉水的大型车辆拉开距离，防止它们产生水浪过大涌入车内
	涉水过程应稳住油门不松，若熄火切勿再次点火，尽快将车辆拖至安全地带
	过水后，可在低速行驶时多次轻踩刹车，利用摩擦产生热能及时排除刹车片水分；有必要的停车检查车况，重点检查发动机舱电路和空气滤芯是否进水
车辆制动失灵	手动挡车辆立即挂至低速挡，自动挡车辆则切换到模拟手动挡并降档或切换到上坡/下坡挡（根据车辆不同叫法有所差异，具体可查看车辆说明书），并慢拉手刹利用发动机和手刹的阻力制动进行减速
	车速较高时切勿猛拉手刹以防侧滑甩尾导致翻车
	将车辆驶入应急车道，车辆停稳后拉紧手刹防止车辆滑动发生二次险情
	可以将车辆缓慢驶近路基、绿化带、墙壁、树木等坚实物体，利用车体剐蹭进行辅助减速，或驶入沙地、泥地、浅水池等柔软路面进行减速
	避让障碍物时，要遵循"先避人，后避物"的原则
交通事故	立即停车，开启双闪灯，设置警告标志
	若无人员伤亡，拍照留存证据后将车辆移至路边，勿阻碍其他车辆通行
	若有人员伤亡，优先救护伤者，保护现场，并拨打急救电话 120、交通事故报警电话 122 和保险理赔电话
	报告上级

暴恐应急措施见表 A-13。

表 A-13 暴 恐 应 急 措 施

流程	应 急 措 施
现场应急救护	不要惊慌，立即拨打电话 110 报警，并及时报告上级，立即丢弃妨碍逃生的负重逃离现场，逃离时不要拥挤推搡，若摔倒应设法靠近墙壁或其他坚固物体，防止发生踩踏挤伤
	被恐怖分子劫持时，沉着冷静，不反抗、不对视、不对话，在警察发起突袭瞬间，尽可能趴在地上，在警察掩护下脱离现场
	遭遇冷兵器袭击时，尽快逃离现场，可以利用建筑物、围栏、车体等隔离物躲避；无法躲避时尽量靠近人群，并联合他人利用随手能够拿到的木棍、拖把、椅子、灭火器等物品进行反抗自卫
	若遭遇枪击或炸弹袭击时，压低身姿逃离现场，无法及时逃离时立即蹲下、卧倒或借助立柱、大树干、建筑物外墙、汽车等质地坚硬物品或设施进行掩蔽
	若遭遇有毒气体袭击时，用湿布或将衣物沾湿捂住口鼻，尽量遮盖暴露的皮肤，并尽快转移至上风处，就近进入密闭性好的建筑物躲避，关闭门窗、堵住孔洞隙缝，关闭通风设备（包括空调、风扇、抽湿机、空气净化器等）
	若遭遇生物武器袭击时，利用随身物品遮掩身体和口鼻，迅速逃离污染源或污染区域，有条件的情况下要做好衣物和身体的更换、消毒和清洗，并及时就医

地震避难应急措施见表 A-14。

表 A-14 地 震 避 难 应 急 措 施

地震区域	应 急 措 施
高楼	远离外墙、门窗、楼梯、阳台等位置，以及玻璃制品或含有大块玻璃部件的物件和家具
	选择厨房、卫生间等有水源的小空间，或承重墙根、墙角等易于形成三角空间的地方，背靠墙面蹲坐；或者在坚固桌子、床铺等家具下躲藏
	不要乘坐电梯，不要贸然跳楼逃生
平房	头顶保护物立即逃离房间，不要躲在墙边
	若来不及逃离，就躲在结实的桌子底下或床边，尽量利用棉被、枕头、厚棉衣等柔软物品或安全帽等保护头部
室外	寻找开阔区域躲避，不要乱跑，保护好头部，可以蹲下或趴下降低重心，以免地面晃动时站不稳摔倒
	勿靠近易坍塌、倾倒的建筑物或物体（如烟囱、水塔、高大树木、立交桥，特别是有玻璃、幕墙的建筑物，以及电线杆、路灯、广告牌、危房、围墙等危险物）
车内	平稳减速并靠边停车，减速过程勿急刹车，除非发现前方路面发生坍塌或有障碍
	停稳车辆后熄火并拉紧手刹，迅速下车寻找开阔区域躲避，车门非必要情况下不要上锁，以备灾后车辆无法正常启动时方便清障

有限空间作业意外应急措施见表 A-15。

表 A-15 有限空间作业意外应急措施

流程	应 急 措 施
1. 事故快报	及时报告上级现场情况。当发生窒息人身伤亡事故时，现场的第一发现人立即报告管理人员，并说明发生事故地点、伤亡人数，并全力组织人员进行救护
	立即拨打 120 求救，并说明受伤人数、事故发生地点及现场人员受伤等基本情况。在救护车到来之前，对伤者进行紧急救护
	指定专人对接 120 急救人员，减少时间消耗，避免延误抢救时间

流程	应 急 措 施
2. 现场应急救护	窒息性气体中毒救援应迅速将患者移离中毒现场至空气新鲜处，立即吸氧并保持呼吸道通畅
	心跳及呼吸停止者，应立即施行人工呼吸和体外心脏按压术，直至送达医院
	凡硫化氢、一氧化碳、氰化氢等有毒气体中毒者，切忌对其口对口人工呼吸（二氧化碳等窒息性气体除外），以防施救者中毒；宜采用胸廓按压式人工呼吸

注　接收到作业人员求教信号后，确认人员受伤情况，拨打急救电话。不得盲目施救，在保证自身安全的情况下，佩戴正压式呼吸器，吊救设施及时将人员拉离空间，将人员撤离至远离有限空间的安全环境，保持空气流通。

附录 B 现场作业督查要点

现场作业督查要点见表 B-1。

表 B-1 现 场 作 业 督 查 要 点

序号	检查步骤	检查项目	详细检查内容
1	查阅资料		督查项目管理单位、监理单位、施工单位项目管理、人员到位、措施落实、安全检查等情况开展督查，是否发现问题并闭环管理，是否存在"老发现、老整改、老是整改不彻底"等现象，管理资料是否留有记录
2	现场观察	一	（1）根据资料查阅情况和对作业风险了解情况，现场组织是否合理、工作节奏是否有序、是否按施工方案要求逐步实施、整体工作环境是否安全。 （2）现场指挥、工作负责人、小组负责人、安全员等主要管理人员和现场监理人员是否按要求到位、是否有效管控现场。 （3）检查设备设施是否得到有效管理、状态是否安全，特种等作业人员是否具备资质，行为是否规范，工器具是否试验合格及性能良好，安全措施是否得到落实
3	现场询问		在不影响现场工作的前提下： （1）通过向现场主要管理人员询问现场组织、进度、安全管控总体情况。 （2）以"现场观察"发现的问题为导向，深入了解风险的控制措施落实情况，并通过现场观察的结果进行核查，挖掘管理性因素。 （3）抽查现场作业人员对风险控制措施的掌握情况，是否将安全注意事项、交底、防控措施落实到具体作业人员
4	人员管理	管理人员到位情况	（1）施工单位项目经理与投标组织架构不一致且未履行变更手续；分包单位现场负责人与报审架构不一致且未履行变更手续；监理单位项目总监理师与投标组织架构不一致且未履行变更手续。 （2）施工单位项目经理、分包单位现场负责人、监理单位项目总监理师长期不在现场，管理缺位。 （3）施工单位（含分包单位）现场技术负责人、安全员、质检员、监理单位现场监理人员现场缺位
5		持证上岗管理	（1）施工单位特殊工种人员未持有执业资格证书或证书失效，或者与岗位不对应。 （2）工作负责人、工作票签发人未通过"两种人"考试。 （3）作业人员未通过安全监管部门或项目管理部门或经授权业主项目部组织的安规考试，或者安规考试造假
6	施工机具与 PPE 管理（个人防护用品管理）	施工机具管理（非特种设备）	（1）运输索道、机动绞磨、卷扬机、起重机械、手拉葫芦、手扳葫芦、防扭钢丝绳、钢丝绳套、卡线器、紧线器等受力机具、工器具未按要求进行检验、校验。 （2）砂轮片、切割机、锯木机刀片等有裂纹、破损仍在使用。 （3）机械转动部分保护罩有破损或缺失。 （4）邻近带电设备施工时，现场处于使用状态的施工机械（具）和设备无人看护，对运行设备构成安全隐患
7		施工机具管理（特种设备）	（1）进场未报审、未定期进行检查、维护保养和检验（检测）。 （2）安装和拆卸单位不具备资质，安装、拆卸方案未经审查。 （3）未办理使用登记证
8		个人防护用品管理	（1）未按规定给作业人员配备合格的安全帽、安全带、劳保鞋等防护用品。 （2）个人防护用品未进行定期检验。 （3）施工人员未佩戴劳动防护用品或与作业任务不符。 （4）施工人员使用个人防护用品不规范

续表

序号	检查步骤	检查项目	详细检查内容
9		施工勘查管理	现场勘察应查明项目施工实施时，需要停电的范围、保留的带电部位、装设接地线的位置、邻近线路、交叉跨越、多电源、自备电源、地下管线设施和作业现场的条件、环境及其他影响作业的危险点，组织填写《现场勘察记录》（重点关注临近或交叉跨越高、低压带电设备或线路的风险是否辨识）
10		作业施工计划管理	（1）抽查信息系统施工计划风险定级的准确性，是否存在人为降低风险等级的情况。 （2）施工计划信息未规范填写，包括：①作业风险等级与实际不符；②作业内容不清晰；③电压等级错误；④作业类型填报错误等。 （3）正在作业的施工现场发现无施工计划、擅自增加工作任务、擅自扩大作业范围、擅自解锁的
11		施工方案管理	（1）施工作业前未编制施工方案或方案未通过审批。 （2）施工过程未按施工方案施工。 （3）施工方案完成后未经验收合格即进入下道程序。 （4）基建工程规定需要编制专项施工方案的专项施工内容未编制专项施工方案。 （5）危险性较大的分部分项工程未编制安全专项方案，未经企业技术负责人审批或未召开专家论证会（超过一定规模的危险性较大的分部分项工程施工方案须开展专家论证）
12		两票管理	（1）无票作业、无票操作。 （2）工作票、操作票未规范填写、使用。 （3）工作票（或现场实际）安全措施不满足工作任务及工作地点要求
13	作业过程现场控制	安全技术交底（交代）	是否存在未对作业人员进行安全技术交底（交代）
14		安全"四步法"	是否存在未开站班会，或站班会安全技术交底等作与现场实际不符，安全控制措施未真正落实（现场询问施工现场人员，对安全交底内容是否清楚）
15		跨越、邻近带电设备作业	（1）跨越、邻近带电线路架线施工时未制定及落实"退重合闸"、防止导地线脱落、滑跑、反弹的后备保护措施。 （2）邻近带电线路架线施工时，导地线、牵引机未接地，邻近带电线路组塔时吊车未接地。 （3）同塔多回线路中部分线路停电的工作未采取防止误登杆塔、误进带电侧横担措施。 （4）现场作业人员、工器具、起重机械设备与带电线路（设备）不满足安全距离要求。 （5）跨越、邻近带电线路（设备）施工无专人监护；安全距离不满足要求时，未停电作业。 （6）在带电区域内或邻近带电导体附近，使用金属梯。 （7）施工作业存在感应电触电风险时，个人保安线、接地线松脱或未有效接地。 （8）低压配电网线路交叉作业未开展停电且在交叉跨越时未落实防触电措施
16		杆塔组立与线路架设作业	（1）采用突然剪断导线、地线的做法松线；利用树木或外露岩石作牵引或制动等主要受力锚桩。 （2）杆塔组立前，未全面检查工器具；超载荷使用工器具；杆塔组立后，杆根未完全牢固或做好拉线即上杆作业。 （3）放线、撤线前未检查拉线、拉桩及杆根，不能适用时未加设临时拉线加固，转角杆无内角拉线；松动电杆的导、地线、拉线未先检查杆根，未打好临时拉线。

续表

序号	检查步骤	检查项目	详细检查内容
16		杆塔组立与线路架设作业	（4）在邻近运行线路进行基础开挖施工时，未采取防止开挖对运行线路基础造成破坏的措施。 （5）铁塔组立时，地脚螺栓未及时加垫片，拧紧螺帽。 （6）放线、紧线与撤线作业时，工作人员站或跨在牵引线或架空线的垂直下方。 （7）杆塔组立过程中，使用丙纶绳或其他绳具替代钢丝绳作临时拉线
17		起重吊装作业	（1）起重吊装区域未设警戒线（围栏或隔离带）和悬挂警示标志。 （2）起重吊装作业未设专人指挥。 （3）绞磨或卷扬机放置不平稳，锚固不可靠。 （4）吊件或起重臂下方有人逗留或通过。 （5）在受力钢丝绳、索具、导线的内角侧有人。 （6）办公区、生活区等临建设施处于起重机倾覆影响范围内，安全距离不满足要求
18	作业过程现场控制	脚手架及跨越架作业	（1）脚手架、跨越架搭设和拆除无施工方案，未按规定进行审核、审批。 （2）脚手架、跨越架未定期（每月一次）开展检查或记录缺失。 （3）脚手架、跨越架未经监理单位、使用单位验收合格，未挂牌即投入使用。 （4）脚手架、跨越架长时间停止使用或在强风（6级以上）、暴雨过后，未经检查合格就投入使用。 （5）脚手架未按规定搭设和拆除，未设置扫地杆、剪刀撑、抛撑、连墙件。 （6）脚手架的脚手板材质、规格不符合规范要求，铺板不严密、牢靠；架体外侧无封闭密目式安全网，网间不严密。 （7）临街或靠近带电设施的脚手架未采取封闭措施
19		爬梯作业	（1）移动式梯子超范围使用。 （2）使用无防滑措施梯子。 （3）使用移动式梯子时，无人扶持且无绑牢措施（即两种措施均未实施）。 （4）使用移动式梯子时，与地面的倾斜角过大或过小（一般60°左右）
20		夜间施工	（1）现场照明、通信设备不满足夜间施工要求。 （2）作业人员精神状态不满足夜间施工要求
21		危化品管理	（1）氧气瓶与乙炔气瓶同车运输。 （2）氧气瓶与乙炔瓶放置相距不足5m。 （3）氧气瓶或乙炔瓶距明火不足10m、未垂直放置、无防倾倒措施。 （4）使用中的乙炔瓶没有防回火装置。 （5）氧气软管与乙炔软管混用或有龟裂、鼓包、漏气
22		安全文明施工	（1）现场成品保护差、安全文明状况差。 （2）检查发现的安全文明施工问题未按整改时间闭环。 （3）配网工程现场未按规定设置"安全文明施工管理十条规范"标识。 （4）配网工程现场未执行"安全文明施工管理十条规范"的相关内容
23	安全文明施工管理	安全警示装置	（1）"楼梯口、电梯井口、预留洞口、通道口""尚未安装栏杆的阳台周边，无外架防护的层面周边，框架工程楼层周边，上下跑道及斜道的两侧边，卸料平台的侧边"、预留埋管（顶管）口未设置可靠防护安全围栏、盖板，未设置明显的标志牌、警示牌。 （2）在车行道、人行道上施工，未根据属地区域规定选用围蔽装置，或未在来车方向设置警示牌。 （3）施工作业人员在夜间作业或道路、地下洞室作业时未穿着符合规范的反光衣。 （4）施工区域未按规定设置夜间警示装置

序号	检查步骤	检查项目	详细检查内容
24	安全文明施工管理	消防管理	（1）仓库、宿舍、加工场地、办公区、油务区、动火作业区及重要机械设备旁或山林、牧区，未配置相应的消防器材、设施。 （2）消防器材、设施无专人管理，未定期检查并填写记录。 （3）消防器材、设施过期或失效
25		临时用电	（1）电源箱设置不符合"一机、一闸、一保护"要求。 （2）漏电保护器的选用与供电方式、作业环境等不一致、不匹配。 （3）未使用插头而直接用导线插入插座，或挂在隔离开关上供电。 （4）熔丝采用其他导体代替。 （5）电源箱和用电机具未接地或接地不规范。 （6）电源线的截面、绝缘、架设（敷设）、接线、隔离开关安装等不满足规范要求。 （7）施工用电设备的日常维护不到位

附录 C 事 故 事 件 案 例

通过对近年来人员伤亡电力事故事件的梳理，引起的原因主要有：现场安全措施不到位、个人安全意识不强、现场负责人违章指挥、安全制度刚性执行意识不强、作业准备不充分等情况。可能导致人身伤亡事故的因素见表 C-1。

表 C-1 可能导致人身伤亡事故的因素

主要原因		□现场安全措施不到位 □个人安全意识不强 □现场负责人违章指挥 □安全制度刚性执行意识不强 □作业准备不充分
次要原因	作业管理落实不到位	□工作无计划 □未办理相关手续 □抢修不履行许可手续 □高空作业未设专人监护
	作业准备不足	□施工准备工作不足（人员、物料、方案等） □设备运维单位现场勘察单审核把关不严 □擅自改变施工方案 □作业工具选用不当 □电杆基础不牢固，造成登杆作业人在登杆时倒杆 □设计针对性不强
	安全措施落实不到位	□没有采取防坠落措施的情况下，登高作业 □未做好个人防护措施；地线装设不规范 □单人进行倒闸操作，无人监护操作 □防范人身事故专项行动实效差
	安全制度落实不到位	□安全生产责任制落实存在死角 □安全管理制度细化不完善 □未对安全责任制落实情况进行检查 □安全管理要求传递不及时
	人员安全意识与技能水平不足	□安全意识淡薄，自我保护意识不强，习惯性违章长期存在 □岗位技能教育培训工作不到位 □安全认识不到位 □员工刚性执行制度的意识不强 □安全知识差 □技能不能满足施工的要求 □现场作业人员风险管控能力不足
	管理措施落实不到位	□主业单位应急抢修、防灾抗灾工作组织协调不到位 □对工程具体进度情况不掌握 □未认真审核施工方案或两票，导致安全措施不足 □未对安全措施布置落实情况进行检查 □管理人员未落实到位管控要求 □业主项目部对当日工作任务不掌握
	施工单位管理不到位	□施工单位人员无资质上岗，现场管理混乱 □施工人员安全知识匮乏，安全意识薄弱 □施工工艺不符合规范

除以上所列各项原因外，还有新设备验收未履行相关手续、投产把关不严、日常设

备运维不到位导致遗留隐患、网架规划设计欠妥致线路供电半径过大等，均是可能导致电力人身伤亡事故的因素之一。

将各直接事故原因导致人身伤亡事故举例分析见表 C-2～表 C-9。

表 C-2   线路树障清理（砍剪树木）导致触电伤亡事故案例

事故事件名称	某供电局输电运维人员电弧灼伤一般人身事故
事故事件经过	某供电局输电管理所运行人员在开展500kV线路故障跳闸后巡视并进行树障砍伐清理作业过程中，因风险辨识管控不到位，树木未按照预定方向倾倒，导致树木与带电导线安全距离不足放电，最终造成树下2名作业人员烧伤，其中重伤1人、轻伤1人
原因分析	（1）运维人员未落实运维责任，未及时发现线路树障隐患，收到机巡中心的高秆植被重大缺陷信息后，也未能有效进行测量核查，导致隐患不能被及时处理。 （2）现场作业人员存在侥幸心理。故障巡视发现线路故障跳闸原因为树障后，线路运维人员害怕追究运维责任，存在侥幸心理，对现场树障清理作业风险评估错误，未报告，未执行安规有关要求，盲目、冒险违章作业。 （3）现场作业人员对树木砍伐的工艺和流程不熟练，树障处理培训缺少针对性，巡维人员在实际工作中缺少实操机会
违反制度条款	（1）砍剪线路通道树木时对带电体的距离不符合规定的，应采取停电或采用绝缘隔离等防护措施进行处理。 （2）为防止树木倒落在导线上，应设法用绳索将其拉向与导线相反的方向。绳索应绑扎在拟砍断树段重心以上合适位置，绳索应有足够的长度，以免拉绳的人员被倒落的树木砸伤
事故事件名称	某供电局10kV某某线人身死亡事故
事故事件经过	某供电局员工在开展10kV线路故障跳闸巡线过程中，在未上报线路存在异常、未办理工作票等作业许可手续，未穿工作服并穿戴绝缘手套和绝缘靴的情况下使用绝缘杆处理搭到带电线路上的椰树叶。作业过程中电弧引燃椰树叶，导致线路绝缘材料引燃并熔化滴落至作业人员身上，作业人员慌忙下杆躲避时发生跨步电压触电，最终造成1人死亡
原因分析	（1）作业人员发现线路上搭挂树叶后，在未办理工作票、未正确穿工作服、未戴绝缘手套、未穿绝缘靴且未经许可的情况下冒险登杆，触电死亡。 （2）工作负责人、现场监护人履职不到位，未能正确、安全地组织巡线及故障处理工作，未及时制止纠正作业人员违章冒险登杆。 （3）线路走廊树障尚未彻底清理，遗留树障隐患突出，造成线路投运后对相邻椰树叶经常性放电，线路树障隐患突出
违反制度条款	（1）以下工作不需办理工作票，但应以书面形式布置和做好记录：树木倒落范围与导线距离大于GB 26859—2011《电力安全工作规程　电力线路部分》规定的停电作业安全距离且存在人身风险的砍剪树木工作。 （2）砍剪线路通道树木时对带电体的距离不符合GB 26859—2011《电力安全工作规程　电力线路部分》规定的停电作业安全距离，应采取停电或采用绝缘隔离等防护措施进行处理
事故事件名称	某供电局220kV某线人身触电死亡事故
事故事件经过	某供电局输配电管理所组织开展220kV某线路通道树木清障砍伐工作。小组工作负责人在安排其他工作班人员树障砍伐任务后，独自排查通道树障情况，并在发现其他树障隐患后直接砍伐树木，树木倒下过程中树顶与带电导线安全距离不足，导线对树木放电，最终造成工作负责人触电死亡
原因分析	（1）小组工作负责人在没有监护的情况下，独自开展树木砍伐工作。 （2）小组工作负责人在干法树木时未充分做好风险辨识评估和管控，未使用绳索控制树木倾倒方向。 （3）工作班人员在工器具不全、安全措施不完备的情况下执行砍树任务，未行使拒绝工作的权利，也未对违章违规行为行使纠正制止的权利

违反制度条款	（1）砍剪线路通道树木时对带电体的距离不符合 GB 26859—2011《电力安全工作规程 电力线路部分》规定的停电作业安全距离，应采取停电或采用绝缘隔离等防护措施进行处理。 （2）砍剪树木应有专人监护。待砍剪的树木下面和倒树范围内不准有人逗留，城区、人口密集区应设置围栏。 （3）树枝接触或接近高压带电导线时，应将高压线路停电或用绝缘工具使树枝远离带电导线，采取措施之前人体不应接触树木。 （4）为防止树木倒落在导线上，应设法用绳索将其拉向与导线相反的方向。绳索应绑扎在拟砍断树段重心以上合适位置，绳索应有足够的长度，以免拉绳的人员被倒落的树木砸伤

表 C-3　　　　　**违规开展杆塔组立施工作业导致抱杆倾倒事故案例**

事故事件名称	某送变电较大人身死亡事故
事故事件经过	某建设单位承建的 500kV 某输电线路工建设施工过程中，施工人员在组立线路杆塔时使用丙纶绳代替部分钢丝绳拉线固定锚固主抱杆，在逐级解脱底段钢丝绳拉线并通过人员携带提升至高段准备固定过程中，抱杆在风的作用下来回摇摆，站在抱杆上的作业人员重心失稳，手中的钢丝绳失手掉落并砸到丙纶拉线，导致丙纶绳拉线断裂，抱杆倾倒砸向地面，最终导致杆上 1 名作业人员和杆下 2 名施工人员死亡
原因分析	（1）施工单位违规使用丙纶绳作为临时拉线，在使用过程中超过允许受力发生破断，造成抱杆倾倒。 （2）作业人员将抱杆底段钢丝绳拉线解脱后未使用绳索绑牢、传递，而通过人员携带的方式移动钢丝绳拉线，抱杆摇晃后，重心失稳，身体侧倾，在用手抓扶抱杆时手中的钢丝绳失手掉落导致丙纶绳破断
违反制度条款	（1）防止误登同杆塔多回路带电线路或直流线路有电极，应采取以下措施： 1）经核对停电检修线路的识别标记和线路名称、杆号及位置无误，验明线路确已停电并装设接地线后，方可开始工作。 2）登杆塔和在杆塔上工作时，每基杆塔都应设专人监护。 3）登杆塔至横担处时，应再次核对识别标记与线路名称及位置，确认无误后方可进入检修线路侧横担。 （2）纤维绳出现松股、散股、严重磨损、断股者禁止使用。 （3）纤维绳使用中应避免刮磨与热源接触

表 C-4　　　　　**违规开展放紧线施工作业导致杆塔倾倒事故案例**

事故事件名称	某供电公司 35kV 某线迁移改造工程倒杆一般人身事故
事故事件经过	某供电公司输电管理所在开展某 35kV 线路迁移改造过程中，在杆根部尚未回填土，少打一根固定拉线，未按规定要求打反方向临时拉线，内角侧临时拉线地面锚固不符合施工技术要求的情况下安排人员登塔开展紧线作业。在完成内角两侧导线挂紧和大号侧中相、外角侧相导线挂紧线时，两侧电杆发生扭转倾倒，正在杆上作业的 4 名作业人员全部随杆摔到地面，最终造成 2 人死亡，2 人重伤
原因分析	（1）违章作业、野蛮施工是事故发生的直接原因。紧线人员在紧线前，未装设紧线用的临时拉线就登杆作业，作业流程违反紧线规程规定的顺序，在完成内角侧相两侧导线紧挂线后，直接开始大号侧的中相、外角侧相导线的紧挂线，造成电杆横担受力不平衡出现非瞬间整体扭转倾倒。 （2）选用施工材料存在重大质量问题，电杆永久拉线底盘存在重大质量缺陷，底盘上预埋的拉钩从拉盘构件混凝土中被整体拽出。 （3）施工班组擅自取消了部分内角拉线，拉线地锚埋深不足，存在严重的技术错误和施工错误
违反制度条款	紧线、撤线前，应检查拉线、桩锚及杆塔。必要时，应加固桩锚或加设临时拉绳

表 C-5   **融冰工作组织不到位违章作业导致触电事故案例**

事故事件名称	某超高压供电局人身死亡事故
事故事件经过	某线路运维单位在开展 500kV 某线路地线融冰试验过程中，因融冰装置启动后升温不明显，线路融冰操作负责人临时改变融冰计划，但未将变化情况及时告知各工作小组。分组作业人员未经工作负责人允许，自行联系线路操作负责人后，擅自登塔并按照原融冰方案计划实施引流线拆除工作。最终导致融冰装置再次启动时塔上作业人员发生触电死亡
原因分析	（1）在融冰试验过程中，作业人员未经允许自行登塔作业，且未严格执行验电、接地安全措施，导致发生触电。工作小组班长及其他作业人员发现有人自行登塔、违章作业后，未及时制止。 （2）工作负责人在决定临时变更工作方案后，未执行工作方案变更流程，未及时通知各工作小组。 （3）工作组织过程中未采取负责人逐级沟通方式，实际工作时由工作班员向线路操作负责人汇报并沟通工作，工作组织涣散，信息沟通错位。 （4）工作负责人及小组负责人未提前组织召开班前会并进行安全技术交底，未要求工作班成员履行签字确认手续，为落实保证安全的组织措施不落实
违反制度条款	（1）工作组指挥模式的组织措施：融冰作业中若出现情况异常，与融冰工作方案不相符合时，应立即停止作业，待研究、处理并重新履行工作方案审批手续后，方可继续作业。 （2）线路融冰作业的技术措施：应将待融冰线路进行停电；导线或地线搭接、短接等作业前，在待融冰段线路两端应分别验电；确认停电后合接地刀闸或挂接地线。 （3）未合接地开关（挂接地线）前，不得徒手碰触架空地线引下线、连接电缆、接地刀闸、电缆头等裸露的电气部位

表 C-6   **高空坠物导致地面人员打击死亡事故案例**

事故事件名称	某供电局外单位作业人员物体打击死亡一般人身事故
事故事件经过	某承包商在开展某供电局 220kV 线路劳务分包工程施工过程中，施工作业人员在拆除 220kV 塔材（角铁）时违反操作规程，未将需拆除的塔材绑扎牢靠，塔材从手中滑落后击中下方 10m 左右的另一班组的作业人员，最终导致其受伤死亡
原因分析	（1）作业人员未落实防高空落物措施，未将塔材绑扎牢靠。 （2）承包商内部生产安全事故隐患排查治理制度不健全，未采取技术、管理措施及时消除事故隐患，未教育和督促从业人员严格执行本单位的安全生产规章制度和安全操作规程。 （3）施工单位安全教育培训及"保命"教育存在走过场，只是简单地看一些事故通报或者宣读一些安全文件，没有针对作业人员各工种的实际特点编制有针对性的培训课件，对作业人员缺乏警示作用。 （4）供电局对承包商内部隐患排查治理、施工组织、三级培训教育等安全主体责任落实情况监督延伸性不足，对施工作业人员在安全监督之外的时间段内出现的违规作业情况没有得到有效的察觉、监督和纠正
违反制度条款	（1）杆塔作业应使用工具袋，较大的工具应固定在牢固的构件上，不准随便乱放。上下传递物件应用绳索拴牢传递，禁止上下抛掷。高空使用工具应采取防止坠落的措施。 （2）在进行高处作业时，除有关人员外，不准他人在工作地点的垂直下方及坠物可能落到的地方通行或逗留，防止落物伤人。如在格栅式的平台上工作，应采取铺设木板等防止工具和器材掉落的有效隔离措施

表 C-7　　　　　**无票、无监护违章装设接地线作业导致人员触电事故案例**

事故事件名称	某供电局一般人身死亡事故
事故事件经过	某承包商在开展某用电局 10kV 架空线路抗风加固专项工程施工作业过程中，作业人员在监护人离开现场的情况下擅自登杆作业，并在未确认清楚停电设备、未佩戴绝缘手套、未验电的情况下装设接地线，导致作业人员错认杆号误将接地线装设在带电线路上，最终造成作业人员触电死亡
原因分析	（1）作业人员安全意识差，错认杆号，严重违反安全操作规程，野蛮施工，在监护人未到场的情况下施工作业，未采取佩戴绝缘手套的有效防护措施，未按照操作规程"先验电、后作业"的要求按电压等级使用验电器进行规范操作，登杆挂接地线时触电死亡。 （2）间接原因：工作监护人指挥不当，未完全履行好监护责任，离开现场时没有告知作业人员，未提醒作业人员不得擅自作业，客观上造成监护缺失
违反制度条款	（1）工作负责人、专责监护人应始终在作业现场，对工作班人员的作业安全情况进行监护，监督落实各项安全防范措施，及时纠正不安全的行为。 （2）在电气设备上工作时，应有停电、验电、接地、悬挂示牌和装设遮栏（围栏）等保证安全的技术措施。 （3）在停电的电气设备上接地（装设接地线或合接地开关）前，应先验电，验明电气设备确无电压。高压验电时应戴绝缘手套并有专人监护 （4）防止误登杆塔多回路带电线路或直流线路有电极，应采取以下措施： 　1）经核对停电检修线路的识别标记和线路名称、杆号及位置无误，验明线路确已停电并装设接地线后，方可开始工作。 　2）登杆塔和在杆塔上工作时，每基杆塔都应设专人监护。 　3）登杆塔至横担处时，应再次核对识别标记与线路名称及位置，确认无误后方可进入检修线路侧横担

表 C-8　　　　　**接地线装设位置不合理导致作业人员触电事故案例**

事故事件名称	某供电局 110kV 某线人身触电死亡事故
事故事件经过	某供电局输配电管理所组织对某 110kV 新改造线路地线跳线尾线缺陷进行处理。工作人员按照工作票安全措施要求在电杆左侧绝缘架空地线绝缘子线夹与防振锤之间装设一组接地线，并在电杆左侧绝缘架空地线预留尾线处理后完毕后，又将接地线装设在右侧绝缘架空地线加号侧瓷瓶线夹与防振锤之间，开始瓷瓶抱箍安装和减号侧预留尾线处理。在作业人员将加号侧预留尾线穿过楔型线夹进行缠绕、固定时，尾线从作业人员手中脱出弹开并将工作面内绝缘架空地线上的接地线线夹击脱，由于扔握着绝缘架空地线预留尾线的其他部位，致使作业人员被绝缘架空地线感应电电击死亡
原因分析	地线装设的位置不恰当，接地线装设在右侧绝缘架空地线加号侧的瓷瓶线夹与防振锤之间的工作面上，在地线尾线的摆动范围内，尾线弹开甩出后尾线触碰线路导致作业人员受到感应电电击
违反制度条款	作业人员应在接地线的保护范围内作业。禁止在无接地线或接地线装设不齐全的情况下进行停电检修作业

表 C-9　　　　　**高低压同杆架设线路违规接地操作员触电事故案例**

事故事件名称	某电力公司 35kV 某线人身触电死亡事故
事故事件经过	某电力公司输变电管理所计划开展停电登检 35kV 某线路工作。工作前，分管领导带队组织工作负责人及作业人员到作业现场进行勘察。分管领导有事离开后，工作负责人和作业人员随即也离开了作业现场，并在未完成现场勘察任务，不清楚工作地段现场环境的情况下编制了施工方案和作业文件。工作负责人按照作业计划带领工作班人员开展工作，发现作业地点存在 35kV 和 10kV 多回线路同杆架设情况，前期未能识别相关风险。工作负责人未暂停作业，继续按照分工指派三组人员分别前往不同杆塔装设接地线。其中一组作业人员登杆后未验电便开始装设接地线，其他小组陆续登杆作业。此时，同杆架设的 10kV 下路突然来电（分管领导在不了解现场工作状况的情况下违章指挥，错误安排 10kV 线路送电），导致正在开展接地线装设作业的三名人员发生触电，最终造成 1 人死亡，2 人受伤

原因分析	（1）作业人员装设接地线前未进行验电，在同杆架设的多层电力线路挂接地线时未按照先挂下层线路后挂上层线路的要求开展作业，最终导致身体与带电导线距离不足发生触电。 （2）在检修工作期间，分管生产领导在不了解现场工作状况的情况下，违章指挥，错误安排 10kV 线路送电，造成正在作业的 35kV 线路与 10kV 线路同杆架设区域带电。 （3）工作负责人及相关人员未认真开展现场勘察，对作业现场存在高低压同杆架设情况不明，未能落实相应的安全技术措施
违反制度条款	（1）对同杆塔架设的多层、同一横担多回线路验电时，应先验低压、后验高压，先验下层、后验上层，先验近侧、后验远侧。禁止作业人员越过未经验电、接地的线路对上层、远侧线路验电。 （2）工作方案应根据现场勘察结果，依据作业的危险性、复杂性和困难程度，制定有针对性的组织措施、安全措施和技术措施。 （3）工作要求的安全措施应符合现场勘察的安全技术要求和现场实际情况，并充分考虑其他必要的安全措施和注意事项。 （4）在同杆塔架设的多回线路上装设接地线时，应先装低压、后装高压，先装下层、后装上层，先装近侧、后装远侧。不应越过未经接地的线路对上层、远侧线路验电接地。拆除时次序相反。 （5）在高低压线路同杆塔架设的低压带电线路上工作时，应先检查与高压线的距离，采取防止误碰带电高压设备的措施。在下层低压带电导线未采取绝缘隔离措施或未停电接地时，作业人员不应穿越

参 考 文 献

[1] 电力行业职业技能鉴定指导中心. 高压线路带电检修（第二版）. 北京：中国电力出版社，2009.

[2]《中国电力百科全书》编辑部. 中国电力百科全书. 输电与变电卷 [M]. 北京：中国电力出版社，2014.

[3] 姜芸. 输电电缆 [M]. 北京：中国电力出版社，2010.

[4] 李国栋，等. 电力电缆工程设计、安装、运行检修技术实用手册 [M]. 北京：当代中国音像出版社，2010.

[5] 朱启林，等. 电力电缆故障测试方法与案例分析 [M]. 北京：机械工业出版社，2008.

[6] 吴峻. 高压电缆工程建设技术手册 [M]. 北京：中国电力出版社，2018.

[7] 魏华勇，等. 电力电缆施工与运行技术 [M]. 北京：中国电力出版社，2013.

[8] 李秀中. 电线电缆常用数据速查手册 [M]. 北京：中国电力出版社，2010.

[9] 国家电网公司运维检修部. 输电电缆六防工作手册 [M]. 北京：中国电力出版社，2017.

[10] 王志强. 电线电缆工程手册 [M]. 北京：中国电力出版社，2018.

[11] 胡毅. 输电线路运行故障分析与防治 [M]. 北京：中国电力出版社，2007.

[12] 张宏志. 500kV 输电线路典型缺陷分析图册 [M]. 北京：中国电力出版社，2009.

[13] 刘振亚. 特高压直流输电线路 [M]. 北京：中国电力出版社，2009.

[14] 东北电力设计院. 电力工程高压送电线路设计手册（第二版）[M]. 北京：中国电力出版社，2002.

[15] 中国南方电网有限责任公司. 电力设备检修试验规程. 北京：中国电力出版社，2017.

[16] 中国南方电网有限责任公司. 电力安全工作规程. 北京：中国电力出版社，2015.